怎样看机床电气图

李响初 李高伟 李汉斌 王积余 编著

中国电力出版社
CHINA ELECTRIC POWER PRESS

内 容 提 要

本书根据国家最新电气标准，并结合国际电工委员会（IEC）颁发的标准，较系统地阐述了机床常用低压电器、机床电气控制基本环节和常用的车床、磨床、钻床、铣床、镗床，刨、插、拉床，专用机床，以及数控机床电气控制线路识图方法及识图步骤，并在此基础上，通过工程案例介绍利用 PLC 对机床电气控制线路进行技术改造的设计方法及步骤。本书具有选材新颖、结构合理、实用性强的特点。

本书适合于具有电类基础理论知识并从事机床电气控制线路维修的工人、技术人员阅读，也可作为机床电气控制技术革新、设备改造的关键素材及各类职业院校、社会培训班的实训教材和教学参考用书。

图书在版编目（CIP）数据

怎样看机床电气图/李响初等编著. —北京：中国电力出版社，2014.5（2016.7 重印）

ISBN 978-7-5123-5441-8

Ⅰ.①怎…　Ⅱ.①李…　Ⅲ.①机床-电气控制-电路图-识别
Ⅳ.①TG502.35

中国版本图书馆 CIP 数据核字（2014）第 001040 号

中国电力出版社出版、发行
（北京市东城区北京站西街 19 号　100005　http://www.cepp.sgcc.com.cn）
汇鑫印务有限公司印刷
各地新华书店经售

＊

2014 年 5 月第一版　　2016 年 7 月北京第二次印刷
787 毫米×1092 毫米　16 开本　20.75 印张　500 千字
印数 3001—4000 册　　定价 45.00 元

前　言

　　随着工业化的迅速发展及机床生产工艺的不断优化，各种机床已广泛应用于各领域。特别是数控机床的成功研发与应用，进一步扩展了机床的加工功能与应用范围，提高了机床的性能稳定性和工件加工精度，为机床电气控制技术的持续发展提供了良好的技术支持。

　　为了帮助读者提高机床电气控制线路识图能力及利用机床电气控制技术解决实际问题的能力，作者精选了国内外实用机床电气控制线路进行阐述。本书内容涵盖机床常用低压电器，机床电气控制基本环节，车床电气控制线路，磨床电气控制线路，钻床电气控制线路，铣床电气控制线路，镗床电气控制线路，刨、插、拉床电气控制线路，专用机床电气控制线路和数控机床电气控制线路，并详细介绍了每例实用电路的识图方法及识图步骤，并在此基础上，通过工程案例介绍利用PLC对机床电气控制线路进行技术改造的设计方法及步骤。本书具有选材新颖、结构合理、实用性强的特点。

　　本书由湖南有色金属职业技术学院李响初、李汉斌，湖南省涟源市工贸职业中专学校李高伟，湖南省涟源市第六中学王积余编著。参加本书电路实验、绘图与资料整理工作的有李喜初、王资、蔡振华、廖礼鹏、阙爱仁、阙敬生、黄桂英、李思龙、蔡晓春、李思龙、雷远飞、廖艳桃等同仁。

　　在编写本书过程中，参考了大量的国内外期刊、图书等资料，并应用了其中的一些资料，碍于篇幅有限，难以一一列举，在此一并向有关作者表示衷心感谢。同时由于编者学识水平有限，书中不妥之处在所难免，恳请有关专家与广大读者朋友批评指正。

作　者

目　录

前言

第4章
实用普通车床电气控制线路识图 ····································· 109

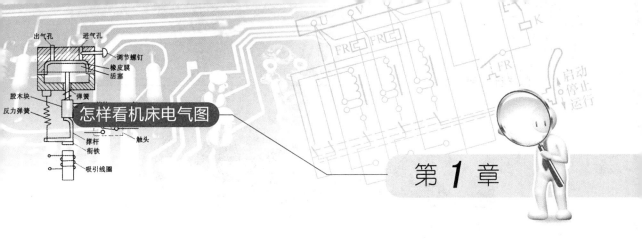

机床常用电动机及电气控制系统设计概述

机床的传动控制系统主要由电动机进行控制。电动机包括普通电动机和控制电动机，控制方法有继电器—接触器控制、PLC 控制、步进电动机控制、交直流调速控制、伺服驱动控制、计算机数控等。随着电力电子技术的发展，还会出现各种各样新的控制方法，这些方法将是普通机床和现代数控机床传动控制的基础。因此，掌握机床常用电动机的工作原理与应用特性是学习机床电气控制线路识图的基本条件。

1.1　认识三相异步电动机

1.1.1　三相异步电动机的基本结构与工作原理

三相异步电动机按照转子的结构形式分为笼型异步电动机和绕线式异步电动机。其中笼型异步电动机因具有结构简单、制造方便、价格低廉、坚固耐用、转子惯性小、运行可靠等优点，在机床中得到了极为广泛的应用。绕线式异步电动机因其转子采用绕线方式，具有调速简单、成本低的优点，在吊机、卷扬机等中小型设备中得到了广泛应用。常见三相异步电动机外形如图 1-1 所示。

（a）　　　　　　　　　　　　　　　　　　　（b）

图 1-1　常见三相异步电动机外形

（a）笼型异步电动机；（b）绕线式异步电动机

1. 三相异步电动机的基本结构

三相笼型异步电动机由定子和转子两个基本部分组成，如图 1-2 所示。

1

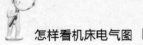
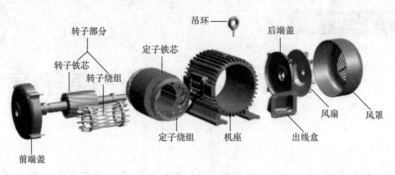

图 1-2　三相笼型异步电动机的结构图

图 1-2 中，定子是静止不动的部分，由定子铁芯、定子绕组和机座组成。其中定子铁芯为圆桶形，由互相绝缘的硅钢片叠成，铁芯内圆表面的槽中放置对称的三相绕组 U1U2、V1V2、W1W2。

转子是旋转部分，由转子铁芯、转子绕组和转轴组成。其中转子铁芯为圆柱形，也用硅钢片叠成，表面的槽中放置转子绕组，转子绕组有笼型和绕线式两种形式。笼型的转子绕组做成笼状，在转子铁芯的槽中放入铜条，其两端用环连接；或者在槽中浇铸铝液，铸成笼型。笼型异步电动机转子结构如图 1-3（a）所示。

绕线式异步电动机的转子绕组与定子绕组一样，是由线圈组成绕组放入转子铁芯槽里，转子可以通过电刷和集电环外串电阻以调节转子电流的大小和相位的方式进行调速。绕线式异步电动机转子结构如图 1-3（b）所示。

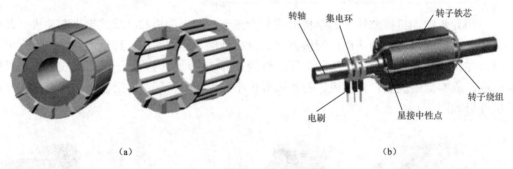

（a）　　　　　　　　　　　　　　　　　　（b）

图 1-3　三相异步电动机的转子结构图
（a）笼型；（b）绕线式

2. 三相异步电动机的工作原理

笼型与绕线式异步电动机只是在转子的结构上不同，它们的工作原理是一样的。电动机定子三相绕组 U1U2、V1V2、W1W2 可以联结成星形，也可以联结成三角形，如图 1-4 所示。

假设将定子绕组联结成星形，并接在三相电源上，绕组中便通入三相对称电流，其波形如图 1-5 所示。

用瞬时表达式描述上述三相对称电流，则分别为

$$i_U = I_m \sin\omega t$$
$$i_V = I_m \sin(\omega t - 120°)$$
$$i_W = I_m \sin(\omega t + 120°)$$

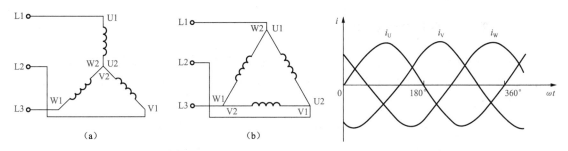

图 1-4　定子三相绕组的联结　　　　　　　图 1-5　定子绕组三相对称电流波形

(a) 星形联结；(b) 三角形联结

三相电流共同产生的合成磁场将随着电流的交变而在空间不断地旋转，即形成所谓的旋转磁场，如图 1-6 所示。

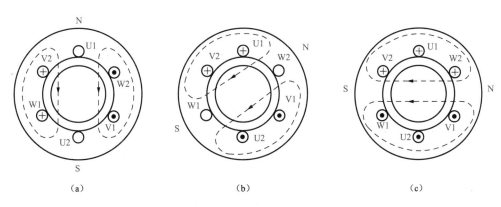

图 1-6　三相电流产生旋转磁场

(a) $\omega t=0°$；(b) $\omega t=60°$；(c) $\omega t=90°$

旋转磁场切割转子导体，便在其中感应出电动势和电流，如图 1-7 所示。

图 1-7 中，感应电动势的方向可由右手定则确定。转子导体电流与旋转磁场相互作用便产生电磁力 F 并施加于导体上，电磁力 F 的方向可由左手定则确定。由电磁力产生电磁转矩，从而使电动机转子转动起来。

旋转磁场的转速 n_0 称为同步转速，其大小取决于电流频率 f_1 和磁场的磁极对数 p，对应计算公式为

$$n_0 = \frac{60f_1}{p}$$

式中：n_0 的单位为 r/min。

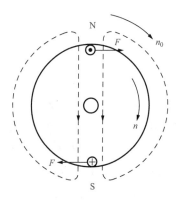

图 1-7　转子转动原理图

由工作原理可知，转子的转速 n 必然小于旋转磁场的转速 n_0，即所谓"异步"。二者相差的程度用转差率 s 进行描述，对应计算公式为

$$s = \frac{n_0 - n}{n_0}$$

一般异步电动机在额定负载时的转差率约为 1%～9%。

1.1.2 三相异步电动机的铭牌

铭牌是电动机的"身份证",认识和了解电动机铭牌中有关技术参数的意义,可以帮助用户正确地选择、使用和维护电动机。图1-8所示为我国使用最多的Y系列三相异步电动机铭牌的一个实例。

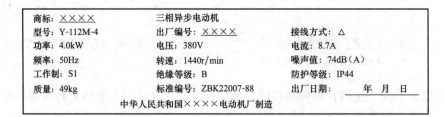

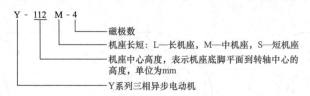

图1-8　Y系列三相异步电动机铭牌

1. 型号

例如Y-112M-4。

2. 额定值

(1)额定功率P_N。指电动机在额定运行时,电动机轴上输出的机械功率,单位为kW。图1-8所示型号电动机的额定功率为4.0kW。

(2)额定电压U_N。指电动机在额定运行状态下加在定子绕组上的线电压,单位为V。图1-8所示型号电动机的额定电压为380V。

(3)额定电流I_N。指电动机在定子绕组上施加额定电压、电动机轴上输出额定功率时的线电流,单位为A。图1-8所示型号电动机的额定电流为8.7A。

(4)额定频率f_N。指电动机在额定运行状态下加在定子绕组上的三相交流电源的频率,单位为Hz。我国规定工业用电的频率为50Hz,国外有些国家采用60Hz。图1-8所示型号电动机的额定频率为50Hz。

(5)额定转速n_N。指电动机定子加额定频率的额定电压、轴端输出额定功率时电动机的转速,单位为r/min。图1-8所示型号电动机的额定转速为1440r/min。

3. 噪声值

噪声值是指电动机在运行时的最大噪声。一般电动机功率越大,磁极数越少,额定转速越高,噪声越大。图1-8所示型号电动机的噪声值为74dB(A)。

4. 工作制式

工作制式是指电动机允许工作的方式,共有S1～S10十种工作制式。其中S1为连续工作制式;S2为短时工作制式;其他为不同周期或者非周期工作制式。图1-8所示型号电动机的工作制式为S1。

5. 绝缘等级

绝缘等级与电动机内部的绝缘材料和电动机允许工作的最高温度有关，共分 A、B、D、F、H 五种等级。其中 A 级最低，H 级最高。在环境温度额定为 40℃时，A 级允许的最高温度为 65℃，H 级允许的最高温度为 130℃。图 1-8 所示型号电动机的绝缘等级为 B。

6. 接线方式

三相异步电动机的引出线接线方式如图 1-9 所示。

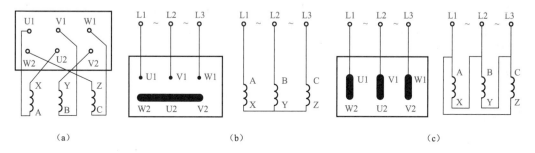

图 1-9　三相异步电动机的引出线接线方式

(a) 引出线排列；(b) Ｙ连接；(c) △连接

由图 1-9 可见，三相异步电动机引出线的接线方式有Ｙ/△（星形/三角形）两种。图 1-8 所示型号电动机的接线方式为△连接。

需要指出的是，有些电动机可以将两种连接方式切换工作，但是要注意工作电压，防止错误接线烧毁电动机。此外，高压大、中型容量的异步电动机定子绕组常采用Ｙ连接，只有三根引出线。对于中、小容量低压异步电动机，通常把定子三相绕组的六根出线头都引出来，根据需要可接成Ｙ连接或△连接。

7. 防护等级

IP 为防护代号，第一位数字（0～6）规定了电动机防护体的等级标准，第二位数字（0～8）规定了电动机防水的等级标准。如 IP00 为无防护，数字越大，防护等级越高。

8. 其他

除了上述重要技术参数外，电动机铭牌一般还给出商标、出厂编号、质量、标准编号和出厂日期等技术参数。读者可根据实际需要进行识读。

此外，对于绕线式异步电动机，还必须标明转子绕组接法、转子额定电动势及转子额定电流，有些还标明了电动机的转子电阻。有些特殊电动机还标明了冷却方式等。

1.1.3　三相异步电动机的选用及维护

目前，三相异步电动机产品种类繁多，性能各异。合理选用及维护保养三相异步电动机，是电气工程类技术人员的必备技能。

1. 三相异步电动机的选用

在工程技术中，正确选用三相异步电动机直接关系到人身的安全和设备的可靠运行。选用三相异步电动机一般应遵循如下原则：

（1）按现有的电源供电方式及容量选用电机额定电压及功率。

1）目前我国供电电网频率为 50Hz，主要常用电压等级有 110、220、380、660、1000

（1140）、3000、6000、10000V。

2）电动机功率选用除了满足拖动的机械负载要求外，还应考虑是否具备足够容量的供电网络。

（2）电动机类型选择。电动机类型的选择与使用要求、运行地点环境污染情况和气候条件等有关。

（3）外壳防护等级选择。外壳防护等级的选用直接涉及人身安全和设备可靠运行，应根据电动机使用场合，防止人体接触到电动机内部危险部件，防止固体异物进入机壳内，防止水进入壳内对电动机造成有害影响。电动机外壳防护等级由字母 IP 加两位特征数字组成，第一位特征数字表示防固体，第二位特征数字表示防液体。

例如 IP44：第一位特征数字表示防护 1mm 固体进入电动机，能防止直径或厚度大于 1mm 的导线或直条触及或接近机壳内带电或转动部件。第二位特征数字表示防溅水，电动机能承受任何方向的溅水应无有害影响。

又如 IP23：第一位特征数字表示防护大于 12mm 固体进入电动机，能防止手指或长度不超过 80mm 的类似物体触及或接近机壳内带电或转动部件，能防止大于 12mm 的固体异物进入机壳内。第二位特征数字表示防滴水，即与垂直线成 60°范围内的滴水应无有害影响。

特征数字越大，表示防护等级越高。

（4）安装结构形式选择。应按配套设备的安装要求选用合适的电动机安装形式，代号"IM"为国际统一标注形式。再由大写字母 B 代表"卧式安装"或 V 代表立式安装，连同 1 位或 2 位阿拉伯数字表示结构特点和类型。一般卧式安装电动机为 IMB3，即两个端盖，有机底、底脚，有轴伸安装在基础构件上。另外，一般立式安装电动机为 IMV1，即两个端盖，无底脚，轴伸向下，端盖上带凸缘，凸缘有通孔，凸像在电动机的传动端，借凸缘在底部安装。

（5）综合考虑一次投资及运行费用，整个驱动系统经济、节能、合理、可靠和安全。

2. 三相异步电动机的维护保养

三相异步电动机的维护保养包括启动前的准备、检查和运行中的维护。

（1）电动机启动前的准备和检查。

1）检查电动机启动设备接地是否可靠和完整，接线是否正确与良好。

2）检查电动机铭牌所示电压、频率与电源电压、频率是否相符。

3）新安装或长期停用的电动机启动前应检查绕组相对相、相对地绝缘电阻。绝缘电阻应大于 0.5MΩ，如果低于此值，须将绕组烘干。

4）对绕线型转子应检查其集电环上的电刷装置是否能正常工作，电刷压力是否符合要求。

5）检查电动机转动是否灵活，滑动轴承内的油是否达到规定油位。

6）检查电动机所用熔断器的额定电流是否符合要求。

7）检查电动机各紧固螺栓及安装螺栓是否拧紧。

上述各检查全部达到要求后，可启动电动机。电动机启动后，空载运行 30min 左右，注意观察电动机是否有异常现象，如发现噪声、振动、发热等不正常情况，应采取措施，待异常消除后，才能投入运行。

启动绕线式电动机时，应将启动变阻器接入转子电路中。对有电刷提升机构的电动机，应放下电刷，并断开短路装置，合上定子电路开关，扳动变阻器。当电动机接近额定转速时，提起电刷，合上短路装置，电动机启动完毕。

（2）电动机运行中的维护。

1）电动机应经常保持清洁，不允许有杂物进入电动机内部；进风口和出风口必须保持畅通。

2）用仪表监视电源电压、频率及电动机的负载电流。电源电压、频率要符合电动机铭牌数据，电动机负载电流不得超过铭牌上的规定值，否则要查明原因，采取措施，不良情况消除后方能继续运行。

3）采取必要手段检测电动机各部位温升。

4）对于绕线式电动机，应经常注意电刷与集电环间的接触压力、磨损及火花情况。电动机停转时，应断开定子电路内的开关，然后将电刷提升机构扳到启动位置，断开短路装置。

5）电动机运行后定期维修，一般分小修、大修两种。小修属一般检修，对电动机启动设备及整体不作大的拆卸，约一季度一次；大修要将所有传动装置及电动机的所有零部件都拆卸下来，并将拆卸的零部件作全面的检查及清洗，一般一年一次。

1.2 认识其他类型电动机

在机床传动控制系统中，除已得到广泛应用的三相异步电动机之外，直流电动机和步进电动机也有较多应用，下面分别予以简介。

1.2.1 直流电动机简介

直流电动机是通以直流电流的旋转电机，是将直流电能转换为机械能的设备。与交流电动机相比，其优点是调速性能好，启动转矩大，过载能力强，在启动和调速要求较高的场合应用广泛；不足之处是结构复杂，成本高，运行维护困难。常见直流电动机外形如图 1-10 所示。

图 1-10　常见直流电动机外形

1. 直流电动机的基本结构与工作原理

直流电动机由定子和转子两个基本部分组成，如图 1-11 所示。

图 1-11 中，定子是静止不动的部分，主要由主磁极、换向磁极、机座、端盖与电刷等装置组成。其中主磁极由磁极铁芯和励磁绕组组成，磁极铁芯由 1～1.5mm 厚的低碳钢板

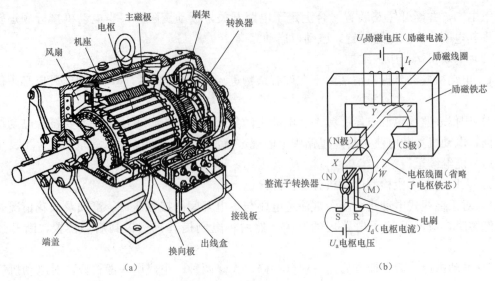

图 1-11　直流电动机的结构图和模型图

（a）结构图；（b）模型图

冲片叠压铆接而成。当在励磁绕组中通入直流电流后，便产生旋转磁场。主磁极可以有一对、两对或更多对，它用螺栓固定在机座上。换向磁极也是由铁芯和绕组组成的，位于两主磁极之间，其作用是产生附加磁场，以改善电动机的换向条件，减小电刷与换向片之间的火花。

电枢是直流电动机中的转动部分，故又称为转子，主要由电枢铁芯、电枢绕组、换向器、转轴和风扇等组成。电枢由硅钢片叠成，并在表面嵌有绕组（电枢绕组）（为直观，图1-11中只画出了一匝）。绕组的起头和终端接在与电枢铁芯同轴转动的一个换向片上，同固定在机座上的电刷连接，而与外加的电枢电源相连。

直流电动机的基本工作原理是建立在电磁感应和电磁力的基础上的。当电枢绕组中通过直流电流时，在定子磁场的作用下就会产生带动负载旋转的电磁力和电磁转矩，驱动转子旋转。直流电动机产生的电磁转矩由下式表示

$$T = K_m \Phi I_d$$

式中　T——电磁转矩，N·m；

　　　Φ——一对磁极的磁通，Wb；

　　　I_d——电枢电流，A；

　　　K_m——与电动机结构有关的常数（称为转矩常数），$K_m = pN/2\pi\alpha$，其中 p 为磁极对数，N 为切割磁通的电枢总导体数，α 为电枢绕组并联支路数。

2. 直流电动机的励磁方式

直流电动机励磁绕组的供电方式称为励磁方式。按直流电动机励磁绕组与电枢绕组连接方式的不同分为他励直流电动机、并励直流电动机、串励直流电动机与复励直流电动机 4 种，如图 1-12 所示。

其中图 1-12（a）为他励直流电动机，励磁绕组与电枢绕组分别用两组独立的直流电源供电；图 1-12（b）为并励直流电动机，励磁绕组和电枢绕组并联，由同一直流电源供电；图 1-12（c）为串联直流电动机，励磁绕组与电枢绕组串联，由同一电流电源供电；图 1-12（d）为复励直流电动机，既有并励绕组，又有串励绕组。

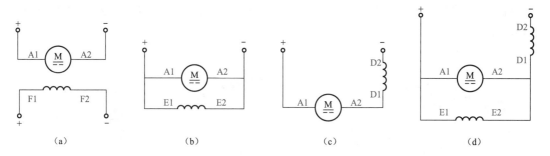

图 1-12　直流电动机的励磁方式

(a) 他励直流电动机；(b) 并励直流电动机；(c) 串励直流电动机；(d) 复励直流电动机

一般情况下，直流电动机并励绕组的电流较小，导线较细，匝数较多；串励绕组的电流较大，导线较粗，匝数较少，因而不难辨别。

3. 直流电动机的铭牌数据和主要系列

(1) 直流电动机的铭牌数据。目前，直流电动机产品种类繁多，铭牌样式也各不相同。图 1-13 所示是我国使用较多的 Z4 系列直流电动机铭牌的一个实例。

型号	Z4-112/2-1	励磁方式	并励
功率（kW）	5.5	励磁电压（V）	180
电压（V）	440	效率（%）	81.190
电流（A）	15	定额	连续
转速（r/min）	3000	温升（℃）	80
出品号数	××××	出厂日期	2001年10月
××××电机厂			

图 1-13　Z4 系列直流电动机铭牌

铭牌中各数据的含义与异步电动机铭牌相似，读者可参照进行识读，此处不再赘述。

(2) 直流电动机主要系列。目前，直流电动机主要系列有：

Z4 系列：一般用途的小型直流电动机。

ZT 系列：广调速直流电动机。

ZJ 系列：精密机床用直流电动机。

ZTD 系列：电梯用直流电动机。

ZZJ 系列：起重冶金用直流电动机。

ZD2ZF2 系列：中型直流电动机。

ZQ 系列：直流牵引电动机。

Z-H 系列：船用直流电动机。

ZA 系列：防爆安全用直流电动机。

ZLJ 系列：力矩直流电动机。

1.2.2　步进电动机简介

步进电动机是把电脉冲信号变换成角位移以控制转子转动的微特电机。它在自动控制装置中作为执行元件。每输入一个脉冲信号，步进电动机前进一步，故又称脉冲电动机。步进电动机多用于数字式计算机的外部设备，以及打印机、绘图机和磁盘等装置。常见步进电动机外形如图 1-14 所示。

图 1-14　常见步进电动机外形

1. 步进电动机的基本结构与工作原理

步进电动机由定子和转子两大部分组成，如图 1-15 所示。

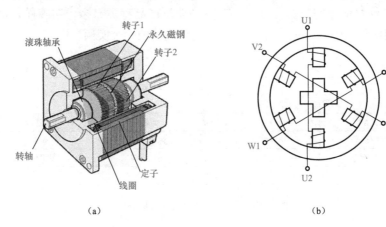

（a）　　　　　　　　　　　　　　　　（b）

图 1-15　步进电动机的结构图和结构简图
(a) 结构图；(b) 结构简图

图 1-15 中，定子由硅钢片叠成，装上一定相数的控制绕组，由环形分配器送来的电脉冲对多相定子绕组轮流进行励磁。转子用硅钢片叠成或用软磁性材料做成凸极结构。转子本身没有励磁绕组的叫做"反应式步进电动机"，用永久磁铁做转子的叫做"永磁式步进电动机"。

步进电动机的结构形式很多，但其工作原理都大同小异，下面仅以三相反应式步进电动机为例说明其工作原理。

图 1-15（b）所示为一台三相反应式步进电动机的结构简图。定子有 6 个磁极，每两个相对的磁极上绕有一相控制绕组。转子上装有 4 个凸轮。

步进电动机的工作原理实质上是电磁铁的工作原理，即磁通总是要沿着磁阻最小的路径闭合。如图 1-16 所示，由环形分配器送来的脉冲信号对定子绕组轮流通电。

图 1-16 中，设先对 U 相绕组通电，V 相和 W 相都不通电。由于磁通具有力图沿磁阻最小路径通过的特点，图 1-16（a）中转子齿 1 和 3 的轴线与定子 U 极轴线对齐，即在电磁吸力作用下，将转子齿 1 和 3 吸引到 U 极下。此时，因转子只受径向力而无切向力，故转矩

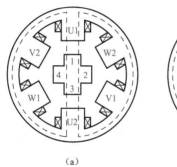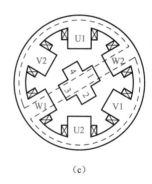

图 1-16 单三拍通电方式时转子的位置

(a) U 相通电；(b) V 相通电；(c) W 相通电

为零，转子被自锁在这个位置上；而 V、W 两相的定子齿则和转子齿在不同方向各错开 30°。随后，若 U 相断电，V 相绕组通电，则转子齿就和 V 相定子齿对齐，转子顺时针方向旋转 30°，如图 1-16 (b) 所示。随后，使 V 相断电，W 相通电，转子齿就和 W 相定子齿对齐，转子又顺时针方向旋转 30°，使路径的磁阻最小，如图 1-16 (c) 所示。

综上所述，当通电顺序为 U-V-W-U 时，转子便按顺时针方向一步一步地转动。每换接一次，则转子前进一步，一步所对应的角度称为步距角。电流换接三次，磁场旋转一周，转子前进一个齿距的位置，一个齿距所对应的角度称为齿距角（此例中转子有 4 个齿，齿距角为 90°）。

欲改变旋转方向，则只要改变通电顺序即可。例如，通电顺序改为 U-W-V-U，转子就逆时针转动。

2. 步进电动机的主要性能指标和应用

(1) 步进电动机的主要性能指标。

1) 步距角。步距角是指每给一个电脉冲信号，电动机转子所应转过角度的理论值。不同的应用场合，对步距角大小的要求不同。它的大小直接影响步进电动机的启动和运行频率。因此，在选择步进电动机的步距角时，若通电方式和系统的传动比已初步确定，则步距角应满足

$$\theta_b \leqslant i\theta_{\min}$$

式中 i——传动比；

$\theta_{\min}$——步进电动机负载轴要求的最小位移增量（或称脉冲当量，即每一个脉冲所对应的负载轴位移增量）。

2) 精度。步进电动机的精度有两种表示方法：一种是用步距误差最大值表示，另一种是用步距累积误差最大值表示。

最大步距误差是指步进电动机旋转一圈后相邻两步之间最大步距和理想步距的差值，用理想步距的百分数表示。

最大步距累积误差是指从任意位置开始经过任意步后，角位移误差的最大值。

步距误差和累积误差是两个概念，在数值上是不一样的，这就是说精度的定义没有完全统一。但在大多数情况下，多采用步距累积误差来衡量所选用的步进电动机，其步距精度为

$$\Delta\theta = i(\Delta\theta_L)$$

式中　$\Delta\theta_L$——步进电动机负载轴上所允许的角度误差。

3）转矩。步进电动机的转矩包括保持转矩、静转矩和动转矩。

a. 保持转矩。保持转矩（或定位转矩）是指步进电动机绕组不通电时电磁转矩的最大值或转角不超过一定值时的转矩值。通常反应式步进电动机的保持转矩为零，而若干类型的永磁式步进电动机具有一定的保持转矩。

b. 静转矩。静转矩是指步进电动机不改变控制绕组通电状态，即转子不转情况下的电磁转矩。它是步进电动机绕组内的电流及失调角（转子偏离空载时的初始稳定平衡位置的电角度）的函数。当步进电动机绕组内的电流值不变时，静转矩与失调角的关系称为矩角特性。

负载转矩与最大静转矩的关系为

$$T_L = (0.3 \sim 0.5)T_{smax}$$

步进电动机在系统中正常工作时，还必须满足

$$T_{st} > T_{Lmax}$$

式中　T_{st}——步进电动机的启动转矩；

T_{Lmax}——步进电动机的最大静转矩。

c. 动转矩。动转矩是指在步进电动机转子转动情况下输出的最大转矩值，它与运行的频率有关。

（2）步进电动机的应用。在工程技术中，步进电动机已广泛地应用于数字控制系统中，如数模转换装置、数控机床、计算机外围设备、自动记录仪、钟表等；另外在工业自动化生产线、印刷设备等领域也有应用。由于篇幅有限，此处仅介绍步进电动机使用的基本原则。

1）为使步进电动机正常运行（不失步、不越步）、正常启动并满足对转速的要求，必须保证步进电动机的输出转矩大于负载转矩。所以在计算机械系统的负载转矩时，应使步进电动机的输出转矩有一定的裕量，以保证系统的可靠运行。因此，必须考虑以下两点：

a. 启动转矩可根据步进电动机的相数、拍数进行选择，见表 1-1。

表 1-1　　　　　　　　　　　　　步进电动机启动转矩选择表

运行方式	相数	3	3	4	4	5	5	6	6
	拍数	3	6	4	8	5	10	6	12
T_{st}/T_{smax}		0.5	0.866	0.707	0.707	0.809	0.951	0.866	0.866

b. 在要求的运行范围内，步进电动机的运行转矩应大于它的最大静转矩与转动惯量引起的惯性矩之和。

2）应使步进电动机的步距角与机械负载相匹配，以得到步进电动机所需的脉冲当量。

3）驱动电源的优劣对步进电动机控制系统的运行影响极大，使用时要特别注意。应根据运动要求，尽量采用先进的驱动电源，以满足步进电动机的运行性能。

4）若所带负载的转动惯量较大，则应在低频下启动。在工作过程中应尽量避免由于负载突变而引起的误差。

5）若在工作中发生丢步现象，应检查负载是否过大，电源电压是否正常，电源输出波形是否正确。

1.3　机床电气控制系统设计概述

机床电气控制系统设计包括电气原理图设计和电气工艺设计两部分。其中电气原理图设计是为满足机床生产机械及其工艺要求而进行的电气控制电路的设计；电气工艺设计是为电气控制装置的制造、使用、运行及维修的需要而进行的生产施工设计。本节将讨论机床电气控制的设计过程和设计中的一些共性问题，也对电气控制装置的施工设计和施工的有关问题进行简要介绍。

1.3.1　机床电气控制系统设计的原则和内容

1. 机床电气控制系统设计的基本原则

设计工作的首要问题是明确设计要求，拟定总体技术方案，使设计的产品经济、实用、可靠、先进、实用及维护方便等。在机床电气控制系统设计中，一般应遵循以下基本原则：

（1）最大限度地满足生产机械和生产工艺对电气控制的要求，因为这些要求是电气控制系统设计的依据。因此在设计前，应深入生产现场进行调查，搜集资料，并与生产过程有关人员、机械部分设计人员、实际操作者多沟通，明确控制要求，共同拟定电气控制方案，协同解决设计中的各种问题，使设计成果满足要求。

（2）在满足控制要求的前提下，力求使电气控制系统简单、经济、合理、便于操作、维护方便、安全可靠，不盲目追求自动化水平和各种控制参数的高指标化。

（3）正确、合理地选用电气元件，确保电气控制系统正常工作，同时考虑技术进步、造型美观等因素。

（4）为适用生产的发展和工艺的改进，设备能力应留有适当裕量。

2. 机床电气控制系统设计的基本内容

机床电气控制系统设计的基本内容是根据控制要求，设计和编制出电气设备制造和使用维护中必备的图样和资料等。图样常用的有电气原理图、元器件布置图、安装接线图等，资料主要有元器件清单及设备使用说明书等。

电气控制系统设计包括电气原理图设计和电气工艺设计两部分，其中电气原理图设计是机床电气控制系统设计的中心环节，是工艺设计和编制其他技术资料的依据。各部分设计内容如下：

（1）电气原理图设计内容。

1）拟定电气设计任务书，明确设计要求。

2）选择电力拖动方案和控制方式。

3）确定电动机类型、型号、容量、转速。

4）设计电气控制原理图。

5）选择电气元器件，拟定元器件清单。

6）编写电气说明书和使用操作说明书。

（2）电气工艺设计内容。

1）根据设计出的电气原理图和选定的电气元器件，设计电气设备的总体配置，绘制电气控制系统的总装配图和总接线图。总图应反映出电动机、执行电器、电气柜各组件、操作

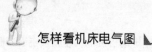

台布置、电源以及检测元器件的分布情况和各部分之间的接线关系及连接方式，以便总装、调试及日常维护使用。

2）绘制各组件电气元器件布置图与安装接线图，表明各电气元器件的安装方式和接线方式。

3）编写使用维护说明书等其他技术文件。

1.3.2 机床电力拖动方案的确定和电动机的选择

机床电力拖动方案是指确定机床传动电动机的类型、数量、传动方式及电动机的启动、运行、调速、转向、制动等控制要求，是机床电气设计的主要内容之一，为机床电气控制原理图设计及电气元器件选择提供依据。确定机床电力拖动方案必须依据机床的精度、工作效率、结构以及运动部件的数量、运动要求、负载性质、调速要求以及投资额等条件。

1. 机床电力拖动方案的确定

首先根据生产机械结构、运行情况和工艺要求来选择电动机的种类和数量，然后根据各运动部件的调速要求来选择调速方案。在选择电动机调速方案时，应使电动机的调速特性与负载特性相适应，以使电动机获得合理充分的利用。

（1）电力拖动方式的选择。电力拖动方式有单独拖动和集中拖动两种。电力拖动发展的趋向是电动机接近工作机构，形成多电动机的拖动方式。采用该拖动方式，不仅能缩短机械传动链，提高传动效率，便于实现自动控制，而且也能使总体结构得到简化。因此，应根据工艺要求与结构情况来决定电动机数量。

（2）调速方案的选择。一般生产机械根据生产工艺要求都要求调节电动机转速，不同机械有不同的调速范围和调速精度，为满足不同调速性能，应选用不同的调速方案。如采用机械变速、多速电动机变速和变频调速等。随着电力电子技术的发展，变频调速已成为各种机械设备调速的主流。

（3）电动机调速性质应与负载特性相适应。机械设备的各个工作机构，具有各自不同的负载特性，如机床的主运动为恒功率负载运动，而进给运动为恒转矩负载运动。在选择电动机调速方案时，应使电动机的调速性质与拖动生产机械的负载性质相适应，这样才能使电动机性能得到充分的发挥。如双速笼型异步电动机，当定子绕组由三角形联结改接成双星形联结时，转速增加一倍，功率却增加很少，因此适用于恒功率传动；对于低速时为星形联结的双速电动机改接成双星形联结后，转速和功率都增加一倍，而电动机输出的转矩保持不变，因此适用于恒转矩传动。

2. 拖动电动机的选择

拖动电动机的选择包括电动机的种类、结构形式及各种额定参数。

（1）电动机选择的基本原则。进行拖动电动机选择时，一般应遵循如下基本原则：

1）电动机的机械特性应满足生产机械的要求，要与负载的特性相适应，保证运行稳定且具有良好的启动性能和制动性能。

2）工作过程中电动机容量能得到充分利用，使其温升尽可能达到或接近额定温升值。

3）电动机结构形式要满足机械设计提出的安装要求，适合周围环境工作条件的要求。

4）在满足设计要求前提下，优先采用结构简单、价格便宜、使用维护方便的三相异步电动机。

（2）根据生产机械调速要求选择电动机。在一般情况下选用三相笼型异步电动机或双速三相电动机；在既要求一般调速又要求启动转矩大的情况下，选用三相绕线式异步电动机；当调速要求高时，选用直流电动机或带变频调速的交流电动机。

（3）电动机结构形式的选择。按生产机械不同的工作制相应选择连续工作、短时及断续周期性工作制的电动机。

电动机按安装方式有卧式和立式两种，由拖动生产机械具体拖动情况进行决定。

根据不同工作环境选择电动机的防护形式。开启式适用于干燥、清洁的环境；防护式适用于干燥和灰尘不多，没有腐蚀性和爆炸性气体的环境；封闭自扇冷式与他扇冷式用于潮湿、多腐蚀性灰尘、多风雨侵蚀的环境；全封闭式适用于浸入水中的环境；防爆式适用于有爆炸危险的环境等。

（4）电动机额定参数的选择。电动机额定参数的选择主要包括额定电压、额定转速、额定功率等。其中额定功率根据机床的功率负载和转矩负载选择，使电动机的容量得到充分利用。

一般情况下，为了避免复杂的计算过程，机床电动机容量的选择往往采用统计类比或根据经验采用工程估算方法，但这通常具有较大的宽裕度。

1.3.3 机床电气控制系统设计的方法与步骤

机床电气控制系统有两种设计方法：一种是分析设计法，另一种是逻辑分析设计法。下面对这两种设计方法分别进行简要介绍。

1. 分析设计法简介

分析设计法是根据机床生产工艺要求直接设计出控制线路。在具体的设计过程中常有两种做法：一种是根据机床的工艺要求，适当选用现有的典型电控环节，将它们有机地组合起来，综合成所需要的控制线路；另一种是根据机床工艺要求自行设计，随时增加所需的电气元件和触点，以满足给定的工作条件。

（1）分析设计法的基本步骤。利用分析设计法设计机床电气控制系统的基本步骤如下：

1）按工艺要求提出的启动、制动、正反转及调速等要求设计主电路。

2）根据所设计出的主电路，设计控制电路的基本环节，即满足设计要求的启动、制动、正反转及调速等基本控制环节。

3）根据各部分运动要求的配合关系及联锁关系，确定控制参量并设计控制电路的特殊环节。

4）分析电路工作中可能出现的故障，加入必要的保护环节。

5）综合审查，仔细检查电气控制系统动作是否正确，关键环节可做必要实验，进一步完善和简化电路。

（2）分析设计法的特点。分析设计法具有如下特点：

1）易于掌握，使用广泛，但一般不易获得最佳设计方案。

2）要求设计者具有一定的实际经验，在设计过程中往往会因考虑不周发生差错，影响系统的可靠性。

3）当系统达不到要求时，多用增加触点或电器数量的方法加以解决，所以设计出的电路常常不是最简单经济的。

4）需要反复修改草图，一般需要进行模拟实验，设计速度慢。

2. 逻辑分析设计法简介

逻辑分析设计法是根据机床生产工艺的要求，利用逻辑代数来分析、化简、设计控制系统的方法。这种设计方法是将机床电气控制系统中的继电器、接触器线圈的通、断以及触点的断开、闭合等看成逻辑变量，并根据机床控制要求将它们之间的关系用逻辑表达式进行描述，然后运用逻辑函数基本公式和运算规律进行简化，再根据最简逻辑表达式画出相应的机床电路结构图，最后再作进一步的检查和完善，即能获得所需要的控制线路。

利用逻辑分析设计法设计机床电气控制系统的一般步骤如下：

（1）充分研究加工工艺过程，绘制工作循环图或工作示意图。

（2）按工作循环图绘制执行元件及检测元件状态表。

（3）根据状态表，设置中间记忆元件，并列写中间记忆元件及执行元件逻辑表达式。

（4）根据逻辑表达式建立电路结构图。

（5）进一步完善电路，增加必要的联锁、保护等辅助环节，检测系统是否符合原控制要求，有无寄生电路，是否存在触点竞争等现象。

完成以上步骤，即可得到一张完整的机床电气控制原理图。

对于具体的设计方法，限于篇幅，本书不做深入介绍，感兴趣的读者可参阅相关文献资料自行学习。

1.3.4 机床电气控制系统工艺设计

在完成机床电气原理图设计及电气元件选择后，就应进行机床电气控制系统的工艺设计，目的是为了满足机床电气控制设备的制造和使用等要求。

1. 机床电气设备总体装配设计

机床电气设备总体装配设计是以电气控制系统的总装配图与总接线图形式来描述的。图中应以示意形式反映出机电设备部分主要组件的位置及各部分接线关系、走线形式及使用管线要求等。

总装配图、接线图是进行分部设计和协调各部分组成一个完整系统的依据。总体设计要使整个系统集中、紧凑，同时在场地允许条件下，对发热严重、噪声和振动大的电气部件，如电动机组、启动电阻箱等尽量放在离操作者较远的地方或隔离起来；对于多工位加工的大型设备，应考虑多地操作的可能；总电源紧急停止控制应安装在方便而明显的位置。总体配置计划合理与否将影响到机床电气控制系统工作的可靠性，并关系到机床电气控制系统的制造、装配、调试、操作以及维护是否方便。

进行机床电气设备总体装配设计时，还需要考虑划分组件和接线方式的问题。

（1）划分组件的原则。机床电气设备中各种电动机及各类电器元件根据各自的功能，都有一定的装配位置，在构成一个完整的机床电气控制系统时，必须划分组件。划分组件的基本原则如下：

1）功能类似的元件组合在一起。例如用于机床操作的各类按钮、开关、键盘、指示检测等元件集中为控制面板组件；各种继电器、接触器、熔断器、控制变压器等控制电气集中为电气板组件；各类控制电源、整流、滤波元件集中为电源组件等。

2）尽可能减少组件之间的连线数量，接线关系密切的控制电器置于同一组件中。

3）强、弱电控制器分离，以减少干扰。

4）力求整齐美观，外形尺寸、质量相近的电器组合在一起。

5）便于检查与调试，需经常调节、维护和易损元件组合在一起。

（2）电气控制设备的各部分及组件之间的接线方式。

1）电器板、控制板、电源组件的进出线一般采用接线端子（按电流大小及进出线数量选用不同规格的接线端子）。

2）电器箱与被控制设备之间采用多孔接插件，以便于拆装、搬运。

3）印制电路板及弱电控制组件之间宜采用各种类型标准接插件。

2. 机床电气元件布置图的设计及电器部件接线图的绘制

总体配置设计确定各组件的位置和接线方式后，就要对每个组件的电气元件进行设计。机床电气元件的设计包括布置图、接线图、电气箱及非标准零件图的设计。

（1）机床电气元件布置图。机床电气元件布置图是依据机床电控总原理图中的部分原理图设计的，是某些电气元件按一定原则的组合。布置图根据电气元件的外形绘制，并标出各元件间距尺寸。每个电气元件的安装尺寸及其公差范围，应严格按产品手册标准标注，作为底板加工依据，以确保各电气元件的顺利安装。

同一组件中电气元件的布置要注意如下事项：

1）体积大和较重的电气元件应安装在电器板的下面，而发热元件应安装在电器板的上面。

2）强、弱电分开并注意弱电屏蔽，防止外界干扰。

3）需要经常维护、检修、调整的电气元件安装位置不宜过高或过低。

4）电气元件的布置应考虑整齐、美观、对称，外形尺寸与结构类似的电气元件安装在一起以利于加工、安装和配线。

5）电气元件布置不宜过密，要留有一定的间距，若采用板前走线槽配线方式，应适当加大各排元件间距，以利于布线和维护。

各电气元件的位置确定以后，便可绘制电气布置图。在电气布置图设计中，还要根据本部件进出线的数量（由部件原理图统计出来）和采用导线规则，选择进出线方式，并选用适当接线端子板和接插件，按一定顺序标上进出线的接线号。

（2）机床电气部件接线图。机床电气部件接线图是部件中各电气元件的接线图。电气元件的接线要注意如下事项：

1）接线图和接线表的绘制应符合相关规定。

2）电气元件按外形绘制，并与布置图一致，偏差不要太大。

3）所有电气元件及其引出线应标注与电气原理图中相一致的文字符号及接线号。

4）与电气原理图相同，在接线图中，通常电气元件的各个部分（线圈、触点等）必须画在一起。

5）电气接线图一律采用细线条，走线方式有板前走线和板后走线两种，一般采用板前走线。对于简单电气控制部件，电气元件数量较少，接线关系不复杂，可直接画出元件间的连线。但对于复杂部件，电气元件数量多，接线较复杂的情况，一般是采用走线槽，只需在各电气元件上标出接线号，不必画出各元件间连线。

6）接线图中应标出配线用的各种导线的型号、规格、截面积及颜色要求。

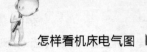

7）部件的进出线除大截面导线外，都应经过接线板，不得直接进出。

（3）机床电气箱及非标准零件图的设计。在机床电气控制系统比较简单时，控制电器可以附在机床机械内部，而在控制系统比较复杂或由于生产环境及操作需要时，通常都带有单独的机床电气控制箱，以利于制造、使用和维护。

机床电气控制箱设计要考虑电气箱总体尺寸及结构方式、方便安装、调整及维修要求，并利于箱内电器的通风散热。

大型机床控制系统，电气箱常设计成立柜式或工作台式，小型机床控制设备则设计成台式、手提式或悬挂式。

（4）清单汇总和说明书的编制。在机床电气控制系统原理设计及工艺设计结束后，应根据各种图样，对本机床需要的各种零件及材料进行综合统计，按类别绘出外购成品件汇总清单表、标准件清单表、主要材料消耗定额表及辅助材料消耗定额表。

机床电气控制系统设计及使用说明书是设计审定及调试、使用、维护机床过程中必不可少的技术资料。机床电气控制系统设计及使用说明书应包含的主要内容如下：

1）机床拖动方案选择依据及本设计的主要特点。

2）机床电气控制系统设计主要参数的计算过程。

3）机床电气控制系统各项技术指标的核算与评价。

4）机床电气控制系统设备调试要求与调试方法。

5）机床电气控制系统使用、维护要求及注意事项。

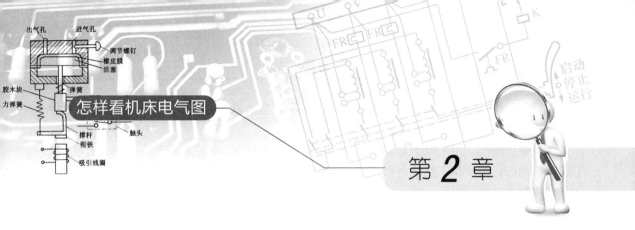

怎样看机床电气图

第 2 章

机床常用低压电器

低压电器是指用于交流 50Hz 或 60Hz、额定电压 1200V 以下或直流额定电压 1500V 以下电路实现通断、检测、保护、控制或调节等作用的控制电能的设备。它是机床电气控制系统的基本组成单元，其性能好坏直接决定控制系统的性能优劣。本章主要介绍机床常用低压电器的基本结构、主要技术参数、常用型号和选用方法。

2.1 概 述

通常，凡是对电能的生产、输送、分配和使用起控制、调节、检测、转换及保护作用的电工器械均可称为电器。机床常用低压电器如图 2-1 所示。

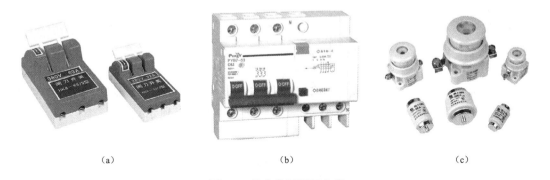

(a)   (b)   (c)

图 2-1 机床常用低压电器

(a) 开启式负荷开关；(b) 低压断路器；(c) 低压熔断器

2.1.1 低压电器的分类

目前，机床常用低压电器用途广泛、功能多样、结构各异、种类繁多。其分类方法主要有下述几种。

1. 按控制功能分类

(1) 执行电器。用来完成某种动作或传递功率。例如：接触器、电磁阀、电磁铁。

(2) 控制电器。用来控制电路的通断。例如：开关、继电器。

(3) 主令电器。用来发出信号指令的电器。它的信号指令将通过继电器、接触器或其他自动电器的动作，接通或分断被控制电路，以实现对电动机或其他生产机械的远距离控制。例如：按钮、主令控制器、转换开关等。

（4）保护电器。用来保护电源、电路及用电设备的安全，使它们不致在短路、过载状态下运行。例如：熔断器、热继电器、漏电断路器、过（欠）电流（压）继电器等。

（5）配电电器。用于电能的输送和分配的电器。例如：低压断路器、隔离开关等。

2. 按动作方式分类

（1）自动切换电器。依靠自身参数的变化或外来信号的作用，自动完成接通或分断等动作的电器。例如：接触器、继电器等。

（2）非自动切换电器。利用外力（如人力）直接操作进行切换的电器。例如：刀开关、转换开关、按钮等。

3. 按工作原理分类

（1）电磁式电器。根据电磁感应原理进行工作的电器。例如：接触器、电磁式继电器等。

（2）非电量控制电器。依靠外力或非电量信号（如速度、压力、温度等）的变化而动作的电器。例如：行程开关、速度继电器、压力继电器、温度继电器等。

2.1.2 低压电器的电磁机构及执行机构

电磁式电器在低压电器中占有十分重要的地位，在电气控制系统中应用最为普遍。各种类型的电磁式电器主要由电磁机构和执行机构组成，其中电磁机构按其电源种类可分为交流和直流两种，执行机构则可分为触头系统和灭弧装置两部分。

1. 电磁机构

电磁机构的主要作用是将电能转换成机械能，驱动电器触头动作，实现对电路的通、断控制。

电磁机构由铁芯、衔铁和线圈等部分组成，其工作原理是：当线圈中有工作电流通过时，电磁吸力克服弹簧的反作用力，使衔铁与铁芯闭合，由连接机构带动相应的触头动作，实现通、断电路的控制功能。电磁式电器常用电磁机构如图2-2所示。

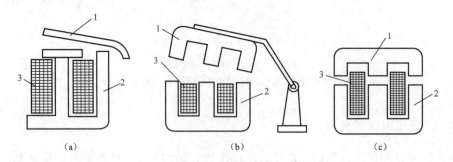

图 2-2 电磁式电器常用电磁机构

(a) 衔铁沿棱角转动的拍合式铁芯；(b) 衔铁沿轴转动的拍合式铁芯；(c) 衔铁直线运动的双E形直动式铁芯

1—衔铁；2—铁芯；3—电磁线圈

图 2-2 (a) 为衔铁沿棱角转动的拍合式铁芯，其铁芯材料由电工软铁制成，广泛应用于低压直流电器领域。图 2-2 (b) 为衔铁沿轴转动的拍合式铁芯，铁芯形状有 E 形和 U 形两

种，其铁芯材料由硅钢片叠成，常用于触头容量较大的交流电器领域。图 2-2（c）为衔铁直线运动的双 E 形直动式铁芯，其铁芯材料也由硅钢片叠成，常用于触头容量为中、小容量的交流接触器和继电器领域。

电磁线圈由漆包线绕制而成，按通入线圈电流性质的不同，分为直流线圈和交流线圈两大类。当线圈通过工作电流时产生足够的磁动势，在磁路中形成磁通，使衔铁获得足够的电磁力，从而克服弹簧的反作用力而吸合。实际应用时，由于直流线圈仅有线圈发热，因此线圈匝数多、导线细，常制成细长型，且不设线圈骨架，线圈与铁芯直接接触，以利于线圈的散热。而交流线圈由于铁芯和线圈均发热，故线圈匝数少、导线粗，常制成短粗型，且设置线圈骨架，铁芯与线圈隔离，以利于铁芯和线圈的散热。

2. 触头系统

触头系统是电器的执行机构，其作用是接通或分断电路。因此要求触头具有良好的接触性能。实际应用时，由于银的氧化膜电阻率与纯银相似，可以避免触头表面氧化膜电阻率增加而造成接触不良，因此在电流容量较小的电器中得到广泛应用。

触头系统结构主要有桥式和指式两类。图 2-3（a）、图 2-3（b）所示为桥式触头，其中图 2-3（a）为点接触式触头，适用于电流容量较小、触头压力小的场合；图 2-3（b）为面接触式触头，适用于电流容量较大的场合。图 2-3（c）所示为指式触头，其接触区域为一直线（长方形截面），触点在结构设计时，应使触点在接通或断开时产生滚、滑动过程，以去除氧化膜，减少接触电阻。指式触头适用于接通次数多、电流容量大的场合。

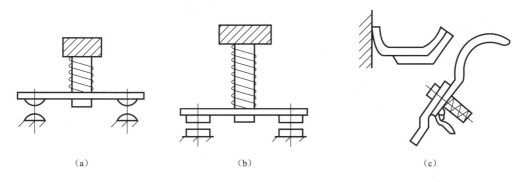

（a）　　　　　　　　　　（b）　　　　　　　　　　（c）

图 2-3　触头系统结构形式

（a）点接触式触头；（b）面接触式触头；（c）指式触头

3. 灭弧装置

电器的动静触点在分断电路时，由于接触电阻引起触点温升，从而引起热电子发射，同时触点间距离小，电场强度极大，在该强电场的作用下，气隙中电子高速运动产生碰撞游离。在该游离因素的作用下，触点间的气隙中会产生大量带电粒子使气体导电，形成炽热的电子流，并伴有强烈的声、光和热效应的弧光现象，即为电弧。根据电流性质的不同，电弧分直流电弧与交流电弧两种。

由于电弧的高温能将电器触头烧毁，并可能造成其他事故，故应采用适当措施迅速熄灭电弧。在低压电器灭弧中，主要采取的措施有：①迅速增加电弧长度，使得单位长度内维持电弧燃烧的电场强度不足而使电弧熄灭。②使电弧与液体介质或固体介质相接触，加速冷却以增强去游离作用，使电弧迅速熄灭。由于交流电弧有自然过零点，故其较易熄灭。

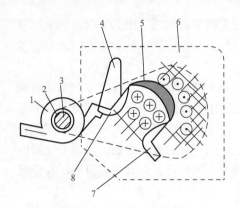

图 2-4　磁吹灭弧装置示意图

1—磁吹线圈；2—绝缘套；3—铁芯；

4—引弧角；5—导弧磁夹板；6—灭弧罩；

7—动触点；8—静触点

目前，机床常用低压电器的灭弧方法主要有如下几种：

（1）机械灭弧法。机械灭弧法是通过机械装置将电弧迅速拉长，适用于低压开关电器领域。由于篇幅有限，此处不予介绍。

（2）磁吹灭弧法。图 2-4 所示为磁吹灭弧装置示意图。

由图 2-4 可见，磁吹灭弧装置由磁吹线圈、引弧角和导弧磁夹板等部件组成。磁吹线圈产生的磁场其磁通比较集中，它经铁芯和导弧磁夹板进入电弧空间。于是，电弧在磁场的作用下，在灭弧罩内部迅速向上运动，并在引弧角处被拉到最长。在运动过程中，电弧一方面被拉长，另一方面又被冷却，因此电弧能迅速熄灭。此灭弧方法适应于低压直流接触器等领域。

（3）窄缝（纵缝）灭弧法。在电弧所形成的磁场电动力的作用下，可使电弧拉长并进入灭弧罩的窄（纵）缝中，几条纵缝可将电弧分割成数段且与固体介质相接触，电弧便迅速熄灭。这种结构多用于交流接触器等领域。

（4）栅片灭弧法。图 2-5 所示为栅片灭弧装置示意图。

由图 2-5 可见，栅片灭弧装置由灭弧栅片（由多片镀铜薄钢片组成）、绝缘夹板等部件组成。当电器触点断开时，电弧在吹弧电动力的作用下被推向栅片，电弧被栅片分割成数段串联短电弧，而栅片变成短电弧的电极。栅片的作用还在于能导出电弧的热量，使电弧迅速冷却，同时每两片灭弧栅片可以看成一对电极，而每对电弧间都有 $150\sim250\mathrm{V}$ 的绝缘强度，使整个灭弧栅的绝缘大大加强，而每个栅片间的电压却不足以达到电弧燃烧的电压。所以，电弧进入灭弧栅后就能很快熄灭。

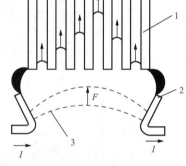

图 2-5　栅片灭弧装置示意图

1—灭弧栅片；2—触点；3—电弧

2.1.3　低压电器的常用术语

低压电器的常用术语见表 2-1。

表 2-1　　　　　　　　　　　　　低压电器的常用术语

常用术语	常用术语的说明
通断时间	从电流开始在开关电器的一个极流过的瞬间起，到所有极的电弧最终熄灭的瞬间为止的时间间隔
燃弧时间	电器分断过程中，从触点断开（或熔体熔断）出现电弧的瞬间起，至电弧完全熄灭为止的时间间隔
分断能力	开关电器在规定的条件下，能在给定的电压下分断的预期分断电流值
接通能力	开关电器在规定的条件下，能在给定的电压下接通的预期接通电流值
通断能力	开关电器在规定的条件下，能在给定的电压下接通和分断的预期电流值
短路接通能力	在规定的条件下，包括开关电器的出线端短路在内的接通能力
短路分断能力	在规定的条件下，包括开关电器的出线端短路在内的分断能力

续表

常用术语	常用术语的说明
操作频率	开关电器在每小时内可能实现的最高循环操作次数
通电持续率	开关电器的有载时间和工作周期之比，常用百分数表示
电寿命	在规定的正常工作条件下，机械开关电器不需要修理或更换的负载操作循环次数

2.2 低压熔断器

低压熔断器是在低压配电系统和电力拖动系统中主要用作短路保护的电器，使用时串联在被保护的电路中。当电路发生短路故障、通过熔断器的电流达到或超过某一规定值时，以其自身的热量使熔体熔断，从而自动切断电路，实现短路保护功能。图 2-6 所示为熔断器常见外形和图形、文字符号。

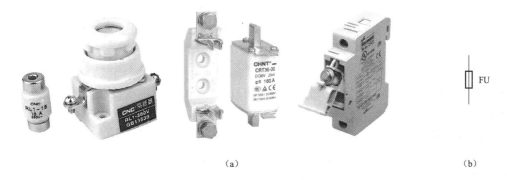

图 2-6　熔断器常见外形和图形、文字符号
(a) 外形图；(b) 图形、文字符号

2.2.1 熔断器的结构及主要参数

1. 熔断器的结构

熔断器主要由熔体、熔管和熔座三部分组成。

熔体是熔断器的主要组成部分，常做成丝状、片状或栅状。熔体的材料通常有两种：一种是由铅、铅锡合金或锌等低熔点材料制作而成，多用于小电流电路；另一种是由银、铜等较高熔点的金属制作而成，多用于大电流电路。

熔管是熔体的保护外壳，用耐热绝缘材料制成，在熔体熔断时兼有灭弧功能。

熔座是熔断器的底座，用于固定熔管和外接引线。

2. 熔断器的主要技术参数

在工程技术中，选用熔断器时主要考虑如下主要技术参数：

(1) 额定电压。额定电压指熔断器长期工作所能承受的电压，其值一般等于或大于电气设备的额定电压。

(2) 额定电流。额定电流是指熔断器长期工作时，设备部件温升不超过规定值时所能承受的电流。它由熔断器各部分长期工作时允许的温升决定。

需要指出的是，熔断器的额定电流与熔体的额定电流是两个不同的概念。熔体的额定电

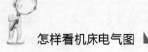
流是指在规定的工作条件下，长时间通过熔体而熔体不熔断的最大电流值。

（3）分断能力。分断能力是指在规定的使用条件下，熔断器能分断的预期分断电流值。常用极限分断电流值进行描述。

2.2.2 常用熔断器简介

熔断器型号及含义如图 2-7 所示。

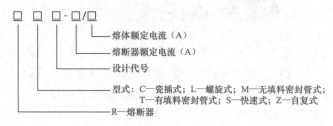

图 2-7　熔断器型号及含义

例如型号 RL1-5/30 中，R 表示熔断器，L 表示螺旋式，设计代号为 1，熔断器额定电流是 30A，熔体额定电流是 5A。

目前，机床常用的熔断器有 RC1A 系列磁插式熔断器、RL1 系列螺旋式熔断器、RM10 系列无填料封闭管式熔断器、RT0 系列有填料封闭管式圆筒帽形熔断器、RS0/RS3 系列快速熔断器和自复式熔断器。常用低压熔断器结构示意图、特点及主要应用场合见表 2-2。表 2-3、表 2-4 分别列出了 RM10 系列、RT0 系列熔断器技术数据，以供读者选用。

表 2-2　　　　　　　　　　　　常用低压熔断器

名　称	结构示意图	特　点	主要应用场合
RC1A 系列磁插式熔断器	动触头　熔丝　静触头　瓷盖　瓷座	具有结构简单、价格低廉、更换方便等优点；但该熔断器极限分断能力较差，且熔丝熔断时有声光现象，在易燃易爆的场合禁止使用	主要用于交流 50Hz、额定电压 380V 及以下、额定电流 5～200A 的低压线路末端或分支电路中，作线路和用电设备的短路保护，在照明线路中还可实现过载保护作用
RL1 系列螺旋式熔断器		具有分断能力较高、结构紧凑、体积小、更换熔体方便、工作安全可靠、熔丝熔断后有明显指示等特点。当从瓷帽玻璃窗口观测到带小红点的熔断指示器自动脱落时，表示熔丝已经熔断	广泛应用于控制箱、配电屏、机床设备及振动较大的场合，在交流额定电压 500V、额定电流 200A 及以下的电路中，作为短路保护器件
RM10 系列无填料封闭管式熔断器		具有更换熔体较方便、极限分断能力较 RC1A 型熔断器有提高等特点	主要用于交流额定电压 380V 及以下、直流 440V 及以下、交流 600A 以下的电力线路中，作为导线、电缆及电气设备的短路和连续过载保护
RT0 系列有填料封闭管式熔断器		分断能力比同容量的 RM10 型大 2.5～4 倍，配置有熔断指示装置，熔体熔断后，显示出醒目的红色熔断信号，且可用配备的专用绝缘手柄在带电的情况下更换熔体，装取方便，安全可靠	广泛应用于交流 380V 及以下、短路电流较大的电力输配电系统中，作为线路和电气设备的短路保护及过载保护

续表

名 称	结构示意图	特 点	主要应用场合
RT18 系列有填料封闭管式圆筒帽形熔断器		由熔体及熔断器支持件组成，具有分断能力较高、结构紧凑、体积小、更换熔体方便、工作安全可靠、熔丝熔断后有明显指示等特点	用于交流 50Hz、额定电压 380V、额定电流 63A 及以下工业电气设备的配电线路中，作为线路的短路保护及过载保护
RS0、RS3 系列有填料快速熔断器		又称为半导体器件保护用熔断器，具有熔断时间短、动作迅速（小于 5ms）、导热性能强等特点	主要用于半导体硅整流元件的过电流保护
自复式熔断器		具有限流作用显著、动作时间短、动作后不必更换熔体、能重复使用、能实现自动重合闸等特点	适用于交流 380V 的电路，与断路器配合使用。熔断器的电流有 100、200、400、600A 四个等级

表 2-3   **RM10 系列熔断器技术数据**

型 号	熔断器额定电压（V）	熔断器额定电流（A）	可选熔体额定电流（A）
RM10-15		15	6、10、15
RM10-60		60	15、20、25、35、45、60
RM10-100	交流：220、380 或 500；直流：220、440	100	60、80、100
RM10-200		200	100、125、160、200
RM10-350		350	200、225、260、300、350
RM10-600		600	350、430、500、600

表 2-4   **RT0 系列熔断器技术数据**

型 号	额定电压（V）	额定电流（A）	极限分断能力（kA）		可选熔体额定电流（A）
			交流 380V	直流 440V	
RT0-50		50			5、10、15、20、30、40、50
RT0-100		100			30、40、50、60、80、100
RT0-200	交流：380；直流：440	200	50	25	80、100、120、150、200
RT0-400		400			150、200、250、300、350、400
RT0-600		600			350、400、450、500、550、600
RT0-1000		1000			700、800、900、1000

2.2.3 熔断器的选用原则及应用注意事项

1. 熔断器的选用原则

熔断器的选用主要是选择熔断器类型、额定电压、熔断器额定电流及熔体额定电流等参数。一般情况下，可按下述原则进行选择：

（1）根据负载的保护特性、短路电流大小、使用场合、安装条件和各类熔断器的适用范

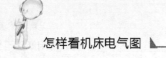

围选择熔断器类型。

（2）熔断器额定电压应大于或等于控制线路的工作电压。

（3）熔断器额定电流应大于或等于熔体的额定电流。

（4）熔体额定电流的选择。

1）用于保护照明或电热设备时，由于负载电流比较稳定，因此熔体的额定电流应等于或稍大于负载的额定电流。

2）用于保护单台长期工作电动机时，考虑电动机冲击电流的影响，熔体的额定电流按下式计算

$$I_{fN} \geqslant (1.5 \sim 2.5)I_N$$

式中　I_N——电动机的额定电流。

3）用于保护多台电动机时，若各台电动机不同时启动，则应按下式计算

$$I_{fN} \geqslant (1.5 \sim 2.5)I_{Nmax} + \Sigma I_N$$

式中　I_{Nmax}——容量最大电动机的额定电流；

　　　ΣI_N——其余电动机额定电流的总和。

当电路上、下两级都装设熔断器时，为使两级保护相互配合良好，两级熔体额定电流的比值不小于 1.6∶1。

2. 熔断器的应用注意事项

在工程技术中，安装与应用熔断器时，应注意如下事项：

（1）用于安装使用的熔断器应完整无损，并标有额定电压、额定电流值。

（2）熔断器安装时应保证熔体与夹头、夹头与夹座接触良好。磁插式熔断器应垂直安装；螺旋式熔断器接线时，电源线应接在下接线座上，负载线应接在上接线座上，以保证能安全地更换熔管。

（3）熔断器内要安装合格的熔体，不能用多根小规格的熔体并联代替一根大规格的熔体。在多级保护的场合，各级熔体应相互配合，上级熔断器的额定电流等级以大于下级熔断器的额定电流等级两级为宜。

（4）更换熔体或熔管时，必须切断电源，尤其不允许带负荷操作，以免发生电弧灼伤。管式熔断器的熔体应用专用的绝缘插拔器进行更换。

（5）对 RM10 系列熔断器，在切断过三次相当于分断能力的电流后，必须更换熔管，以保证能可靠地切断所规定分断能力的电流。

（6）熔体熔化后，应分析原因排除故障后，再更换新的熔体。在更换新的熔体时，不能轻易改变熔体的规格，更不能使用铜丝或铁丝代替熔体。

（7）熔断器兼作隔离器件使用时，应安装在控制开关的电源进线端；若仅作短路保护用，应装在控制开关的出线端。

2.3　低 压 断 路 器

低压断路器又称低压开关，主要实现隔离、转换及接通和分断电路功能，适用于不频繁接通和断开电路的总电源开关或部分电路的电源开关等领域。图 2-8 所示为低压断路器图形符号和文字符号。

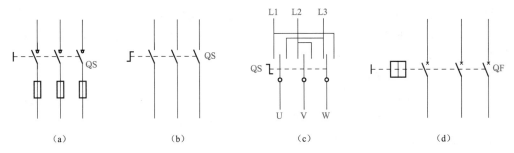

图 2-8　低压断路器图形符号和文字符号

（a）负荷开关；（b）组合开关；（c）倒顺开关；（d）低压断路器

2.3.1　常用低压断路器简介

常用低压断路器结构示意图、特点及主要应用场合见表 2-5。

表 2-5　　　　　　　　　　　　　　　　　常用低压断路器

名　称	结构示意图	特　点	主要应用场合
开启式负荷开关		开启式负荷开关又称为瓷底胶盖刀开关，简称刀开关。HK 系列开启式负荷开关由刀开关和熔断器组合而成，上面盖有胶盖以防止操作时触及带电体或产生的电弧溅出伤人	适用于照明、电热设备及小容量电动机控制线路中，可手动不频繁地接通和分断电路，并起短路保护作用
组合开关	HZ10-10/3 型组合开关 倒顺开关	组合开关又称为转换开关，具有体积小、触头对数多、接线方式灵活、操作方便等特点。 组合开关中，有一类是专门为控制小容量三相异步电动机的正反转而设计生产的，俗称倒顺开关或可逆转换开关。开关的两边各装有三对静触头，开关的手柄有"倒"、"停"、"顺"三个位置	常用于交流 50Hz、380V 以下及直流 220V 以下的电气线路中，供手动不频繁的接通和断开电路、换接电源和负载以及控制 5kW 以下小容量异步电动机的启动、停止和正反转
低压断路器	DZ5-20 型低压断路器 DZ47 型低压断路器	低压断路器又称为自动空气开关或自动空气断路器，可简称断路器。它是低压配电网络和电力拖动系统中常用的一种配电器，集控制和多种保护功能于一体，在正常情况下可用于不频繁地接通和断开电路以及控制电动机的运行。当电路发生短路、过载或失电压等故障时，能自动切断故障电路，保护线路和电气设备	低压断路器具有操作安全、安装使用方便、工作可靠、动作值可调、分断能力高、兼顾多种保护功能、动作后不需要更换元件等优点，因此得到广泛应用

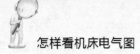
目前，机床常用的低压断路器有塑料外壳式断路器和小型断路器两种。其中塑料外壳式断路器由手柄、操动机构、脱扣装置、灭弧装置及触头系统等部件组成，均安装在塑料外壳内组成一体。目前，机床常用 DZ10、DZ15、DZ5-20、DZ5-50 等系列塑料外壳式断路器，适用于交流电压 500V、直流电压 220V 以下的电路，实现不频繁接通和断开电路控制功能。

以 DZ15 系列为例，其适用于交流 50Hz、额定电压为 220V 或 380V、额定电流为 100A 的电路，作为配电、电机的过载及短路保护用，也可作为线路不频繁转换及电动机不频繁启动之用。图 2-9 所示为 DZ15 系列塑料外壳式断路器型号意义，表 2-6 所示为 DZ15 系列断路器规格及参数。

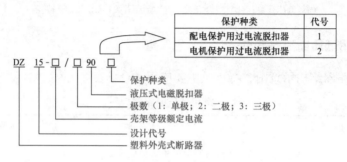

图 2-9　DZ15 系列塑料外壳式断路器型号意义

表 2-6　　　　　　　　　　　　　DZ15 系列断路器规格及参数

型　　号	壳架额定电流（A）	额定电压（V）	极　数	脱扣器额定电流（A）	额定短路通断能力（kA）
DZ15-40/1901		220	1		
DZ15-40/2901		380	2		
DZ15-40/3901	40	380	3	6、10、16、20、25、32、40、	3
DZ15-40/3902		380	3		
DZ15-40/4901		380	4		
DZ15-63/1901		220	1		
DZ15-63/2901		380	2		
DZ15-63/3901	63	380	3	10、16、20、25、32、40、50、63	5
DZ15-63/3902		380	3		
DZ15-63/4901		380	4		

小型断路器主要用于交流 50/60Hz，单极 230V、二极以上 400V 线路的过载、短路保护，同时也可以在正常情况下不频繁通断电器装置和照明线路。目前，机床常用 MB1-63、DZ30-32、DZ47-60 等系列小型断路器。其中 DZ47-60 系列按额定电流 I_N 分有 1、2、3、4、5（6）、10、15（16）、20、25、32、40、50、60A；按极数分有单极、二极、三极、四极；按断路器瞬时脱扣器类型分有 C 型（$5I_N \sim 10I_N$）、D 型（$10I_N \sim 14I_N$）。图 2-10 所示为小型断路器型号意义，表 2-7 所示为 DZ47-60 系列小型断路器规格及参数。

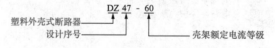

图 2-10　小型断路器型号意义

表 2-7　　　　　　　　　　　　DZ47-60 系列小型断路器规格及参数

型　号	额定电流（A）	额定电压（V）	极　数	通断能力（kA）
DZ47-60（C）型	1～40	230	1P	6
	1～40	400	2、3、4P	6
	50～60	230	1P	4
	50～60	400	2、3、4P	4
DZ47-60（D）型	1～60	230	1P	4
	1～60	400	2、3、4P	4

2.3.2 低压断路器的选用原则及应用注意事项

1. 低压断路器的选用原则

一般情况下，选用低压断路器应遵循如下原则：

（1）应根据使用场合和保护要求进行选择。如一般选用塑壳式；短路电流很大选用限流型；额定电流比较大或有选择性保护要求选用框架式；控制和保护含半导体器件的直流电路选用直流快速断路器等。

（2）低压断路器额定电压、额定电流应大于或等于控制线路、设备的正常工作电压、工作电流。

（3）低压断路器极限通断能力大于或等于控制电路最大短路电流。

（4）低压欠电压脱扣器的额定电压等于控制线路额定电压。

（5）低压过电流脱扣器的额定电流大于或等于控制线路的最大负载电流。

2. 低压断路器的应用注意事项

在工程技术中，安装与应用低压断路器时，应注意如下事项：

（1）低压断路器应垂直于配电板安装，电源引线应接到上端，负载引线接到下端。

（2）低压断路器用作电源总开关或电动机的控制开关时，在电源进线侧必须加装刀开关或熔断器等，以形成明显的断开点。

（3）低压断路器在使用前应将脱扣器工作面的防锈油脂擦干净；各脱扣器动作值一经调整好，不允许随意变动，以免影响其动作值。

（4）使用过程中若遇分断短路电流，应及时检查触头系统，若发现电灼烧痕，应及时修理或更换。

（5）断路器上的积尘应定期清除，并定期检查各脱扣器动作值，给操动机构添加润滑剂。

2.4　主　令　电　器

主令电器是用于发送控制指令的电器。这类电器可以直接作用于控制电路，也可以通过电磁式电器的转换对电路实现控制。主令电器应用广泛，种类繁多，常见的有控制按钮、行程开关、万能转换开关等。

2.4.1 控制按钮

控制按钮是一种手动且可自动复位的主令电器，具有结构简单、控制方便等特点，在机床电气控制系统中得到广泛应用。图 2-11 所示为常见控制按钮外形图。图 2-12 所示为控制按钮图形及文字符号。

| LA4型 | LA2型 | LA39型 | YBLX-1型 |

图 2-11　常见控制按钮外形图

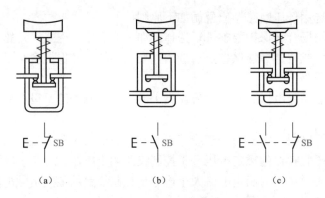

（a）　　　　　　　（b）　　　　　　　（c）

图 2-12　控制按钮图形及文字符号
（a）动断按钮；（b）动合按钮；（c）复合按钮

由图 2-12 可见，控制按钮可分为动断按钮、动合按钮和复合按钮 3 种。按钮在停按后，一般能自动复位。对于复合按钮，按下按钮时，动断触点先断开，动合触点后闭合；复位时，动合触点先断开，动断触点后闭合。

1. 控制按钮的型号及含义

控制按钮的型号及含义如图 2-13 所示。

图 2-13　控制按钮的型号及含义

其中结构形式代号的含义如下：

K——开启式，嵌装在操作面板上；

H——保护式，带保护外壳，可防止内部零件受机械损伤或人体触及带电部分；

S——防水式，具有密封外壳，可防止雨水浸入；

F——防腐式，能防止腐蚀性气体进入；

J——紧急式，带有红色大蘑菇钮头（突出在外），作紧急切断电源用；

X——旋钮式，用旋钮旋转进行操作，有通和断两个位置；

Y——钥匙操作式，用钥匙插入进行操作，可防止误操作或供专人操作；

D——光标按钮，按钮内装有信号灯，兼作信号指示。

在工程技术中，机床常用控制按钮型号有 LA18、LA19、LA20、LA25 和 LAY3 系列。其中 LA25 系列为通用型控制按钮更新换代系列产品，采用组合式结构，可根据需要任意组合其触头数目，其技术数据见表 2-8。

表 2-8 　　　　　　　　　　　　　LA25 系列控制按钮技术数据

型　号	触头组合	按钮颜色	型　号	触头组合	按钮颜色
LA25-10	一动合	白绿黄蓝橙黑红	LA25-33	三动合三动断	白绿黄蓝橙黑红
LA25-01	一动断		LA25-40	四动合	
LA25-11	一动合一动断		LA25-04	四动断	
LA25-20	二动合		LA25-41	四动合一动断	
LA25-02	二动断		LA25-14	一动合四动断	
LA25-21	二动合一动断		LA25-42	四动合二动断	
LA25-12	一动合二动断		LA25-24	二动合四动断	
LA25-22	二动合二动断		LA25-50	五动合	
LA25-30	三动合		LA25-05	五动断	
LA25-03	三动断		LA25-51	五动合一动断	
LA25-31	三动合一动断		LA25-15	一动合五动断	
LA25-13	一动合三动断		LA25-60	六动合	
LA25-32	三动合二动断		LA25-06	六动断	
LA25-23	二动合三动断				

2. 控制按钮的选用原则及应用注意事项

（1）控制按钮的选用原则。控制按钮的选择主要遵循下述原则：

1）根据使用场合和具体用途选择按钮的种类。例如，嵌套在操作面板上的按钮可选用开启式；需显示各种状态的选用光标式。

2）根据工作状态指示和工作情况要求，选择按钮或指示灯的颜色。

a. "停止"和"急停"按钮必须是红色。

b. "启动"按钮的颜色是绿色。

c. "启动"与"停止"交替动作的按钮必须是黑白、白色或灰色。

d. "点动"按钮必须是黑色。

e. "复位"按钮必须是蓝色（如保护继电器的复位按钮）。

3）根据控制回路的需要选择按钮的数量。如单联钮、双联钮和三联钮等。

（2）控制按钮的应用注意事项。在工程技术中，安装与应用按钮时，应注意如下事项：

1）按钮安装在控制面板上时，应布置整齐、排列合理，如根据电动机启动的先后顺序，从上到下或从左到右排列。

2）同一机床运动部件有几种不同的工作状态时（如上、下、前、后等），应使每一对相反状态的按钮安装在一起。

3）按钮的安装应牢固，安装按钮的金属板或金属按钮盒必须可靠接地。

4）按钮的触点间距较小，如有油污等极易发生短路故障，应注意保持触点间的清洁。

5）光标按钮一般不宜用于需长期通电显示的地方，以免塑料外壳过度受热而变形。

2.4.2 行程开关

行程开关又称限位开关或位置开关，是根据工作机械的行程发布命令以控制其运动方向或行程大小的主令电器，广泛用于各类机床和起重机械行程控制领域。图 2-14 所示为常见行程开关外形图。图 2-15 所示为行程开关图形及文字符号。

图 2-14　常见行程开关外形图

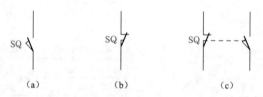

图 2-15　行程开关图形及文字符号

（a）动合触头；（b）动断触头；（c）复合触头

1. 行程开关的型号及含义

目前，机床常用行程开关型号有 LX19、LXW5、LXK3、LX32、LX33、JLXK1 等系列。其中 LX19、JLXK1 系列行程开关的型号及含义如图 2-16、图 2-17 所示。

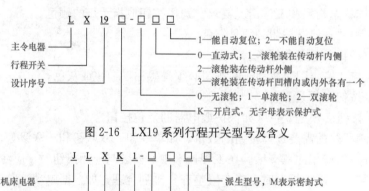

图 2-16　LX19 系列行程开关型号及含义

图 2-17　JLXK1 系列行程开关型号及含义

表 2-9 列出了 LX32 系列行程开关主要技术数据，供读者选用时参考。

表 2-9   LX32 系列行程开关主要技术数据

额定工作电压（V）		额定发热电流	额定工作电流（A）		额定操作频率
直流	交流	（A）	直流	交流	（次/h）
220、110、24	380、220	6	0.046（220V 时）	0.79（380V 时）	1200

2. 行程开关的选用原则及应用注意事项

（1）行程开关的选用原则。行程开关的选择主要遵循下述原则：

1）根据应用场合及控制对象选择行程开关操动机构形式。

2）根据安装环境选择防护形式，如开启式或保护式。

3）根据控制电路的电压和电流选择行程开关系列。

4）根据机械与传动机构的传动与位移关系选择合适的形式。

（2）行程开关的应用注意事项。在工程技术中，安装与应用行程开关时，应注意如下事项：

1）行程开关安装时，其位置要准确，安装要牢固；滚轮的方向不能装反，挡铁与其碰撞的位置应符合控制线路的要求，并确保能可靠地与挡铁碰撞。

2）行程开关在使用中，要定期检查和保养，除去油污及粉尘，清理触头，经常检查其动作是否灵活、可靠，及时排除故障，防止因行程开关触头接触不良或接线松脱而产生误动作，导致设备和人身安全事故。

2.4.3 万能转换开关

万能转换开关是由多组相同结构的触头组件叠装而成的多回路控制电器。它主要用作控制线路的转换及电气测量仪表的转换，也可用于控制小容量异步电动机的启动、换向及变速。由于触头挡数多、换接线路多，用途广泛，故称为万能转换开关。如图 2-18 所示。

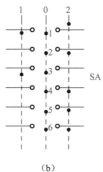

触点号	1	0	2
1	×	×	
2		×	×
3	×	×	
4		×	×
5		×	×
6		×	×

（a）   （b）   （c）

图 2-18 万能转换开关

（a）外形图；（b）符号；（c）触头分合表

图 2-18（b）中，"—o o—"代表一对触头，竖的虚线表示手柄位置。当手柄置于某一个位置上时，就在处于接通状态的触头下方的虚线上标注黑点"·"。

万能转换开关触头的通断也可用如图 2-18（c）所示的触头分合表进行描述。表中"×"表示触头闭合，空白表示触头分断。

1. 万能转换开关的型号及含义

（1）主令控制用万能转换开关的型号及含义如图 2-19 所示。

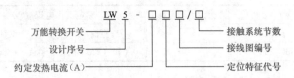

图 2-19　主令控制用万能转换开关的型号及含义

（2）直接控制电动机用万能转换开关的型号及含义如图 2-20 所示。

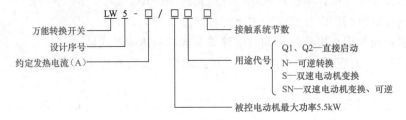

图 2-20　直接控制电动机用万能转换开关的型号及含义

　　目前，机床常用万能转换开关型号有 LW2、LW5、LW6 系列。其中 LW2 系列主要用于高压断路器操作电路的控制；LW5、LW6 系列主要用于电力拖动系统中对线路或电动机实行控制。此外，LW6 系列还可组装成双列形式，列与列之间用齿轮啮合，并由同一手柄操作。此种开关最多可组装 60 对触头。LW6 系列万能转换开关型号和触头排列特征见表 2-10。

表 2-10　　　　　　　　LW6 系列万能转换开关型号和触头排列特征表

型　号	触头座数	触头座排列形式	触头对数	型　号	触头座数	触头座排列形式	触头对数
LW6-1	1	单列式	3	LW6-8	8	单列式	24
LW6-2	2		6	LW6-10	10		30
LW6-3	3		9	LW6-12	12	双列式	36
LW6-4	4		12	LW6-16	16		48
LW6-5	5		15	LW6-20	20		60
LW6-6	6		18				

2. 万能转换开关的选用原则及应用注意事项

（1）万能转换开关的选用原则。万能转换开关的选择主要遵循下述原则：

1）根据额定电压和工作电流选用合适的万能转换开关系列。

2）根据操作需要选定手柄形式和定位特征。

3）根据控制要求参照转换开关样本确定触头数量和接线图编号。

4）选择面板形式及标志。

（2）万能转换开关的应用注意事项。在工程技术中，安装与应用万能转换开关时，应注意如下事项：

1）万能转换开关的安装位置应与其他电器元件或机床的金属部件有一定间隙，以免在通断过程中因电弧喷出而发生对地短路故障。

2）万能转换开关一般应水平安装在平板上，但也可以倾斜或垂直安装。

3）万能转换开关的通断能力不高，当用来控制电动机时，LW5 系列只能控制 5.5kW 以下的小容量电动机。若用于控制电动机的正反转，则只能在电动机停止运行后才能反向启动。

4）万能转换开关本身不带保护装置，使用时必须与其他电器配合。

5）当万能转换开关故障时，必须立即切断电路，检查有无妨碍可动部分正常转动的故障、弹簧有无变形或失效、触头工作状态和触头状态是否正常等。

2.5 接 触 器

接触器是一种通用性很强的电磁式电器，可以频繁地接通和分断交、直流主电路及大容量控制电路，并可实现远距离控制。它主要用于控制电动机、电阻炉和照明器具等电力负载。接触器根据其主触点通过电流的种类不同，分为交流接触器和直流接触器两大类，由于篇幅有限，本书仅介绍交流接触器。常用交流接触器外形图如图 2-21 所示。接触器图形及文字符号如图 2-22 所示。

图 2-21　常用交流接触器外形图
(a) CJ10 型；(b) CJX2 型；(c) CJX2-D12N 型

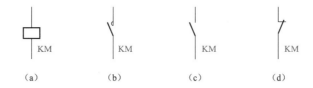

图 2-22　接触器图形及文字符号
(a) 线圈；(b) 主触头；(c) 辅助动合触头；(d) 辅助动断触头

2.5.1 交流接触器的结构及主要参数

1. 交流接触器的结构

交流接触器主要由电磁系统、触头系统、灭弧装置和辅助部件等组成。

（1）电磁系统。交流接触器电磁系统主要由线圈、静铁芯和动铁芯（衔铁）三部分组成。实际工作时，交流接触器利用电磁系统中线圈的通电或断电，使静铁芯吸合或释放衔铁，带动动触头与静触头闭合或分断，从而实现电路的接通或断开。

（2）触头系统。交流接触器的触头按通断能力可分为主触头和辅助触头。

主触头用以通断电流较大的主电路，一般由三对动合触头组成。辅助触头用以通断电流较小的控制电路，一般由两对动合触头和两对动断触头组成，它们是联动的。当线圈通电时，辅助动断触头先断开，辅助动合触头随后闭合，中间有一个很短的时间差。当线圈断电后，辅助动合触头先恢复断开，辅助动断触头随后恢复闭合，中间也存在一个很短的时间差。这个时间差虽短，但对分析线路的控制原理却很重要。

交流接触器的触头由银钨合金制成，具有良好的导电性和耐高温烧蚀性。

交流接触器的触头按结构形式可分为桥式触头和指式触头两种。

（3）灭弧装置。灭弧装置的作用是熄灭触头闭合、分断时产生的电弧，以减轻对触头的灼伤，保证可靠地分断电路。交流接触器常采用的灭弧装置有双断口结构的电动力灭弧装置、纵缝灭弧装置和栅片灭弧装置。

（4）辅助部件。交流接触器的辅助部件有反作用弹簧、缓冲弹簧、触头压力弹簧、传动结构及底座、接线柱等。

2. 交流接触器的工作原理

当线圈通电时，静铁芯产生电磁吸力，将动铁芯吸合，由于触头系统是与动铁芯联动的，因此动铁芯带动3条动触片同时运行，即主触头、辅助动合触头闭合，辅助动断触头断开。

当线圈断电时，电磁吸力消失，动铁芯联动部分依靠弹簧的反作用力而分离，触头系统复位，即主触头、辅助动合触头处于断开状态，辅助动断触头处于闭合状态。

3. 接触器的主要技术参数

接触器主要技术参数有额定电压、额定电流、寿命、操作频率等。

（1）额定电压。接触器铭牌上标注的额定电压是指主触头的额定电压。常用的额定电压等级见表2-11。

（2）额定电流。接触器铭牌上标注的额定电流是指主触头的额定电流。常用的额定电流等级见表2-11。

表 2-11 　　　　　　　　　　接触器额定电压、额定电流等级表

技术参数名称	直流接触器	交流接触器
额定电压（V）	110、220、440、660	127、220、380、500、600
额定电流（A）	5、10、20、40、60、100、150、250、400、600	5、10、20、40、60、100、150、250、400、600

（3）吸引线圈的额定电压。交流接触器有36、127、220、380V 等等级；直流接触器有24、48、220、440V 等等级。

（4）机械寿命和电气寿命。接触器的机械寿命一般可达数百万次以至一千万次；电气寿命一般是机械寿命的 5%～20%。

（5）线圈消耗功率。线圈消耗功率可分为启动功率和吸持功率。值得注意的是，对于直流接触器，两者相等；对于交流接触器，一般启动功率约为吸持功率的 5～8 倍。

（6）额定操作频率。接触器的额定操作频率是指每小时允许的操作次数，一般为 300、600、1200 次/h。

（7）动作值。动作值是指接触器的吸合电压和释放电压。通常规定接触器的吸合电压大于线圈额定电压的 85%，释放电压不高于线圈额定电压的 70%。

2.5.2 交流接触器的型号及含义

交流接触器的型号及含义如图 2-23 所示。

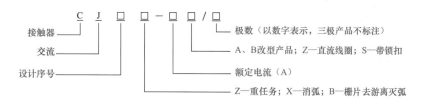

图 2-23　交流接触器的型号及含义

目前，机床常用的交流接触器主要有 CJ10、CJ12、CJ20、CJX1 和 CJX2 等国产系列，德国 BBC 公司的 B 系列，德国 SIEMENS 公司的 3TB 系列，法国 TE 公司的 LC1、LC2 系列等。本章以 CJ20 系列交流接触器为例进行介绍。

CJ20 系列交流接触器是在 20 世纪 80 年代初统一设计的系列产品，该系列产品的结构合理，体积小，重量轻，易于维修保养，具有较高的机械寿命。它主要适用于交流 50Hz、电压 660V 及以下（部分产品可用于 1140V）、电流 630A 及以下的电力线路中，供远距离接通或分断电路以及频繁启动和控制电动机之用。CJ20 系列交流接触器技术数据见表 2-12。

表 2-12　　　　　　　　　　　　　CJ20 系列交流接触器技术数据

序　号	频率（Hz）	辅助触头额定电流（A）	吸引线圈电压（V）	主触头额定电流（A）	额定电压（V）	可控制电动机最大功率（kW）
CJ20-10				10	380/220	4/2.2
CJ20-16				16	380/220	7.5/4.5
CJ20-25				25	380/220	11/5.5
CJ20-40				40	380/220	22/11
CJ20-63	50	5	36、127、220、380	63	380/220	30/18
CJ20-100				100	380/220	50/28
CJ20-160				160	380/220	85/48
CJ20-250				250	380/220	132/80
CJ20-400				400	380/220	220/115

2.5.3 接触器的选用原则及应用注意事项

1. 接触器的选用原则

接触器是控制功能较强、应用广泛的自动切换电器，其额定工作电流或额定功率是随使用条件及控制对象的不同而变化的。为尽可能经济地、正确地使用接触器，必须对控制对象的工作情况及接触器的性能有较全面的了解，选用时应根据具体使用条件正确选择。主要考虑下列因素：

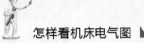

（1）根据负载性质选择接触器类型。

（2）接触器的使用类别应与负载性质相一致。

（3）额定工作电压应不小于主电路工作电压。

（4）额定电流应不小于被控电路额定电流。对于电动机负载，还应根据其运行方式适当增减。

（5）吸引线圈的额定电压应与控制回路电压相一致，接触器在线圈额定电压 85% 及以上时应能可靠地吸合。

2. 接触器的应用注意事项

（1）安装前的检查。

1）检查接触器铭牌与线圈的技术数据（如额定电压、电流、操作频率等）是否符合实际使用要求。

2）检查接触器外观，应无机械损伤；用手推动接触器可动部分时，接触器应动作灵活，无卡阻现象；灭弧罩应完整无损，固定牢固。

3）将铁芯极面上防锈油脂或粘在极面上的铁垢用煤油擦净，以免多次使用后衔铁被粘住，造成断电后不能释放。

（2）接触器的安装注意事项。

1）交流接触器一般应安装在垂直面上，倾斜度不得超过5°。若有散热孔，则应将孔的一面放在垂直方向上，以利于散热，并按规定留有适当的飞弧空间，以免飞弧烧坏相邻电器。

2）安装和接线时，注意不要将零件掉入接触器内部。安装孔的螺钉应装有弹簧垫圈和平垫圈，并拧紧螺钉以防振动松脱。

3）安装完毕，检查接线正确无误后，在主触头不带电的情况下操作几次，然后测量产品的动作值和释放值，所测数值应符合产品的规定要求。

2.6 继 电 器

继电器是根据电气量（电压、电流等）或非电气量（温度、压力、转速、时间等）的变化接通或断开控制电路的自动换电器。其分类方法有多种，按输入信号的性质可分为电压继电器、电流继电器、时间继电器、温度继电器、速度继电器、中间继电器、压力继电器等；按工作原理可分为电磁式继电器、感应式继电器、电动式继电器、电子式继电器、热继电器等；按用途可分为控制继电器、保护继电器等。本章介绍机床电气控制常用的几种继电器。

2.6.1 电磁式继电器

电磁式继电器是应用最多的一种继电器，具有结构简单、价格低廉、使用维护方便等特点，在电力控制系统中得到广泛应用。常用的电磁式继电器有电流继电器、电压继电器、中间继电器等。常用电磁式继电器外形图如图 2-24 所示。

电磁式继电器的图形及文字符号如图 2-25 所示。电流继电器的文字符号为 KA，线圈方格中用 $I>$（或 $I<$）表示过电流（或欠电流）继电器；电压继电器的文字符号为 KV，线圈方格中用 $U>$（或 $U<$）表示过电压（或欠电压）继电器。

图 2-24　常用电磁式继电器外形图

图 2-25　电磁式继电器图形及文字符号
（a）线圈一般符号；（b）动合触头；（c）动断触头

1. 电流继电器

根据输入（线圈）电流大小而动作的继电器称为电流继电器。它的线圈串联在被测量电路中，以反映电路电流的变化。其线圈具有匝数少、导线粗、线圈阻抗小等特点。

按用途不同电流继电器可分为欠电流继电器和过电流继电器。其中欠电流继电器的吸引电流为线圈额定电流的 30％～65％，释放电流为额定电流的 10％～20％，主要用于欠电流保护或控制，如电磁吸盘控制电路中的欠电流保护。过电流继电器在电路正常工作时不动作，当电流超过某一定值时才动作，整定范围为 110％～400％额定电流，其中交流过电流继电器为（110％～400％）I_N，直流过电流继电器为（70％～300％）I_N，主要用于过电流保护或控制，如起重机电气控制电路中的过电流保护。

2. 电压继电器

根据输入电压大小而动作的继电器称为电压继电器。与电流继电器类似，电压继电器也分为欠电压继电器和过电压继电器两种。过电压继电器动作电压范围为（105％～120％）U_N；欠电压继电器吸合电压动作范围为（20％～50％）U_N，释放电压调整范围为（7％～20％）U_N。

电压继电器工作时其线圈并联在被测量电路两端，因此线圈匝数多、导线细、阻抗大，用于反映电路中电压的变化。

3. 中间继电器

中间继电器实质是一种电压继电器，具有触头对数多、触头容量较大、动作灵敏等特点。它主要用于各种自动控制线路中用以增加控制回路的触头对数、触头容量，以及在容量 1kW 以下的三相异步电动机作为频繁启停之用，且在 10A 以下控制线路中可代替接触器起控制作用。

4. 电磁式继电器的型号及含义

目前，机床常用的电磁式继电器主要有 JL14、JL18、JZ15、JT18、3TH80、3TH82 及 JZC2 等系列。其中 JL14 系列为交直流电流继电器，JL18 系列为交直流过电流继电器，JT18 系列为直流通用继电器，JZ15 系列为中间继电器，3TH80、3TH82 与 JZC2 类似，为

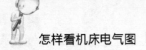

接触器式继电器。表 2-13～表 2-15 分别列出了 JZ15、JT18、JL18 系列继电器技术数据，供读者选用时参考。

表 2-13　　　　　　　　　　　　JZ15 系列中间继电器技术数据

型号	触头额定电压（V）		约定发热电流（A）	触头组合形式		触头额定控制容量		定操作频率（次/h）	吸引线圈额定电压（V）		线圈吸持功率		动作时间（s）
	交流	直流		动合	动断	交流（VA）	直流（W）		交流	直流	交流（VA）	直流（W）	
JZ15-62	127、220、380	48、110、220	10	6	2	1000	90	1200	127、220、380	48、110、220	12	11	≤0.05
JZ15-26				2	6								
JZ15-44				4	4								

表 2-14　　　　　　　　　　JT18 系列直流电磁式继电器技术数据

额定工作电压（V）		24、48、110、220、440（电压、时间继电器）
额定电流（A）		1.6、2.5、4、6、10、16、25、40、63、100、160、250、630（欠电流继电器）
延时等级（s）		1、3、5（时间继电器）
额定操作频率（次/h）		1200（时间继电器除外），额定通电持续率为 40%
动作特性	电压继电器	冷却线圈，吸引电压为（30%～50%）U_N（可调）；释放电压为（7%～20%）U_N（可调）
	时间继电器	JT18-/1（0.3～0.9）s JT18-/3（0.8～3）s JT18-/5（2.5～5）s
	欠电流继电器	吸引电流：（30%～65%）I_N（可调）
误差	延时误差	重复误差＜±9%；温度误差＜±20%；电流波动误差＜±15%；精度稳定误差＜±20%
	电压、欠电流继电器误差	重复误差＜±10%；整定值误差＜±15%
触头参数	约定发热电流	10A
	额定工作电压	AC：380V，DC：220V

表 2-15　　　　　　　　　　JL18 系列过电流继电器技术数据

额定工作电压	AC：380V，DC：220V
线圈额定工作电流（A）	1.0、1.6、2.5、4.0、6.3、10、16、25、40、63、100、160、250、400、630
触头主要额定参数	额定工作电压 AC：380V，DC：220V； 额定发热电流 10A； 额定工作电流 AC：2.6A，DC：0.27A； 额定控制容量 AC：1000VA，DC：60W
调整范围	交流：吸合动作电流值为（110%～350%）I_N； 直流：吸合动作电流值为（70%～300%）I_N
动作与整定误差	≤±10%
返回系数	高返回系数型＞0.65，普通类型不作规定
操作频率（次/h）	1200
复位方式	自动及手动
触头对数	一对动合触头，一对动断触头

电磁式继电器的型号及含义如图 2-26 所示。

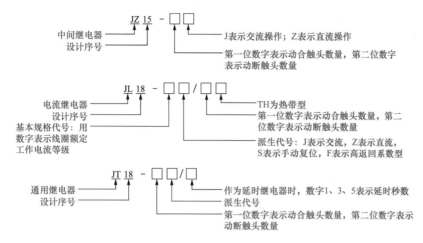

图 2-26　电磁式继电器的型号及含义

5．电磁式继电器的选用原则

继电器是组成各种电气控制系统的基础元件，选用时应综合考核继电器的适用性、功能特点、使用环境、工作制、额定工作电压及额定工作电流等因素，做到合理选择。具体应从下述几方面进行考虑：

（1）类型和系列的选用。

（2）使用环境的选用。

（3）使用类别的选用。典型用途是控制交、直流电磁铁，例如交、直流接触器线圈。使用类别如 AC-11、DC-11。

（4）额定工作电压、额定工作电流的选用。继电器线圈的电流种类和额定电压，应注意与控制系统要求一致。

（5）工作制的选用。工作制不同，对继电器的过载能力要求也不同。

2.6.2　时间继电器

时间继电器是一种在接受或去除外界信号后，用来实现触头延时接通或断开的自动切换电器。其种类很多，按其动作原理可分为电磁式、空气阻尼式、电动式与电子式；按延时方式可分为通电延时型与断电延时型。常用时间继电器的外形图如图 2-27 所示。时间继电器图形及文字符号如图 2-28 所示。

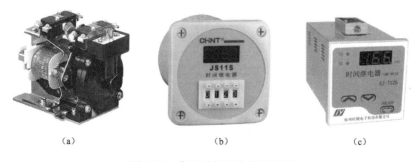

（a）　　　　　　　　　　（b）　　　　　　　　　　（c）

图 2-27　常用时间继电器外形图

（a）JS7-A 型；（b）JS11 型；（c）SJ-712S 型

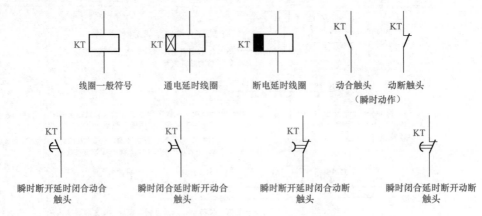

图 2-28　时间继电器图形及文字符号

1. 空气阻尼式时间继电器

空气阻尼式时间继电器由电磁机构、工作触头及气室三部分组成，按其控制原理有通电延时和断电延时两种类型。实际应用时，空气阻尼式时间继电器具有结构简单、延时范围大、寿命长、价格低廉、不受电源电压及频率波动影响、延时精度较低等特点，一般适用于延时精度不高的场合。常见的有 JS23 系列产品。

2. 电动式时间继电器

电动式时间继电器由微型同步电动机、减速齿轮结构、电磁离合系统及执行结构组成。实际应用时，电动式时间继电器具有延时时间长、延时精度高、结构复杂、不适宜频繁操作等特点。常用的有 JS10、JS11 系列产品。

3. 电子式时间继电器

电子式时间继电器由脉冲发生器、计数器、数字显示器、放大器及执行结构等部件组成。实际应用时，电子式时间继电器具有延时时间长、调节方便、精度高、触头容量较大、抗干扰能力差等特点。常用的有 JS20 系列、JSS 系列数字式时间继电器以及引进的 ST3P 系列电子式时间继电器和 SCF 系列高精度电子式时间继电器等。

4. 时间继电器的型号及含义

目前，机床常用的时间继电器主要有 JS23、JS20 等系列产品。表 2-16、表 2-17 分别列出了 JS23、JS20 系列时间继电器技术数据，以供读者选用。

表 2-16　　　　　　　　　　　　**JS23 系列时间继电器技术数据**

型号	线圈电压（V）	延时时间范围（s）	触头容量		延时触头数量				瞬时动作触头数量		操作频率（次/h）
			电压（V）	额定电流（A）	线圈通电延时		线圈断电延时				
					动合	动断	动合	动断	动合	动断	
JS23-1	交流：110、220、380	0.2～30 及 10～180	交流：220、380；直流：110、220	交流：380V 时 0.79；直流：220V 时 0.14～0.27	1	1	—	—	0	2	600
JS23-2					1	1	—	—	1	3	
JS23-3					1	1	—	—	2	2	
JS23-4					—	—	1	1	0	4	
JS23-5					—	—	1	1	1	3	
JS23-6					—	—	1	1	2	2	

表 2-17	JS20 系列电子式时间继电器技术数据		
产品名称	额定工作电压（V）		延时等级（s）
	交流	直流	
通电延时继电器	36、110、127、220、380	24、48、110	1、5、10、30、60、120、180、240、300、600、900
瞬动延时继电器	36、110、127、220		1、5、10、30、60、120、180、240、300、600
断电延时继电器	36、110、127、220、380	—	1、5、10、60、120、180

时间继电器的型号及含义如图 2-29 所示。

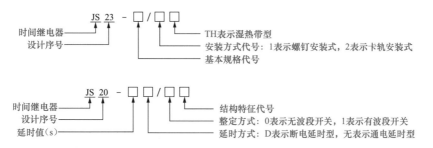

图 2-29　时间继电器的型号及含义

5. 时间继电器的选用原则及使用注意事项

（1）时间继电器的选用原则。每一种时间继电器都有其各自的特点，应根据控制线路工作性能要求进行合理选用，以充分发挥它们的优点。因此，在选用时间继电器时应从以下几个方面进行考虑：

1）确定延时方式，使其方便于组成控制电路。

2）根据延时精度要求选用适当的时间继电器。

3）考虑电源参数变化及工作环境温度变化对延时精度的影响。

4）时间继电器的延时范围。

5）时间继电器动作后，其复位时间的长短。

（2）时间继电器的应用注意事项。

1）时间继电器应按说明书规定的方向安装。

2）时间继电器的整定值，应预先在不通电时整定好，并在试车时校正。

3）时间继电器金属底板上的接地螺钉必须与接地线可靠连接。

4）通电延时型和断电延时型可在整定时间内自行调试。

5）使用时，应经常清除灰尘及油污，否则延时误差将增大。

2.6.3　热继电器

热继电器是利用电流的热效应原理控制触头动作的保护电器，常用于电动机的过载及断相保护。常用热继电器外形图如图 2-30 所示。热继电器图形及文字符号如图 2-31 所示。

图 2-31 中，热元件由双金属片及绕在外面的电阻丝组成，它是热继电器的主要部件。如果电路和设备工作正常，通过热元件的电流未超过允许值，则热元件温度不高，不会使双金属片产生过大的弯曲，其动断触头不工作，即热继电器处于正常的工作状态。一旦电路或

图 2-30　常用热继电器外形图

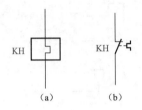

图 2-31　热继电器图形及文字符号

（a）热元件；（b）动断触头

设备过载，有较大电流通过热元件上的电阻丝，电阻丝发热并使双金属片弯曲，通过机械联动结构将动断触头断开，切断控制电路供电回路，控制电路分断主电路，从而实现过载保护功能。分断电流后，双金属片散热冷却，恢复初态，使机械结构也恢复原始状态，动断触头闭合，线路中的用电设备又可重新启动。除上述自动复位外，也可采用手动方法，即按一下复位按钮。

值得注意的是，由于热继电器双金属片受热膨胀的热惯性及传动结构传递信号的机械惰性，热继电器从电动机过载到触头动作需要一定的时间，也就是说，即使电动机严重过载甚至短路，热继电器也不会瞬时动作，因此热继电器不能作短路保护。但也正是这个热惯性和机械惰性，保证了热继电器在电动机启动或过载时短时间内不会动作，从而满足了电动机的运行要求。

1. 热继电器的型号及含义

目前，机床常用的热继电器有 JRS1、JR20、JR16、JR15、JR14 等系列，引进产品有 T系列、3UP 系列、LR1-D 等系列。其中 JR20、JRS1 系列具有断相保护、温度补偿、整定电流值可调、手动脱扣、手动复位等功能。安装方式上除采用分立机构外，还增设了组合式结构，可通过导电杆与挂钩直接插接，可直接电气连接在 CJ20 接触器上。

根据德国 ABB 公司技术标准生产的新型 T 系列热继电器，其规格齐全，整定电流可达500A，且常与 B 系列交流接触器组合成电磁启动器。此外，T 系列的派生产品 T-DV 系列整定电流可达 850A，也是与新型接触器 EB 系列、EA 系列配套的产品。T 系列热继电器符合 IEC、VDE 等国际标准，可取代同类进口产品。

表 2-18、表 2-19 分别列出了 JR16 系列、T 系列热继电器技术数据，以供读者选用。

表 2-18 JR16 系列热继电器技术数据

型号	额定电流（A）	热元件规格		
		编号	额定电流（A）	电流调节范围（A）
JR16-20/3、 JR16-20/3D	20	1	0.35	0.25～0.35
		2	0.5	0.32～0.5
		3	0.72	0.45～0.72
		4	1.1	0.68～1.1
		5	1.6	1.0～1.6
JR16-20/3、 JR16-20/3D	20	6	2.4	1.5～2.4
		7	3.5	2.2～3.5
		8	5.0	3.2～5.0
		9	7.2	4.5～7.2
		10	11.0	6.8～11
		11	16.0	10.0～16
		12	22	14～22
JR16-60/3、 JR16-60/30	60	13	22	14～22
		14	32	20～32
		15	45	28～45
		16	63	45～63
JR16-150/3、 JR16-150/30	150	17	63	40～63
		18	85	53～85
		19	120	75～120
		20	160	100～160

表 2-19 T 系列热继电器技术数据

型　号	额定电流（A）	热元件规格		挡　数	断相保护、 温度补偿
		最小规格（A）	最大规格（A）		
T16	16	0.11～0.16	12～17.6	22	均有断相保护， 温度补偿－20～ 50℃
T25	25	0.17～0.25	26～32	22	
TSA45	45	0.28～0.40	30～45	21	
T85	85	6.0～10	60～100	8	
T105	105	27～42	80～115	6	
T170	170	90～130	140～200	3	
T250	250	100～160	250～400	3	
T370	370	100～160	310～500	3	

图 2-32 所示为 JR16 系列热继电器的型号及含义。

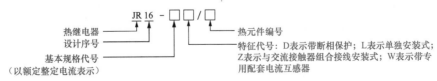

图 2-32　JR16 系列热继电器的型号及含义

2. 热继电器的选用原则及应用注意事项

（1）热继电器的选用原则。热继电器主要用于电动机的过载保护，使用中应考虑电动机的工作环境、启动情况、负载性质等因素，具体应按以下几方面进行选择：

1）星形接法的电动机可选用两相或三相结构热继电器；三角形接法的电动机应选用带断相保护装置的三相结构热继电器。

2）根据被保护电动机的实际启动时间选取 6 倍额定电流下具有相应可返回时间的热继电器。一般热继电器的可返回时间约为 6 倍额定电流下动作时间的 50%～70%。

3）热元件额定电流一般可按下式确定

$$I_N = (0.95 \sim 1.05)I_{MN}$$

式中：I_N——热元件额定电流；

I_{MN}——电动机的额定电流。

对于工作环境恶劣、启动频繁的电动机，则按下式确定

$$I_N = (1.15 \sim 1.5)I_{MN}$$

值得注意的是，热元件选好后，还需用电动机的额定电流来调整它的整定值。

4）对于重复短时工作的电动机（如起重机电动机），不宜选用双金属片热继电器，而应选用过电流继电器或能反映绕组实际温度的温度继电器。

（2）热继电器的应用注意事项。

1）热继电器必须按照产品说明书中规定的方式安装。安装处的环境温度应与电动机所处环境温度基本相同。当与其他电器安装在一起时，应注意将热继电器安装在其他电器的下方，以免其动作特性受到其他电器发热的影响。

2）进行安装时，应清除触头表面尘污，以免因接触电阻过大或电路不通而影响热继电器的动作性能。

3）热继电器出线端的连接导线，应按表 2-20 的规定选用。这是因为导线的粗细和材料将影响到热元件端接点传导到外部热量的多少。导线过细，轴向导热性差，热继电器可能提前动作；反之，导线过粗，轴向导热快，热继电器可能滞后动作。

表 2-20　　　　　　　　　　　　**热继电器连接导线选用表**

热继电器额定电流（A）	连接导线截面积（mm²）	连接导线种类
10	2.5	单股铜芯塑料线
20	4	单股铜芯塑料线
60	16	多股铜芯橡皮线

4）使用中的热继电器应定期通电校验。此外，当发生短路事故后，应检查热元件是否已发生永久变形。若已变形，则需通电校验。若因热元件变形或其他原因致使动作不准确时，只能调整其可调部件，而绝不能弯折热元件。

5）热继电器在出厂时均调整为手动复位方式，如果需要自动复位，只要将复位螺钉沿顺时针方向转 3～4 圈，并稍微拧紧即可。

6）热继电器在使用中，应定期用布擦净尘埃和污垢，若发现双金属片上有锈斑，应用清洁棉布蘸汽油轻轻擦除，切忌用砂纸打磨。

2.6.4　速度继电器

速度继电器根据电磁感应原理制成，主要用于笼型异步电动机的反接制动，故又称为反

接制动继电器。图 2-33 所示为常用速度继电器外形图。速度继电器图形及文字符号如图 2-34 所示。

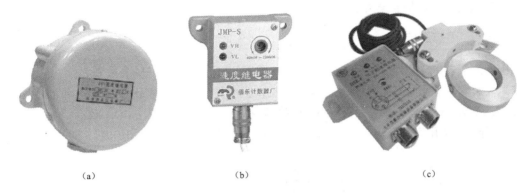

(a)   (b)   (c)

图 2-33   常用速度继电器外形图

(a) JY1 型；(b) JMP-S 型；(c) DSK-F 型

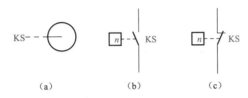

(a)   (b)   (c)

图 2-34   速度继电器图形及文字符号

(a) 速度继电器转子；(b) 动合触头；(c) 动断触头

1. 速度继电器的型号及含义

目前，机床常用的速度继电器有 JY1 系列和 JFZ0 系列两种。其中 JY1 系列适用于 700～6000r/min 范围工作；JFZ0-1 系列适用于 300～1000r/min 范围工作；JFZ0-2 系列适用于 1000～3000r/min 范围工作。表 2-21 列出了常用速度继电器技术数据，以供读者选用时参考。

表 2-21   常用速度继电器技术数据

型 号	触头额定电压 (V)	触头额定电流 (A)	触头对数		额定工作转速 (r/min)	允许操作频率 (次/h)
			正转动作	反转动作		
JY1	380	2	1组转换触头	1组转换触头	100～3000	<30
JFZ0-1			1动合、1动断	1动合、1动断	300～1000	
JFZ0-2			1动合、1动断	1动合、1动断	1000～3600	

图 2-35 所示为 JFZ0 系列热继电器的型号及含义。

2. 速度继电器的选用原则及应用注意事项

速度继电器主要根据被控电动机的转速大小、触头的数量和电压、电流大小进行选用。速度继电器安装与使用时，须注意以下事项：

（1）速度继电器的转轴应与被控电动机同轴相连，且两轴的中心线重合。

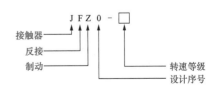

图 2-35   JFZ0 系列热继电器的型号及含义

（2）速度继电器安装接线时，应注意正方向触头不能接错，否则不能实现反接制动控制。

（3）速度继电器的金属外壳应可靠接地。

2.6.5　固态继电器

固态继电器（Solid State Relay，SSR），是 20 世纪 70 年代中后期发展起来的新型无触点继电器。它具有可靠性高、开关速度快、工作频率高、便于小型化、输入控制电流小以及与 TTL、CMOS 等集成电路有较好的兼容性等特点，适用于数控机床的数控装置等领域。图 2-36 所示为常用固态继电器外形图，固态继电器图形及文字符号如图 2-37 所示。

图 2-36　常用固态继电器外形图

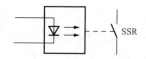

图 2-37　固态继电器图形及文字符号

1. 固态继电器的分类

固态继电器的封装方式有塑料封装、金属壳全密封封装、环氧树脂灌封及无定型封装等。一般为四端器件，其中两个为输入端，两个为输出端，按输出端负载电源类型可分为直流型和交流型两类。直流型固态继电器利用功率晶体管的集电极和发射极实现输出端负载电路的开关控制；而交流型固态继电器利用双向晶闸管的两个电极实现输出端负载电路的开关控制。按隔离方式不同可分为光电耦合隔离型和磁隔离型两类。按控制触发信号不同可分为过零型和非过零型，有源触发型和无源触发型。

2. 固态继电器的型号及含义

目前，机床常用的固态继电器为 JGX 系列固态继电器。实际应用时，JGX 系列固态继电器安装方式均为线路板焊接安装，且具有紧固孔。表 2-22 列出了 JGX 系列固态继电器技术数据，以供读者选用时参考。

表 2-22　　　　　　　　　　JGX 系列固态继电器技术数据

型　号	控制电压（直流）（V）	控制电流（直流）（mA）	输出电流（A）	输出电压（V）		静态漏电流（mA）
				交流	直流	
JGX-1F/1FA	3～32	5～10	1	25～220	20～220	1～5
JGX-2F/2FA	3～32	5～10	2	25～380	20～220	1～5
JGX-3F/3FA	3～32	5～10	3	25～380	20～220	1～5

续表

型　号	控制电压（直流）（V）	控制电流（直流）（mA）	输出电流（A）	输出电压（V）		静态漏电流（mA）
				交流	直流	
JGX-4F	3～32	5～10	4	25～380	20～220	1～5
JGX-5F/5FA	3～32	5～10	5	25～380	20～220	1～5
JGX-7F/7FA	2.5～8	12	3	250	60	5
JGX-8FA	10～32	25	0.025	—	30	0.1
JGX-9FA	250	6.5	0.025	—	30	0.1
JGX-10F/10FA	3～32	5～10	10、20、40	25～380	20～220	1～5
JGX-11F	3～8	20	15	250	—	—
JGX-12F	3～8	20	2	250		5
JGX-50F	3～32	5～10	50	25～380	20～220	1～5
JGX-50FA	4～7	6	3	—	50	0.01
JGX-51FA	4～7	6	5	—	50	0.01
JGX-52FA	4～7	6	10	—	50	0.02
JGX-53FA	4～7	6	25	—	50	0.04
JGX-54FA	4～7	6	35	—	50	0.3
JGX-55F	4～7	15	10	250	—	6
JGX-56F	4～7	40	1	250	—	6
JGX-60F	3～32	5～10	60	25～380		1～5
JGX-70F	3～32	5～10	70	25～380		1～5
JGX-6M	4～7	6	5	—	50	0.01

图 2-38 所示为 JG 系列固态继电器的型号及含义。

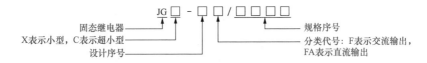

图 2-38　JG 系列固态继电器的型号及含义

3. 固态继电器的选用原则及应用注意事项

固态继电器的输入端要求有从几个毫安至 20mA 的驱动电流，最小工作电压为 3V，所以 MOS 逻辑信号通常要经晶体管缓冲级放大后再去控制固态继电器，对于 CMOS 电路可利用 NPN 晶体管缓冲器。当输出端的负载容量很大时，直流固态继电器可通过功率晶体管（交流固态继电器通过双向晶闸管）驱动负载。使用固态继电器时应注意以下几个因素。

（1）固态继电器的选择应根据负载类型（阻性、感性）进行确定，并要采用有效的过电压吸收保护措施。

（2）输出端要采用 RC 浪涌吸收回路或加非线性压敏电阻吸收瞬变电压。

（3）过电流保护采用专门保护半导体器件的熔断器或采用动作时间小于 10ms 的自动开关。

（4）安装时采用散热器，要求接触良好，且对地绝缘。

（5）应避免负载侧两端短路。

继电器的种类很多，除前面介绍的常见继电器外，还有干簧继电器、温度继电器、压力继电器等。因篇幅有限，在此不做一一介绍。

2.7 机床控制变压器

机床控制变压器是指将某一数值交流电压变换成频率相同但数值不同的交流电压的电器。它适用于交流 50～60Hz、输入电压不超过 660V 的电路，可作为各类机床、机械设备等一般电器的控制电源、步进电动机驱动器、局部照明及指示灯的电源。图 2-39 所示为常用机床控制变压器外形图。图 2-40 所示为变压器图形及文字符号。

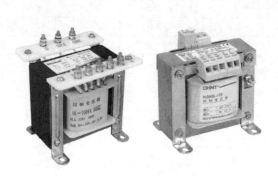

图 2-39　常用机床控制变压器外形图

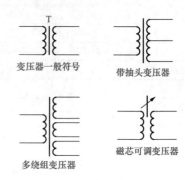

图 2-40　变压器图形及文字符号

2.7.1　机床控制变压器的型号及含义

目前，机床控制变压器常用型号有 JBK、BK 系列。表 2-23 列出了 BK 系列控制变压器技术数据，以供读者选用时参考。

表 2-23　　　　　　　　　BK 系列控制变压器技术数据

型　号	一次电压	二次电压	安装尺寸：长×宽（mm×mm）	安装孔：直径×孔深（mm×mm）	外形尺寸：长×宽×高（mm×mm×mm）
BK-25	220、380V 或根据用户需求而定	6.3、12、24、36、110、127、220、380V 或根据用户需求而定	62.5×46	5×7	80×75×89
BK-150			85×73	6×8	105×103×110
BK-700			125×100	8×11	153×146×160
BK-1500			150.5×159	8×11	185×234×210
BK-5000			196.5×192	8×11	245×286×265

JBK 系列控制变压器的型号及含义如图 2-41 所示。BK 系列控制变压器的型号及含义如图 2-42 所示。

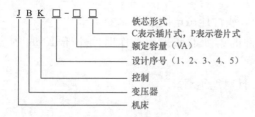

图 2-41　JBK 系列控制变压器的型号及含义

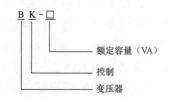

图 2-42　BK 系列控制变压器的型号及含义

2.7.2 机床控制变压器的选用技巧

选择机床控制变压器的主要依据是变压器的额定值。选用时主要遵循下述原则：

（1）根据实际情况选择一次额定电压 U_1（380、220V），再选择二次额定电压 U_2、U_3、…（二次额定电压是指一次侧加额定电压时，二次侧的空载输出。由于二次侧带有额定负载时输出电压下降 5%，故选用输出额定电压时应略高于负载额定电压）。

（2）根据实际负载情况，确定二次绕组额定电流 I_2、I_3、…，一般绕组的额定输出电流应大于额定负载电流。

（3）二次额定容量由总容量确定。总容量算法如下

$$P_2 = U_2 I_2 + U_3 I_3 + U_4 I_4 + \cdots$$

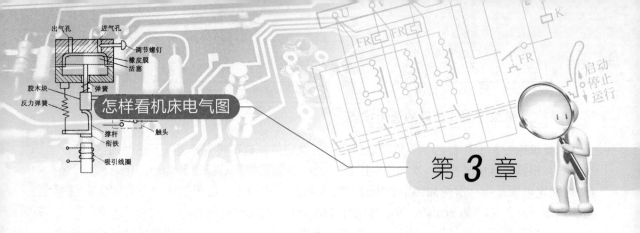

机床电气控制基本环节

机床电气控制系统由电气设备及电气元件按照一定的控制要求连接而成。为了描述机床电气控制系统的组成结构、工作原理及安装、调试、维护等技术要求，需要用工程图的形式进行描述，这种工程图即电气控制系统图。常用机械设备的电气控制系统图有三种：电气原理图、电气安装接线图和电气元件布置图。

3.1 机床电气控制系统图的绘图规则及识图方法

机床电气控制系统由拖动电机和电气控制系统组成。为了表达电气控制系统的设计意图，便于分析其工作原理、安装、调试和检修控制系统，必须采用统一的图形符号和文字符号进行描述。

3.1.1 电气制图与识图的相关国家标准

电气制图与识图的相关国家标准如下：

GB/T 4728.2~4728.13《电气简图用图形符号》系列标准；

GB/T 5465.2—2008《电气设备用图形符号 第2部分：图形符号》；

GB/T 14689~14691《技术制图》系列标准；

其中，GB/T 4728.2~4728.13《电气简图用图形符号》系列标准中规定了各类电气产品所对应的图形符号，标准中规定的图形符号基本与国际电工委员会（IEC）发布的有关标准相同。图形符号由图形要素、限定符号、一般符号以及常用的非电操作控制的动作符号（如机械控制符号等）根据不同的具体器件情况组合构成。值得注意的是，由于此标准中给出的图形符号有限，实际应用时可通过已规定的图形符号适当组合进行派生。

GB/T 5465.2—2008《电气设备用图形符号 第2部分：图形符号》规定了电气设备用图形符号及其应用范围、字母代码等内容。

GB/T 14689~14691《技术制图》系列标准规定了电气图纸的幅面、标题栏、字体、比例、尺寸标注等。

3.1.2 电气设备图形符号、文字符号及接线端标记

电气设备图形符号、文字符号及接线端标记是识别机床电气控制线路的基本依据。为便

于读者查询，根据我国最新使用的常用电气设备图形符号及文字符号标准，并结合国际电工委员会（IEC）制定的相关标准予以介绍。

1. 常用电气设备图形符号

图形符号通常利用图样或其他文件来表示一个设备或概念的图形、标记或字符，一般由符号要素、一般符号和限定符号三部分组成。其中符号要素是具有确定意义的简单图形，它必须同其他图形组合才能构成一个电气设备或概念的完整符号。如接触器动合主触头的符号由接触器触头功能和动合触头符号组合而成。一般符号是用于表示一类产品和此类产品特征的一种简单的符号。如电机可用一个圆圈表示。限定符号是用于提供附加信息的一种加在其他符号上的符号。常用电气设备图形符号见表 3-1。

表 3-1 常用电气设备图形符号

名 称	新国家标准		旧国家标准	
	图形符号	文字符号	图形符号	文字符号
直流	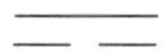	DC		ZL
交流		AC		JL
交直流				
导线的连接	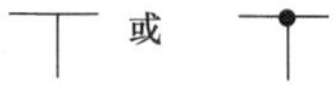			
导线的多线连接	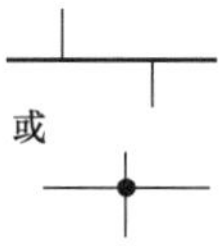		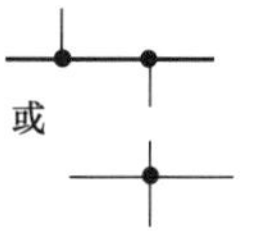	
导线的不连接				
接地一般符号		E		
电阻的一般符号		R		R
普通电容器符号	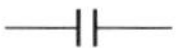	C	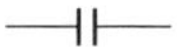	C
电解电容器符号	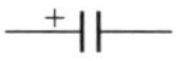			
半导体二极管		VD		D
发电机		G		F
直流发电机		GD		ZF
交流发电机		GA		JF
电动机		M		D
直流电动机		MD		ZD
交流电动机		MA		JD

续表

名　　称	新国家标准		旧国家标准	
	图形符号	文字符号	图形符号	文字符号
三相笼型异步电动机		M		D
三相绕线型异步电动机		M	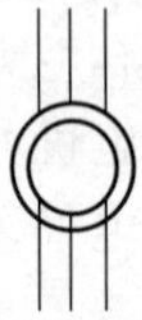	D
串励直流电动机	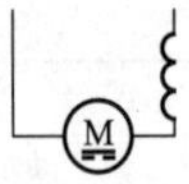	MD	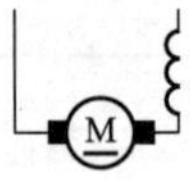	ZD
他励直流电动机		MD	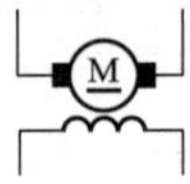	ZD
并励直流电动机	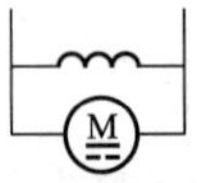	MD	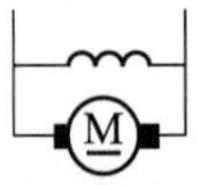	ZD
复励直流电动机	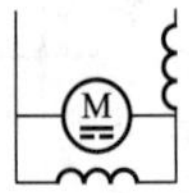	MD	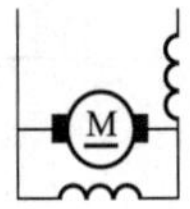	ZD
单相变压器	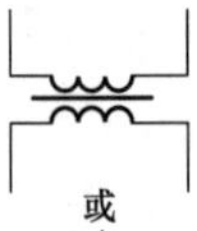 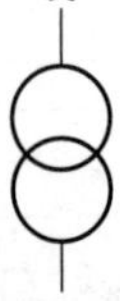	T	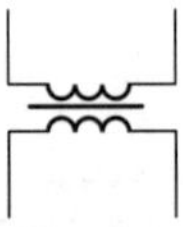	B
控制电路电源变压器	或	TC		B
照明变压器		T		ZB
整流变压器		T		ZLB
熔断器	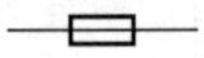	FU	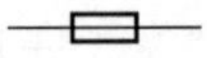	RD
单极开关	 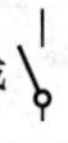	QS	 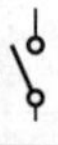	K
三极开关		QS	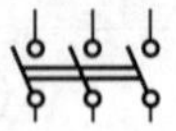	K
刀开关		QS		DK
组合开关		QS		HK
手动三极开关—一般符号	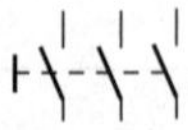	QS	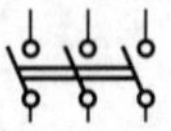	K
空气自动开关	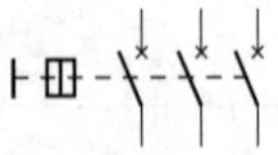	QF	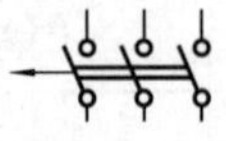	ZK

54

续表

名 称		新国家标准		旧国家标准	
		图形符号	文字符号	图形符号	文字符号
行程开关	动合触头		SQ		XWK
	动断触头				
	复合触头				
按钮开关	带动合触点的按钮	E-\	SB		QA
	带动断触点的按钮	E-7			TA
	复合按钮	E-7-\			AN
接触器	线圈符号		KM		C
	动合主触头				
	动断主触头				
	辅助触头				
继电器	中间继电器线圈		KA		ZJ
	欠电压继电器线圈	$U<$	KUV	$U<$	QYJ
	过电流继电器线圈	$I>$	KOC	$I>$	GLJ
	欠电流继电器线圈	$I<$	KUC	$I<$	QLJ
	动合触头		相应继电器线圈符号		相应继电器线圈符号
	动断触头		相应继电器线圈符号		相应继电器线圈符号

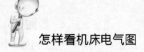

续表

名　　称		新国家标准		旧国家标准	
		图形符号	文字符号	图形符号	文字符号
热继电器	热元件		KR		RJ
	动断触头		KR		RJ
速度继电器	转子		KS		SDJ
	动合触头				
	动断触头				
	电磁铁		YA		DCT
	电磁吸盘		YH		DX
	接插器件		X		CZ
	照明灯		EL		ZD
	信号灯		HL		XD
	电抗器	或	L		DK
时间继电器	一般线圈				
	通电延时线圈				
	断电延时线圈				
	延时闭合动合触头	或	KT		SJ
	延时断开动断触头	或			
	延时断开动合触头	或			
	延时闭合动断触头	或			

运用电气设备图形符号绘制电气系统图时应注意以下几点：

（1）符号尺寸大小、线条粗细根据国家标准可放大与缩小，但在同一张图样中，同一符号的尺寸应保持一致，各符号间及符号本身比例应保持不变。

（2）标准中示出的符号方位在不改变符号含义的前提下，可根据图面布置的需要旋转或成镜像位置放置，但文字和指示方向不得倒置。

（3）大多数符号可以加上补充说明标记。

（4）部分具体器件的图形符号可由设计者根据国家标准的符号要素、一般符号和限定符号组合而成。

（5）国家标准未规定的图形符号可根据实际需要，按突出特征、结构简单、便于识别的原则进行设计，但需报国家标准局备案。当采用其他来源的符号或代号时，必须在图解和文件上说明其含义。

2. 常用电气设备文字符号

文字符号是用于标明电气元件、电气装置和电气设备的名称、状态、功能和特征的专门文字。一般由基本文字符号和辅助文字符号两部分组成。

（1）基本文字符号。基本文字符号又分为单字母文字符号和双字母文字符号两种。其中单字母文字符号按拉丁字母顺序将电气元件、电气装置和电气设备划分为23大类，每一大类用其英文的第一个字母命名，例如电阻类用"R"（resistance）表示，变压器类用"T"（transformer）表示等。单字母文字符号表示电气项目类别见表3-2。

表 3-2　　　　　　　　　　　单字母文字符号表示电气项目类别表

字　母	电气项目类别	字　母	电气项目类别
B	变换器	P	测量设备、试验设备
C	电容器	Q	电气开关
D	二进制逻辑单位、存储器件	R	电阻器
E	杂项、其他元件	S	控制开关、选择器
F	保护器件	T	变压器
G	电源、发电机、信号源	U	调制器
H	信号器件	V	电真空器件
K	接触器、继电器	W	传输通道、波导、天线
L	电感器、电抗器	X	端子、插头、插座
M	电动机	Y	电气操作的机械装置
N	模拟集成电路		

双字母符号则由两个字母表示。其中第一个字母表示种类，第二个字母表示其种类的具体细分。例如电阻器用"R"表示，细分至电位器则用"RP"表示；变压器用"T"表示，细分至控制变压器则用"TC"表示等。

（2）辅助文字符号。辅助文字符号用以表示电气装置、设备和电气元件以及电气线路的功能、状态和特征，如"DC"表示直流，"SYN"表示限制等。辅助文字符号也可与表示种类的单字母符号组成双字母符号，如"SP"表示压力传感器，"YB"表示电磁制动器等。为简化文字符号起见，如果辅助文字符号由两个以上字母组成时，允许只采用其第一位字母进行组合，如"MS"表示同步电机。辅助文字符号还可以单独使用，如"ON"表示接通，

"PE"表示接地，"N"表示中间线等。常用辅助文字符号见表3-3。

表3-3　　　　　　　　　　　　常用辅助文字符号

名　称	新国标	旧国标		名　称	新国标	旧国标	
		单组合	多组合			单组合	多组合
高	H	G	G	白	WH	B	B
低	L	D	D	蓝	BL	A	A
升	U	S	S	时间	T	S	S
降	D	J	J	电流	A	L	L
主	M	Z	Z	闭合	ON	B	BH
辅	AUX	F	F	断开	OFF	D	DK
中	M	Z	Z	附加	ADD	F	F
正	FW	Z	Z	异步	ASY	Y	Y
反	R	F	F	同步	SYN	T	T
直流	DC	Z	ZL	自动	A，AUT	Z	Z
交流	AC	J	JL	手动	M，MAN	S	S
电压	V	Y	Y	启动	ST	Q	Q
红	RD	H	H	停止	STP	T	T
绿	GN	L	L	控制	C	K	K
黄	YE	U	U	信号	S	X	X

（3）补充文字符号的原则。若规定的基本文字符号和辅助文字符号不够使用，可按国家标准中文字符号组成规律和下述原则予以补充。

1）在不违背国家标准文字符号编制的条件下，可采用国际标准中规定的电气技术文字符号。

2）在优先采用基本和辅助文字符号的前提下，可补充未列出的双字母文字符号和辅助文字符号。

3）文字符号应按电气名词术语、国家标准或专业技术标准中规定的英文术语缩写而成。基本文字符号不得超过两位字母，辅助文字符号一般不超过三位字母。

4）文字符号采用拉丁字母大写正体字。

5）因拉丁字母中大写正体字"I"和"O"易同阿拉伯数字"1"和"0"混淆，因此不允许单独作为文字符号使用。

3. 实用电气设备接线端子标记

实用电气设备电气控制系统图中各接线端子用字母、数字符号标记，应符合相关规定。

三相交流电源引入线用L1、L2、L3、N、PE标记。直流系统的电源正、负、中间线分别用L+、L-、M标记。三相动力电器引出线分别按U、V、W顺序标记。

三相感应电动机的绕组首端分别用U1、V1、W1标记，绕组尾端分别用U2、V2、W2标记，电动机绕组中间抽头分别用U3、V3、W3标记。

对于多台电动机，其三相绕组接线端标以1U、1V、1W，2U、2V、2W…进行区别。三相供电系统的导线与三相负荷之间有中间单元时，其相互连接线用字母U、V、W后面加数字进行表示，且用从上至下、由小至大的数字表示。

控制电路各线号采用三位或三位以下的数字标记，其顺序一般为从左到右、从上到下，凡是被线圈、触头、电阻、电容等元件所间隔的接线端点，都应标以不同的线号。

3.1.3 电气原理图

电气原理图是利用图形符号和项目代号表示电气元件连接关系及电气系统工作原理的图形。它具有结构简单、层次分明、便于研究和分析等特点。现以图 3-1 所示某机床电气控制系统的电气原理图为例来说明电气原理图基本结构及绘制的基本规则。

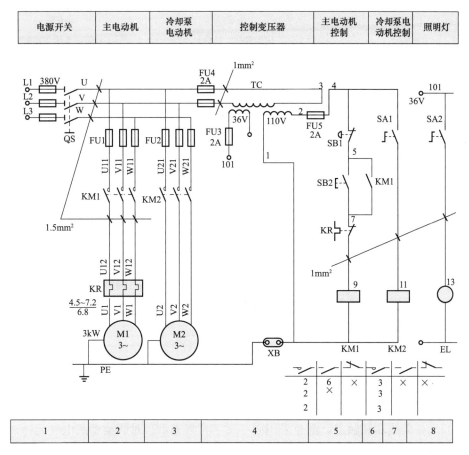

图 3-1　某机床电气控制系统的电气原理图

1. 电气原理图的基本结构

由图 3-1 可知，电气原理图由功能文字说明框、电气控制图和图区编号三部分组成。

（1）功能文字说明框。功能文字说明框是指图 3-1 上方标注的"电源开关"、"主电动机"、"冷却泵电动机"等文字符号，该部分在电路中的作用是说明对应区域下方电气元件或控制电路的功能，使读者能清楚地知道某个电气元件或某部分控制电路的功能，以利于理解整个电路的工作原理。例如左上角第二个功能文字说明框中标有文字"主电动机"，其意义为该区域下方的电气元件组成主电动机 M1 的主电路；又如左上方第五个功能文字说明框中标有文字"主电动机控制"，其意义为该区域下方的电气元件组成主电动机 M1 的控制电路。

（2）电气控制图。电气控制图是指位于机床电气原理图中间位置的控制线路，主要由主电路和控制电路组成，是机床电气原理图的核心部分。其中主电路是指电源到电动机绕组的大电流通过的路径。控制电路包括各电动机控制电路、照明电路、信号电路及保护电路等，主要由继电器和接触器线圈、触头、按钮、照明灯、控制变压器等电气元件组成。

此外，电气控制图中接触器和继电器线圈与触头的从属关系应用附图表示。即在电气控制图中接触器和继电器相应线圈的下方，给出触头的图形符号，并在其下面标注相应触头的索引代号，对未使用的触头用"×"标注，有时也可采用省去触头图形符号的表示法。

对于接触器，附图中各栏的含义如下：

左栏	中栏	右栏
主触头 所在图区号	辅助常开（动合） 触头所在图区号	辅助常闭（动断） 触头所在图区号

对于继电器，附图中各栏的含义如下：

左　栏	右　栏
常开（动合）触头 所在图区号	常闭（动断）触头 所在图区号

例如，在图 3-1 所示接触器 KM1 线圈下方的附图中，左下角的数字为 2、2、2，表示接触器 KM1 有 3 个主触头在第 2 图区，控制主电动机 M1 电源的接通与断开；一个辅助动合触头在第 6 图区，作为接触器 KM1 的自锁触头。

（3）图区编号。图区编号是指电气控制图下方标注的"1"、"2"、"3"等数字符号，其作用是将电气控制图部分进行分区，以便于在识图时能快速、准确地检索所要找的电气元件在图中的位置。此外，图区编号也可以设置在电气控制图的上方。

2. 绘制机床电气原理图的基本规则

一般情况下，绘制机床电气原理图的基本规则如下所述：

（1）电气控制图一般分主电路和控制电路两部分画出。其中主电路用粗实线表示，画在图纸左边（或上部）；控制电路用细实线表示，画在图纸右边（或下部）。

（2）各电气元件不画实际的外形图，而采用国家规定的统一标准绘制。一般情况下，属于同一电气元件的线圈和触点，都要采用同一文字符号表示。对同类型的电气元件，在同一电路中的表示可在文字符号后加注阿拉伯数字序号进行区分。

（3）各电气元件和部件在控制电路中的位置，应根据便于阅读的原则安排，同一电气元件的各部件根据需要可不画在一起，但文字符号要相同。

（4）所有电气元件的触头状态，都应按没有通电和没有外力作用时的初始开、关状态画出。例如继电器、接触器的触头，按控制线圈不通电时的状态画出，按钮、行程开关触点按不受外力作用时的状态画出等。

（5）无论是主电路还是控制电路，各电气元件一般按动作顺序从上至下、从左至右依次排列，可水平布置或者垂直布置。

（6）电气元件的技术数据，除在电气元件明细表中标明外，也可用小号字体标注在其图形符号的旁边。如图 3-1 中熔断器 FU4 额定电流为 2A。

（7）电气控制图采用电路编号法，即对电路中的各个接点用字母或数字编号。

1）主电路在电源开关的出线端按相序依次编号为 U11、V11、W11，然后按从上至下、从左至右的顺序，每经过一个电器元件后，编号要递增，如 U12、V12、W12，U13、V13、W13…。单台三相交流电动机（或设备）的三根引出线按相序依次编号为 U、V、W。

对于多台电动机引出线的编号，为了不致引起误解和混淆，可在字母前用不同的数字加以区别，如 1U、1V、1W，2U、2V、2W…。

2）控制电路编号按"等电位"原则从上至下、从左至右的顺序用数字依次编号，每经过一个电气元件后，编号要依次递增。控制电路编号的起始数字必须是 1，其他辅助电路编号的起始数字依次递增 100，如照明电路编号从 101 开始，指示电路编号从 201 开始等。

需要指出的是，有时为了便于绘制和识读机床电气控制线路，编号可以忽略不标。

3.1.4　电气元件布置图

电气元件布置图主要用来表明各种电气设备在机械设备上和电气控制柜中的实际安装位置，是机械电气控制设备制造、安装和维修必不可少的技术文件。布置图可集中画在一张图上或将控制柜、操作台的电气元件布置图分别画出，但图中各电气元件代号应与对应电气原理图和电气元件清单上的代号相同。此外，在布置图中，机械设备轮廓用双点划线画出，所有可见的和需要表达清楚的电气元件及设备用粗实线绘出其简单的外形轮廓。其中电气元件不需标注尺寸。图 3-1 所示机床对应的电气元件布置图如图 3-2 所示。

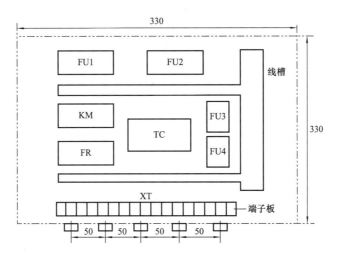

图 3-2　某机床的电气元件布置图

由图 3-2 可知，绘制电气元件布置图时应注意以下几点：

（1）上轻下重，发热元件放在上方。

（2）强弱电分开，弱电部分加屏蔽保护装置。

（3）经常调整的元件安装在中间容易操作的地方。

（4）元件安装不能过密，应留有一定的间隙，以便于操作。

3.1.5　电气安装接线图

表示电气设备各单元之间连接关系的简图称为电气安装接线图，主要用于安装接线、线路检查、线路维修和故障处理。其内容主要包括设备与电气元件的相对位置、项目代号、端子号、导线号、导线类型、导线截面积、屏蔽和导线绞合等项目。图 3-1 所示机床对应的电气安装接线图如图 3-3 所示。

根据表达对象和用途不同，接线图可分为单元接线图、互连接线图和端子接线图等类型。电气安装接线图的编制规则如下：

（1）在接线图中，一般都应标出项目的相对位置、项目代号、端子间的电连接关系、端子号、导线号、导线类型、截面积等。

（2）同一控制盘上的电气元件可直接连接，而盘内电气元件与外部电气元件连接时必须绕接线端子板进行。

（3）接线图中各电气元件图形符号与文字符号均以电气原理图为准，并保持一致。

（4）互连接线图中的互连关系可用连续线、中断线或线束表示，连接导线应注明导线根数、导线截面积等。

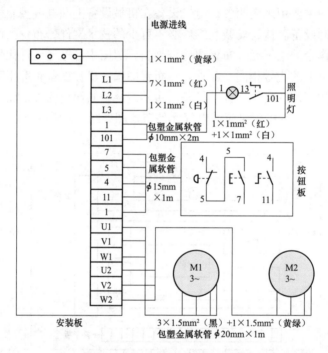

图 3-3 某机床的电气安装接线图

3.1.6 机床电气原理图识图方法

分析机床电气原理图的方法主要有两种：查线识图法和逻辑代数识图法。其中逻辑代数识图法又称为间接识图法。它是通过对电路的逻辑表达式的运算来分析电气原理图的，具有分析准确率高、可利用计算机进行辅助分析等优点。该方法的主要缺点是分析复杂电气原理图时逻辑表达式繁琐冗长。查线识图法又称为跟踪追击法。它是按照机床电气原理图根据机床生产过程的工作步骤依次识图，具有直观性强、容易掌握等显著特点。本章只介绍查线识图法，对逻辑代数识图法感兴趣的读者可参阅相关文献资料。利用查线识图法分析机床电气原理图的基本步骤如下：

1. 阅读设备说明书

设备说明书由机械与电气两大部分组成。通过阅读设备说明书，可以了解以下内容：

（1）设备的构造，主要技术指标，机械、液压、气动部分的工作原理。

（2）电气传动方式，电动机、执行电气元件等数目、规格符号、安装位置、用途及控制要求。

（3）设备的使用方法，各操作手柄、开关、旋钮、指示装置等的布置以及在控制电路中的作用。

（4）与机械、液压、气动部分直接关联的电气元件（行程开关、电磁阀、电磁离合器、传感器等）的位置、工作状态及其与机械、液压部分的关系，在控制中的作用等。

2. 机床电气原理图识图

在仔细阅读设备说明书，了解机床电气控制系统的总体结构、电动机的分布状况及控制要求等内容之后，便可以对其电气原理图进行识图分析。

（1）主电路识图。先分析执行元件的线路。一般应先从电动机着手，即从主电路看有哪些控制元件的主触头和附加元件，根据其组合规律大致可知该电动机的工作情况（是否有特殊的启动、制动要求，要不要正反转，是否要求调速等）。这样，在分析控制电路时就可以有的放矢。

（2）控制电路识图。在控制电路中，由主电路的控制元件、主触头文字符号找到有关的控制环节以及环节间的联系，将控制线路“化整为零”，按功能不同划分成若干单元控制线路进行分析。通常按展开顺序表、结合元件表、元件动作位置图表进行阅读。

从按动操作按钮（应记住各信号元件、控制元件或执行元件的原始状态）开始查询线路。观察元件的触头信号是如何控制其他元件动作的，查看受驱动的执行元件有何运动；再继续追查执行元件带动机械运动时，会使哪些信号元件状态发生变化。在识图过程中，特别要注意相互联系和制约关系，直至将线路全部看懂为止。

（3）辅助电路分析。辅助电路包括执行元件的工作状态、电源显示、参数测定、照明和故障报警等单元电路。实际应用时，辅助电路中很多部分由控制电路中的元件进行控制，所以常将辅助电路和控制电路一起分析，不再将辅助电路单独列出分析。

（4）联锁与保护环节分析。生产机械对于安全性、可靠性均有很高的要求，要实现这些要求，除了合理地选择拖动、控制方案外，在控制线路中还设置了一系列电气保护和必要的电气联锁。在电气原理图的分析过程中，电气联锁与电气保护环节是一个重要内容，不能遗漏。

（5）特殊控制环节分析。在某些控制线路中，还设置了一些与主电路、控制电路关系不密切，相对独立的控制环节，如产品计数装置、自动检测系统、晶闸管触发电路、自动调温装置等。这些部分往往自成一个小系统，其识图分析的方法可参照上述分析过程，并灵活运用电子技术、自控系统等知识逐一分析。

（6）整体检查。经过“化整为零”，逐步分析各单元电路工作原理以及各部分控制关系之后，还必须用“集零为整”的方法检查整个控制线路，看是否有遗漏。特别要从整体角度进一步检查和理解各控制环节之间的联系，以清楚地理解原理图中每一个电气元件的作用、工作过程以及主要参数。

3.2 基于三相异步电动机的单向运转控制线路

目前，应用于机床领域的三相异步电动机单向运转控制线路主要有点动正转控制、连续正转控制和连续与点动混合正转控制线路。

3.2.1 基于接触器的点动正转控制线路

按下按钮，电动机得电运转；松开按钮，电动机则失电停转的控制方式，称为点动控制。

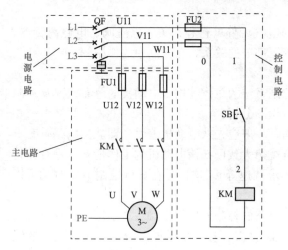

图 3-4 基于接触器的点动正转控制线路

基于接触器的点动正转控制线路如图 3-4 所示。该线路具有电动机点动控制和短路保护功能，常用于电动葫芦等起重电动机控制和车床拖板箱快速移动电动机控制。

1. 电路结构及主要电气元件作用

由图 3-4 可知，该控制线路由电源电路、主电路和控制电路组成。

电源电路由低压断路器 QF、熔断器 FU1 和 FU2 组成。实际应用时，QF 实现电源总开关功能，熔断器 FU1、FU2 分别实现主电路、控制电路的短路保护功能。

主电路由接触器 KM 主触头和三相异步电动机 M 组成。

控制电路由点动按钮 SB、接触器 KM 线圈组成。

2. 工作原理

基于接触器的点动正转控制线路工作原理如下：

（1）先合上电源开关 QF。

（2）启动：按下 SB→KM 线圈得电→KM 主触头闭合→电动机 M 启动运转。

（3）停止：松开 SB→KM 线圈失电→KM 主触头分断→电动机 M 失电停转。

（4）停止使用时，断开电源开关 QF。

3.2.2 基于接触器的连续正转控制线路

当启动按钮松开后，接触器通过自身的辅助动合触头使其线圈继续保持得电的作用称为自锁。与启动按钮并联起自锁作用的辅助动合触头称为自锁触头。利用自锁、自锁触头概念可构成三相异步电动机连续正转控制线路，典型控制线路如图 3-5 所示。该线路具有电动机连续正转控制、欠电压和失电压（或零压）保护、过载保护功能，是各种机床电气控制线路的基本控制线路。

1. 电路结构及主要电气元件作用

由图 3-5 可见，该控制电路由电源电路、主电路和控制电路组成。

电源电路由低压断路器 QF、熔断器 FU1 和 FU2 组成。

主电路由接触器 KM 主触头、热继电器 KH 热元件和三相异步电动机 M 组成。其中 KM 主触头控制电动机 M 电源通断，KH 热元件与其动断触头实现电动机 M 过载保护功能。

控制电路由停止按钮 SB2、启动按钮 SB1、热继电器 KH 动断触头、接触器 KM 线圈及其自锁触头组成。

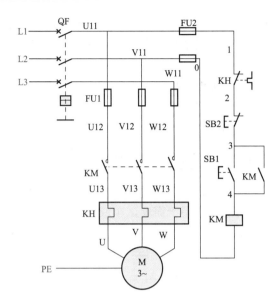

图 3-5　基于接触器的连续正转控制线路

2. 工作原理

基于接触器的连续正转控制线路工作原理如下：

（1）先合上电源开关 QF。

（2）启动：

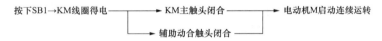

（3）停止：

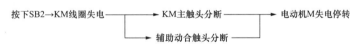

（4）过载保护。过载保护是指当电动机出现过载时能自动切断电动机电源，使电动机停转的一种保护措施。最常用的过载保护是由热继电器来实现的。其保护原理如下：当电动机在运行过程中，由于过载或其他原因使其工作电流超过额定值时，串接在主电路中热继电器KH 的热元件因受热发生弯曲，通过传动机构使串接在控制电路中的动断触头分断，切断控制电路供电回路，接触器 KM 的线圈失电，其主触头、辅助动合触头（自锁触头）均复位，处于分断状态，电动机 M 失电停转，从而实现了过载保护的功能。

（5）欠电压保护。欠电压是指线路电压低于电动机应加的额定电压。欠电压保护是指当线路电压下降到某一数值时，电动机能自动脱离电源停转，避免电动机在欠电压状态下运行的一种保护措施。最常用的欠电压保护是由接触器来实现的。其保护原理如下：当线路电压下降到一定值（一般指低于额定电压的 85％）时，接触器线圈两端的电压也同样下降到此值，使接触器线圈磁通减弱，产生的电磁吸力减小。当电磁吸力减小到小于反作用弹簧的拉力时，动铁芯被迫释放，主触头和辅助动合触头（自锁触头）同时分断，自动切断主电路和控制电路，电动机失电停转，从而实现了欠电压保护功能。

（6）失电压（或零压）保护。失电压保护是指电动机在正常运行中，由于外界某种原因引起突然断电时，能自动切断电动机电源；当重新供电时，保证电动机不能自行启动的一种保护措施。最常用的失电压保护也是由接触器来实现的。其保护原理与欠电压保护相似，读者可参照进行分析，此处不再赘述。

需要指出的是，过载保护、欠电压保护和失电压（或零压）保护电路是机床电气控制线路基本构成单元，本书后续所介绍电气控制线路大部分包含上述保护电路，由于篇幅有限，对于该部分电路工作原理后续内容中不再进行介绍。

3.2.3 基于接触器的连续与点动混合正转控制线路

基于接触器的连续与点动混合正转控制线路如图3-6所示。该线路具有电动机连续正转控制和电动机点动控制双重功能，适用于需要试车或调整刀具与工件相对位置的机床。

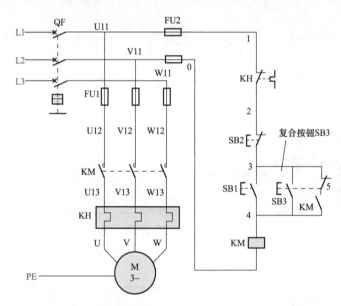

图3-6　基于接触器的连续与点动混合正转控制线路

1. 电路结构及主要电气元件作用

由图3-6可知，基于接触器的连续与点动混合正转控制线路主电路与图3-5相同，均属于设置有热继电器KH过载保护的主电路结构。

控制电路与图3-5相比较，不但增加了点动按钮SB3，且接触器KM辅助动合触头和按钮SB3的动断触头串联后与启动按钮SB1的动合触头和按钮SB3的动合触头并联，实现连续与点动控制功能。

2. 工作原理

基于接触器的连续与点动混合正转控制线路工作原理如下：

（1）先合上电源开关QF。

（2）连续控制。

1）启动：

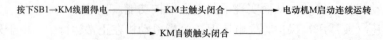

2）停止：

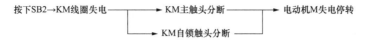

按下SB2→KM线圈失电 ┬──→ KM主触头分断 ──┬→ 电动机M失电停转
                    └──→ KM自锁触头分断 ──┘

（3）点动控制。

1）启动：

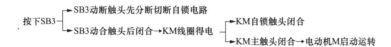

按下SB3 ┬→ SB3动断触头先分断切断自锁电路
        └→ SB3动合触头后闭合→KM线圈得电 ┬→ KM自锁触头闭合
                                          └→ KM主触头闭合→电动机M启动运转

2）停止：

松开SB3 ┬→ SB3动合触头先恢复分断→KM线圈失电 ┬→ KM自锁触头分断
        └→ SB3动断触头后恢复闭合   └→ KM主触头分断→电动机M失电停转

（4）停止使用时，断开电源开关 QF。

3.3 基于三相异步电动机的正、反转控制线路

三相异步电动机的转向取决于三相电源的相序，当三相异步电动机输入相序为 L1-L2-L3，即正相序时，三相异步电动机正转。若要三相异步电动机反转，只需将三根相线中任意两根换接一次即可。

目前，应用于机床领域的三相异步电动机正、反转控制线路主要有接触器联锁正、反转控制线路，按钮联锁正、反转控制线路，接触器、按钮双重联锁正、反转控制线路。

3.3.1 基于接触器联锁的正、反转控制线路

基于接触器联锁的正、反转控制线路如图 3-7 所示。该线路具有电动机正、反转控制，过电流保护和过载保护等功能，常用于功率大于 5.5kW 的电动机正、反转控制，对于小于 5.5kW 的电动机正、反转控制则可采用倒顺开关，在此不作介绍，请读者参阅相关文献资料。

1. 电路结构及主要电气元件作用

由图 3-7 可知，接触器联锁正、反转控制线路主电路由接触器 KM1 和 KM2 主触头、热继电器 KH 热元件及电动机 M 组成。实际应用时，KM1、KM2 主触头分别控制交流电动机 M 正转电源与反转电源的接通和断开，热继电器 KR 实现电动机 M 过载保护功能。

控制线路由热继电器 KH 动断触头、停止按钮 SB3、正转启动按钮 SB1、反转启动按钮 SB2、接触器 KM1 和 KM2 线圈及辅助动断触头、辅助动合触头组成。其中 KM1、KM2 辅助动合触头为自锁触头，实现自锁功能；KM1、KM2 辅助动断触头为联锁触头，实现联锁功能。

所谓联锁，是指当一个接触器得电动作时，通过其辅助动断触头使另一个接触器不能得电动作的这种相互制约的作用，也称为互锁。实现联锁功能的辅助动断触头称为联锁触头（或互锁触头），联锁用符号"▽"表示。

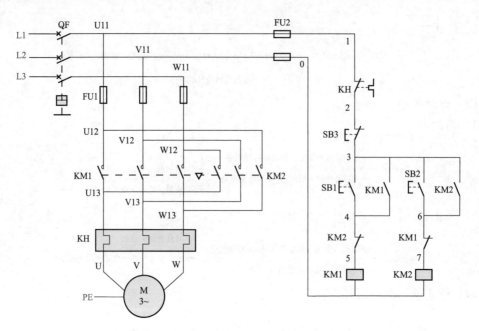

图 3-7 基于接触器联锁的正、反转控制线路

2. 工作原理

基于接触器联锁的正、反转控制线路工作原理如下：

（1）先合上电源开关 QF。

（2）正转控制：

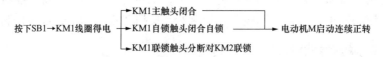

（3）反转控制：

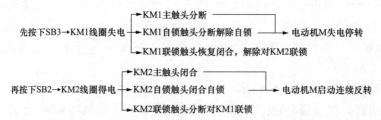

（4）停止：按下停止按钮 SB3→控制电路失电→KM1（或 KM2）触头系统复位→电动机 M 失电停转。

（5）停止使用时，断开电源开关 QF。

基于接触器联锁的正、反转控制线路的优点是工作安全可靠，缺点是操作不便。因电动机从正转变为反转时，必须先按下停止按钮 SB3，才能按反转启动按钮 SB2，否则由于接触器的联锁作用，不能实现反转。

3.3.2 基于按钮联锁的正、反转控制线路

基于按钮联锁的正、反转控制线路如图 3-8 所示。该线路也具有电动机正、反转控制，

过电流保护和过载保护等功能，且可克服接触器联锁正、反转控制操作不便的缺点。

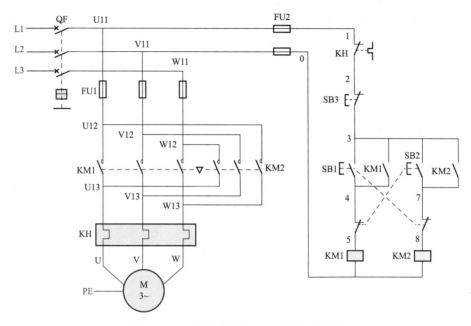

图 3-8　基于按钮联锁的正、反转控制线路

1. 电路结构及主要电气元件作用

由图 3-8 可知，该按钮联锁正、反转控制线路与图 3-7 比较，其主电路与接触器联锁正、反转控制线路主电路完全相同。控制电路不同之处是图 3-7 中接触器 KM1、KM2 辅助动断触头变换成按钮 SB1、SB2 动断触头。实际应用时，SB1、SB2 选用复合按钮，是联锁控制的另一种常用电路结构。

2. 工作原理

基于按钮联锁的正、反转控制线路工作原理如下：

（1）先合上电源开关 QF。

（2）正转控制：

（3）反转控制：

（4）停止：按下停止按钮 SB3→控制电路失电→KM1（或 KM2）触头系统复位→电动机 M 失电停转。

（5）停止使用时，断开电源开关 QF。

由上述分析可见，该控制线路可将电动机 M 由当前的运转状态不需按停止按钮 SB3，而直接按下它的反方向启动按钮改变它的运转方向。该控制线路具有操作方便的优点，缺点是容易产生电源两相短路故障。例如，当正转接触器 KM1 发生主触头熔焊或被杂物卡等故障时，即使接触器 KM1 失电，主触头也处于闭合状态，这时若直接按下反转启动按钮 SB2，接触器 KM2 得电吸合，其主触头处于闭合状态，此时必然造成电源两相短路故障。因此采用此线路工作时存在安全隐患。在实际工作中，经常采用基于接触器、按钮双重联锁的正、反转控制线路。

3.3.3 基于接触器、按钮双重联锁的正、反转控制线路

基于接触器、按钮双重联锁的正、反转控制线路如图 3-9 所示。该线路也具有电动机正、反转控制，过电流保护和过载保护等功能，且可克服接触器联锁正、反转控制线路和按钮联锁正、反转控制线路的不足。

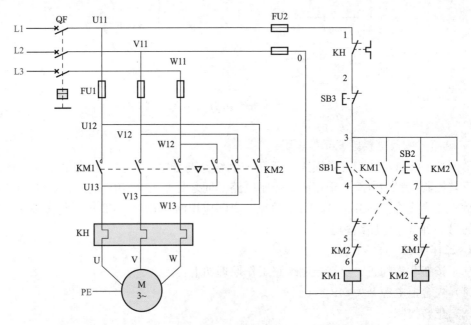

图 3-9　基于接触器、按钮双重联锁的正、反转控制线路

1. 电路结构及主要电气元件作用

由图 3-9 可知，基于接触器、按钮双重联锁的正、反转控制线路与图 3-7 比较，其主电路与接触器联锁正、反转控制线路主电路完全相同。

控制电路部分在接触器 KM1 线圈回路中串接了接触器 KM2 辅助动断触头和反转启动按钮 SB3 动断触头；接触器 KM2 线圈回路中串接了接触器 KM1 辅助动断触头和正转启动按钮 SB2 动断触头，从而实现了双重联锁功能。

2. 工作原理

基于接触器、按钮双重联锁的正、反转控制线路工作原理如下：

（1）先合上电源开关 QF。

（2）正转控制：

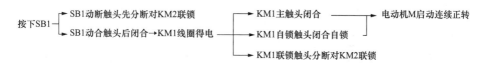

（3）反转控制：

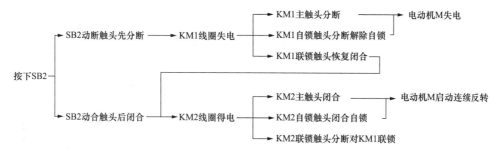

（4）停止：按下停止按钮 SB3→控制电路失电→KM1（或 KM2）触头系统复位→电动机 M 失电停转。

（5）停止使用时，断开电源开关 QF。

3.4　基于三相异步电动机的位置控制与自动往返控制线路

三相异步电动机的位置控制与自动往返控制线路主要对运动机械实现限位或自动往返控制。目前，应用于机床领域的行程控制线路主要有位置控制线路、自动往返控制线路。

3.4.1　基于行程开关的位置控制线路

利用生产机械运动部件上的挡铁与行程开关碰撞，使其触头动作来接通或断开电路，以实现对生产机械运动部件的位置或行程的自动控制的方法称为位置控制，又称为行程控制或限位控制。

基于行程开关的位置控制线路如图 3-10 所示。该线路常用于生产机械运动部件的行程、位置限制，如在摇臂钻床、万能铣床、镗床、桥式起重机及各种自动或半自动控制机床设备中运动部件的控制。

1. 电路结构及主要电气元件作用

由图 3-10 可知，该位置控制线路主电路属于典型的正、反转电路结构，即与图 3-7 主电路相同。控制电路与图 3-7 相比较，在接触器 KM1 线圈回路串接了行程开关 SQ1 的动断触头及在接触器 KM2 线圈回路串接了行程开关 SQ2 的动断触头。实际应用时，行程开关 SQ1 和 SQ2 一般安装在需要限制行程的两个不同的位置上，其作用是当电动机 M 驱动工作机械运行至这两个位置时，即可撞击行程开关而停止运转。

2. 工作原理

基于行程开关的位置控制线路工作原理如下：

（1）先合上电源开关 QF。

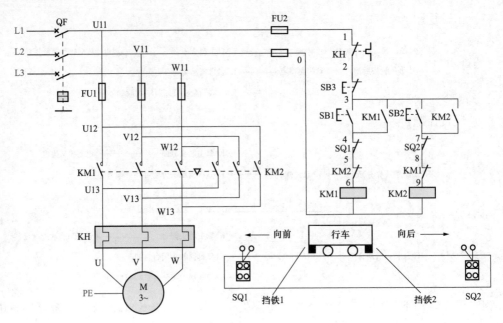

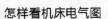

图 3-10　基于行程开关的位置控制线路

（2）行车向前运动：

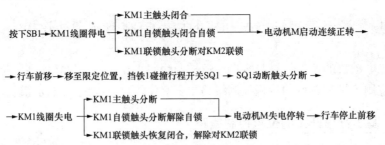

（3）行车向后运动：

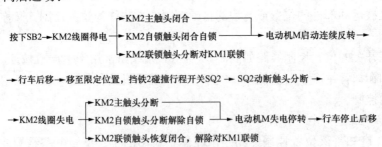

（4）停止：按下停止按钮 SB3→控制电路失电→KM1（或 KM2）触头系统复位→电动机 M 失电停转。

（5）停止使用时，断开电源开关 QF。

3.4.2　基于行程开关的工作台自动往返控制线路

图 3-10 所示行程控制线路所控制的工作机械只能运动至所指定的行程位置上即停止，而有些机床在运行时要求工作机械能自动往返运动，实现该功能的控制线路称为自动往返控

制线路。基于行程开关构成的自动往返控制线路如图 3-11 所示。

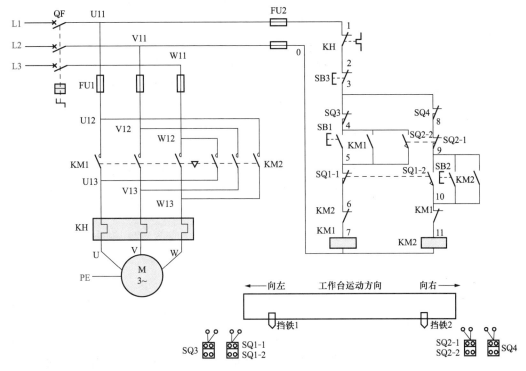

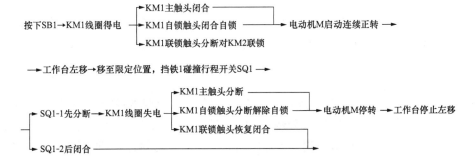

图 3-11　基于行程开关的工作台自动往返控制线路

1. 电路结构及主要电气元件作用

由图 3-11 可知，该自动往返行程控制线路主电路仍然属于典型的正、反转电路结构。控制电路与图 3-10 所示位置控制线路相比较，增加了行程开关 SQ3 和 SQ4，并且行程开关 SQ1 和 SQ2 采用了复合触头接线控制方式。实际应用时，行程开关 SQ1、SQ3 及行程开关 SQ2、SQ4 分别安装在工作机械的两运动终点上。例如：若工作机械在左、右两端点位置往返运动，将行程开关 SQ1、SQ3 安装在工作机械的左端，而将行程开关 SQ2、SQ4 安装在工作机械的右端。

2. 工作原理

基于行程开关的工作台自动往返控制线路工作原理如下：

（1）先合上电源开关 QF。

（2）自动往返运动：

```
                        ┌─KM1主触头闭合
按下SB1→KM1线圈得电 ─────├─KM1自锁触头闭合自锁 ──────→ 电动机M启动连续正转 ─→
                        └─KM1联锁触头分断对KM2联锁

─→ 工作台左移→移至限定位置，挡铁1碰撞行程开关SQ1 ─→

                                    ┌─KM1主触头分断
       ┌─ SQ1-1先分断─→KM1线圈失电 ─├─KM1自锁触头分断解除自锁 ──→ 电动机M停转 ─→ 工作台停止左移
       │                            └─KM1联锁触头恢复闭合
       │
       └─ SQ1-2后闭合
```

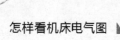

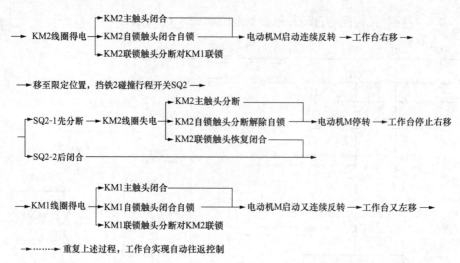

（3）停止：按下停止按钮 SB3→控制电路失电→KM1（或 KM2）触头系统复位→电动机 M 失电停转。

（4）停止使用时，断开电源开关 QF。

在图 3-11 中，行程开关 SQ3、SQ4 的作用是：当工作机械运动至左端或右端时，若行程开关 SQ1 或 SQ2 出现故障失灵，工作机械撞击它时不能切断接触器线圈的供电通路时，工作机械将继续向左或向右运动，此时会撞击行程开关 SQ3 或 SQ4，对应 SQ3 或 SQ4 动断触头断开，从而切断控制电路的供电回路，强迫对应接触器线圈断电，使电动机 M 停止运行。

3.5 基于三相异步电动机的多地控制与顺序控制线路

三相异步电动机多地控制线路是指能在多个不同的地点对电动机实现启动和停止控制的电路，适用于中、大型机床控制等领域。三相异步电动机顺序控制线路是指对电动机按一定的时间或先后顺序进行控制的电路。

3.5.1 基于接触器的多地控制线路

基于接触器的多地控制线路如图 3-12 所示。该线路具有电动机单向运转控制和两地控制功能，是要求具有多地控制功能机床的常用控制线路单元。

1. 电路结构及主要电气元件作用

由图 3-12 可知，该多地控制线路主电路属于单向正转电路。控制电路属于两地能分别启动和停止电动机的控制电路。按钮 SB12、SB22 分别为甲、乙两地停止按钮，按钮 SB11、SB21 分别为甲、乙两地启动按钮。实际应用时，按钮 SB11、SB12 安装在甲地，按钮 SB21、SB22 安装在乙地。

2. 工作原理

基于接触器的多地控制线路工作原理与图 3-5 所示接触器控制连续正转控制线路工作原理相同，请读者自行分析，此处不再赘述。

实际应用时，可根据机床实际需要增加启动按钮、停止按钮组数，即可构成多地控制线路。

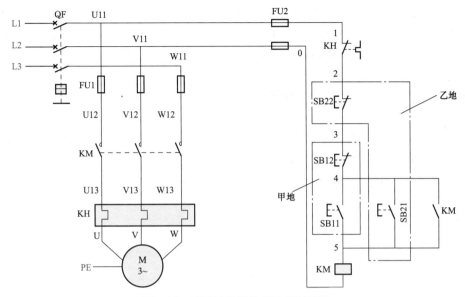

图 3-12　基于接触器的多地控制线路

3.5.2 基于接触器的顺序控制线路

在装有多台电动机的生产机械上，各电动机所起的作用是不同的，有时需按一定的顺序启动或停止，才能保证操作过程的合理和工作的安全可靠。例如：X62W 型万能铣床上要求主轴电动机启动后，进给电动机才能启动。目前，应用于机床领域的顺序控制线路主要有主电路顺序控制线路和控制电路顺序控制线路两类。

1. 主电路实现顺序控制

基于接触器的主电路顺序控制线路如图 3-13 所示。

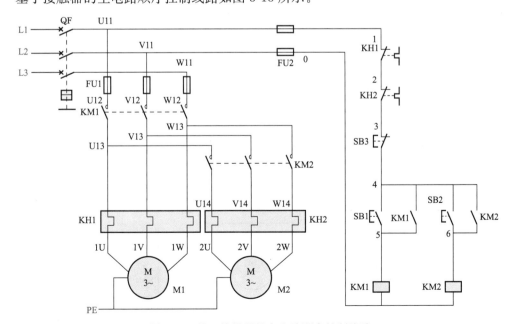

图 3-13　基于接触器的主电路顺序控制线路

（1）电路结构及主要电气元件作用。由图 3-13 可知，该顺序控制线路主电路由接触器 KM1、KM2 主触头、热继电器 KH1、KH2 热元件和电动机 M1、M2 组成。实际工作时，电动机 M1、M2 工作状态分别由接触器 KM1、KM2 主触头进行控制，且接触器 KM2 主触头工作状态由接触器 KM1 主触头进行控制，即只有当接触器 KM1 主触头闭合，电动机 M1 启动运转时，接触器 KM2 主触头才能闭合，电动机 M2 得电启动运转，从而实现主电路顺序控制。

控制电路由热继电器 KH1、KH2 动断触头、停止按钮 SB3、电动机 M1 启动按钮 SB1、电动机 M2 启动按钮 SB2 和接触器 KM1、KM2 线圈及其辅助动合触头（自锁触头）组成。

（2）工作原理。基于接触器的主电路顺序控制线路工作原理如下：

1）先合上电源开关 QF。

2）M1、M2 顺序启动：

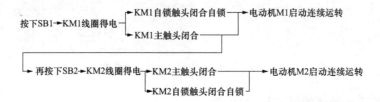

（3）M1、M2 同时停止：按下停止按钮 SB3→控制电路失电→KM1、KM2 触头系统复位→M1、M2 失电停转。

（4）停止使用时，断开电源开关 QF。

2. 控制电路实现顺序控制

基于接触器的控制电路顺序控制线路如图 3-14 所示。

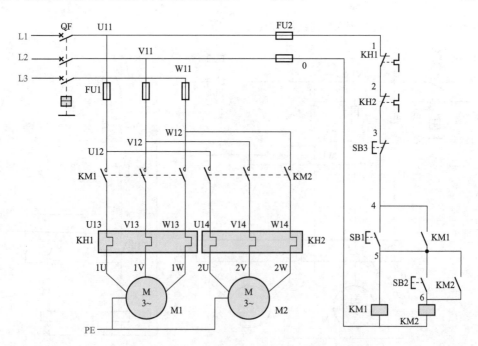

图 3-14　基于接触器的控制电路顺序控制线路

（1）电路结构及主要电气元件作用。由图 3-14 可知，该顺序控制线路的主电路与图 3-13 所示主电路相比较，接触器 KM1、KM2 不存在顺序控制功能，电动机 M1、M2 均属于独立的单向运行单元电路。

控制电路由热继电器 KH1、KH2 动断触头、停止按钮 SB3、电动机 M1 启动按钮 SB1、电动机 M2 启动按钮 SB2 和接触器 KM1、KM2 线圈及其辅助动合触头（自锁触头）组成。

该控制电路的特点是：电动机 M2 的控制电路先与接触器 KM1 的线圈并联后再与 KM1 的自锁触头串联，这样就保证了 M1 启动后 M2 才能启动的顺序控制要求。

（2）工作原理。基于接触器的控制电路顺序控制线路工作原理与图 3-13 相似，请读者参照自行分析，此处不再赘述。

需要指出的是，除了上述方法可实现电动机顺序启动、同时停止控制外，还可根据生产机械实际需求设计其他顺序控制电路。图 3-15 所示为顺序启动逆序停止控制线路，对应电路结构及工作原理请读者参照前述内容自行分析，此处由于篇幅有限，不予介绍。

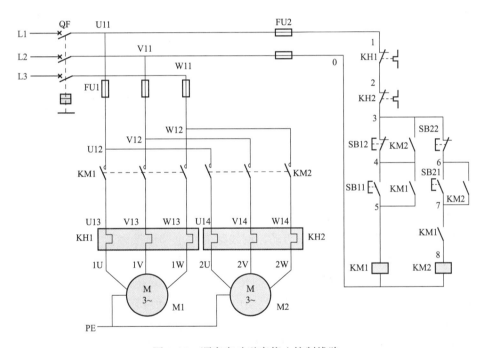

图 3-15　顺序启动逆序停止控制线路

3.6　基于三相异步电动机的降压启动控制线路

三相异步电动机在启动时，其启动电流一般为额定电流的 6～7 倍。对于功率小于 7.5kW 的小型异步电动机可采用直接启动的方式，但当异步电动机功率超过 7.5kW 时，则应考虑对其启动电流进行限制，否则会影响电网的供电质量。常用的启动电流限制方法是降压启动法，用于降压启动的控制线路称为交流电动机的降压启动控制线路。常用的降压启动控制线路有串接电阻降压启动控制线路、丫-△降压启动控制线路、自耦变压器降压启动控制线路和延边△降压启动控制线路等。

3.6.1 基于时间继电器的定子绕组串接电阻降压启动控制线路

基于时间继电器的定子绕组串接电阻降压启动控制线路如图 3-16 所示。电动机启动时在定子绕组中串接电阻，使定子绕组电压降低，从而限制了启动电流。待电动机转速接近额定转速时，再将串接电阻短接，使电动机在额定电压下全压运行。

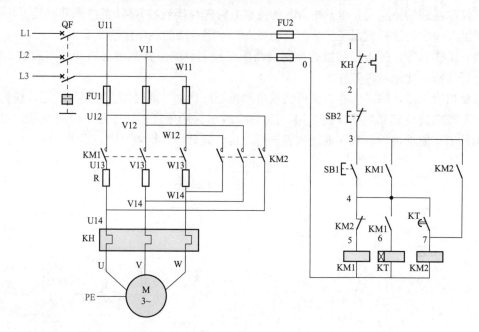

图 3-16　基于时间继电器的定子绕组串接电阻降压启动控制线路

1. 电路结构及主要电气元件作用

由图 3-16 可知，该串接电阻降压启动控制线路的主电路由接触器 KM1、KM2 主触头、启动电阻器 R、热继电器 KH 热元件和电动机 M 组成。实际应用时，接触器 KM1 主触头控制电动机 M 工作电源的接通和断开，电阻器 R 为电动机 M 降压启动电阻器，接触器 KM2 主触头为启动电阻 R 短路接触器，其作用是当电动机 M 启动后转速升高至一定值时，接触器 KM2 的主触头闭合，接通电动机 M 三相电源，电动机 M 全压运行。

控制电路由热继电器 KH 动断触头、停止按钮 SB2、启动按钮 SB1、接触器 KM1、KM2 线圈及其辅助动合、动断触头和时间继电器 KT 线圈及其延时触头组成。实际应用时，由于采用了时间继电器 KT，故可以较准确地控制电动机 M 串接电阻降压启动的启动时间。

2. 工作原理

基于时间继电器的定子绕组串接电阻降压启动控制线路工作原理如下：

（1）先合上电源开关 QF。

（2）降压启动：

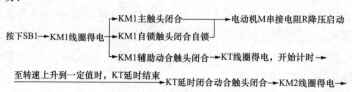

（3）停止：按下停止按钮 SB2→控制电路失电→KM1、KM2 触头系统复位→M 失电停转。

（4）停止使用时，断开电源开关 QF。

值得注意的是，该启动方法中的启动电阻一般采用由电阻丝绕制的板式电阻或铸铁电阻，具有电阻功率大、通流能力强等优点；其缺点是减小了电动机的启动转矩，同时启动时在电阻上功率消耗也较大，如果启动频繁，则电阻的温度很高，对于精密的机床会产生一定的影响，故目前这种降压启动的方法在生产实际中的应用正在逐步减少。

3.6.2 基于时间继电器的丫-△降压启动控制线路

丫-△降压启动是指电动机启动时，把定子绕组接成丫联结，以降低启动电压，限制启动电流。待电动机启动后，再把定子绕组改接成△联结，使电动机全压运行。由于功率在 7.5kW 以上的电动机其绕组均采用△联结，因此均可采用丫-△降压启动的方法来限制启动电流。基于时间继电器的丫-△降压启动控制线路如图 3-17 所示。

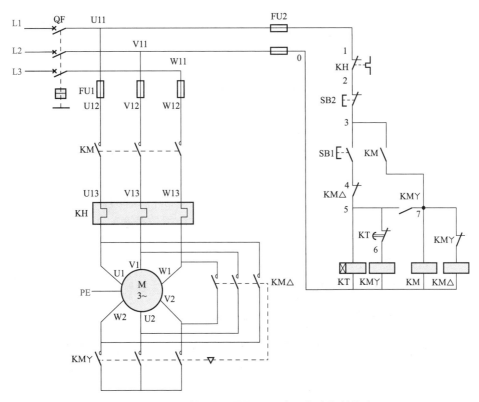

图 3-17　基于时间继电器的丫-△降压启动控制线路

1. 电路结构及主要电气元件作用

由图 3-17 可知，该丫-△降压启动控制线路的主电路由接触器 KM、KM丫、KM△主触头、热继电器 KH 热元件和电动机 M 组成。其中接触器 KM、KM丫、KM△主触头为电动机 M 定子绕组丫联结及△联结转换触头。当接触器 KM、KM丫主触头闭合时，电动机 M

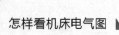

定子绕组丫联结降压启动。当接触器KM、KM△主触头闭合时，电动机M定子绕组△联结全压运行。

控制电路由热继电器KH热元件、停止按钮SB2、启动按钮SB1、接触器KM、KM丫、KM△线圈及其辅助动合、动断触头、时间继电器KT线圈及其延时闭合动合触头组成。

2. 工作原理

基于时间继电器的丫-△降压启动控制线路工作原理如下：

（1）先合上电源开关QF。

（2）降压启动：

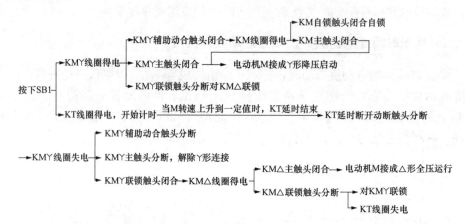

（3）停止：按下停止按钮SB2→控制电路失电→KM丫、KM△触头系统复位→M失电停转。

（4）停止使用时，断开电源开关QF。

值得注意的是，笼型异步电动机采用丫-△降压启动时，定子绕组启动时电压降至额定电压的 $1/\sqrt{3}$，启动电流降至全压启动的 $1/3$，从而限制了启动电流，但由于启动转矩也随之降至全压启动的 $1/3$，故仅适用于空载或轻载启动。与其他降压启动方法相比，丫-△降压启动投资少，线路简单、操作方便，在机床电动机控制中应用较普遍。

在工程技术中，随着丫-△降压启动应用日益广泛，研究专用丫-△降压启动控制器成为各生产厂家的趋势。图3-18所示为利用QX3-13型丫-△自动启动器构成的控制线路。对应电路结构及工作原理请读者参照前述内容自行分析，此处由于篇幅有限，不予介绍。

3.6.3 基于自耦变压器的降压启动控制线路

自耦变压器降压启动也称为串电感降压启动，它是利用串接在电动机M定子绕组回路中的自耦变压器降低加在电动机绕组上的启动电压，待电动机启动后，再使电动机与自耦变压器脱离，电动机即可在全压下运行。

实际应用时，常用的自耦变压器降压启动方法是采用成品补偿降压启动器，补偿降压启动器包括手动和自动操作两种形式。手动操作的补偿器有QJ3、QJ5、QJ10等型号，其中QJ10系列手动补偿器用于控制10～75kW八种容量电动机的启动；自动操作的补偿器有XJ01型和CTZ系列等，其中XJ01型补偿器适用于14～28kW电动机，读者可根据电动机容量自行选用。基于XJ01系列自耦减压启动箱的降压启动控制线路如图3-19所示。

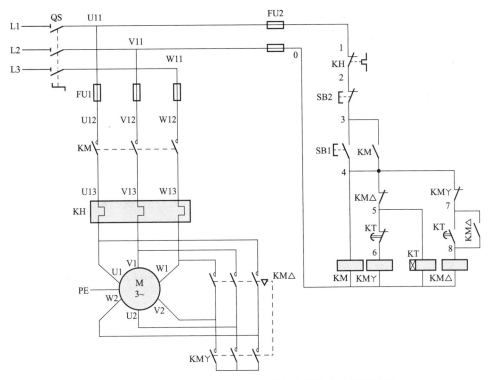

图 3-18　利用 QX3-13 型丫-△自动启动器构成的控制线路

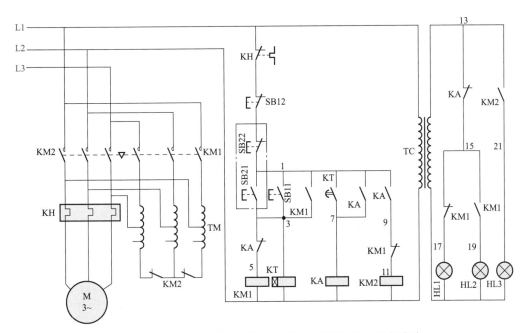

图 3-19　基于 XJ01 系列自耦减压启动箱的降压启动控制线路

1. 电路结构及主要电气元件作用

由图 3-19 可知,该自耦变压器降压启动控制电路的主电路由接触器 KM1 主触头、接触器 KM2 主触头及其辅助动断触头、热继电器 KH 热元件、自耦变压器 TM 和电动机 M 组成。实际应用时，当接触器 KM1 主触头闭合时，电动机 M 定子绕组串接自耦变压器 TM 降压启动；当接触器 KM2 主触头闭合时，电动机 M 全压运行。

控制电路由热继电器 KH 动断触头、停止按钮 SB12、SB22、启动按钮 SB11、SB21、接触器 KM1、KM2 线圈及其辅助动合、动断触头、时间继电器 KT 及其延时闭合动合触头、中间继电器 KA 及其动合触头和信号指示电路组成。实际应用时，按钮 SB1、SB2 为两地控制停止按钮，SB3、SB4 为两地控制启动按钮。时间继电器 KR、中间继电器 KA 实现电动机 M 串接自耦变压器启动时间控制功能。

2. 工作原理

该自耦变压器降压启动控制电路工作原理如下（为便于读者理解，由变压器 TC、指示灯 HL1、HL2、HL3 等组成的信号指示电路工作原理未进行阐述，请读者自行分析）：

（1）先合上电源开关 QF。

（2）降压启动：

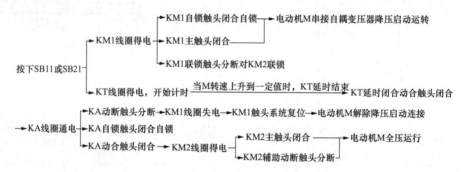

（3）停止：按下停止按钮 SB12 或 SB22→控制电路失电→KM1、KM2 触头系统复位→M 失电停转。

（4）停止使用时，断开电源开关 QF。

3.6.4 基于时间继电器的延边△降压启动控制线路

延边△降压启动是指电动机启动时，把定子绕组的一部分接成△，另一部分接成丫，使整个绕组接成延边△，如图 3-20（a）所示。待电动机启动后，再把定子绕组改接成△全压运行，如图 3-20（b）所示。基于时间继电器的延边△降压启动控制线路如图 3-21 所示。该控制线路适用于定子绕组特别设计的电动机降压启动控制。

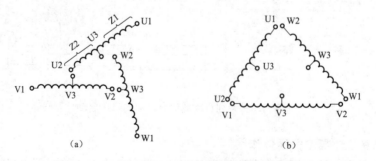

图 3-20　延边△降压启动电动机定子绕组的连接方式
（a）延边△接法；（b）△接法

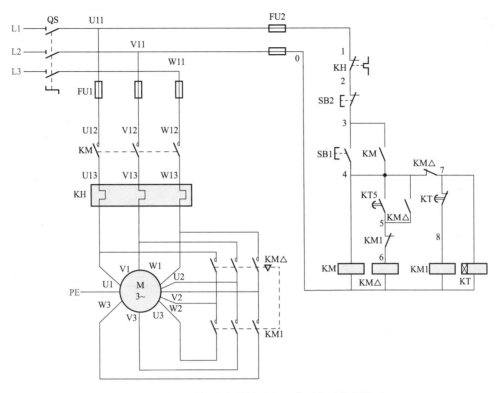

图 3-21 基于时间继电器的延边△降压启动控制线路

1. 电路结构及主要电气元件作用

由图 3-21 可知，该延边△降压启动控制线路的主电路由及接触器 KM、KM1、KM△主触头、热继电器 KH 热元件和电动机 M 组成。其中接触器 KM 主触头为电动机 M 工作电源控制触头，接触器 KM1 主触头为延边△联结控制触头，接触器 KM△主触头为△联结控制触头。

控制电路由热继电器 KH 动断触头、启动按钮 SB1、停止按钮 SB2、接触器 KM、KM1、KM△线圈及其辅助动合、动断触头和时间继电器 KT 线圈及其延时闭合动合触头、延时断开动断触头组成。

2. 工作原理

延边△降压启动是在Y-△降压启动的基础上加以改进而形成的一种启动方式，它把Y和△两种接法结合起来，使电动机每相定子绕组承受的电压小于△接法时的相电压，而大于Y形接法时的相电压，并且每相绕组电压的大小可通过改变电动机绕组抽头（U3、V3、W3）的位置来调节，从而克服了Y-△降压启动时启动电压偏低、启动转矩偏小的缺点。

此外，由图 2-20（a）可见，采用延边△降压启动的电动机需要有 9 个出现端，这样不用自耦变压器，通过调节定子绕组的抽头比 K，即可得到不同数值的启动电流和启动转矩，从而满足不同的使用要求。

延边△降压启动控制线路工作原理与Y-△降压启动控制线路相似，请读者自行分析，此处不再赘述。

实际应用时，常用的延边△降压启动方法是采用成品延边△降压启动控制箱。基于 XJ1 系列降压启动控制箱的降压启动控制线路如图 3-22 所示。

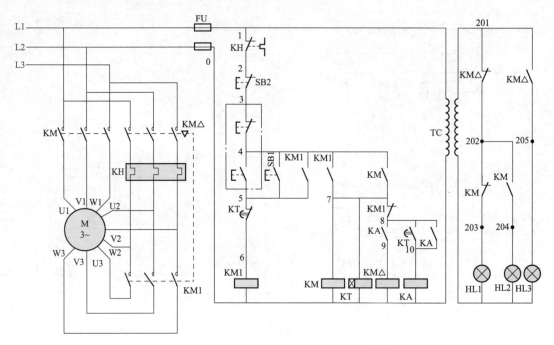

图 3-22　基于 XJ1 系列降压启动控制箱的降压启动控制线路

3.7　基于三相异步电动机的制动控制线路

电动机在切断电源停转的过程中，产生一个与电动机实际旋转方向相反的制动力矩，迫使电动机迅速制动停转的方法叫制动。异步电动机制动方法有机械制动和电力制动两种，其中机械制动是指利用机械装置使电动机断开电源后迅速停转的方法，常用的方法有电磁抱闸制动器制动和电磁离合器制动；电力制动是指在切断电源停转的过程中，产生一个与电动机实际旋转方向相反的电磁力矩（制动力矩），迫使电动机迅速停转的方法，常用的方法有反接制动、能耗制动、电容制动等。此处由于篇幅有限，只介绍电气制动方法。

3.7.1　基于接触器的单向启动反接制动控制线路

依靠改变电动机定子绕组的电源相序形成制动力矩，迫使电动机迅速停转的方法叫反接制动。基于接触器的单向启动反接制动控制线路如图 3-23 所示。此控制线路适用于制动要求迅速、系统惯性较大、不经常启动和制动的场合，如铣床、镗床、中型车床等主轴的制动控制。

1. 电路结构及主要电气元件作用

由图 3-23 可知，该单向启动反接制动控制线路与图 3-7 比较，其主电路在接触器联锁正反转控制线路主电路基础上增加了速度继电器 KS，其主要作用为同步检测电动机 M 转速。

控制电路由热继电器 KH 动断触头、启动按钮 SB1、制动按钮 SB2、速度继电器 KS 动合触头、接触器 KM1、KM2 线圈及其辅助动合、动断触头组成。

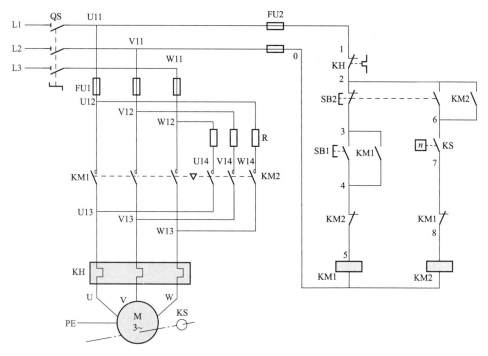

图 3-23 基于接触器的单向启动反接制动控制线路

2. 工作原理

基于接触器的单向启动反接制动控制线路工作原理如下：

（1）先合上电源开关 QS。

（2）单向启动：

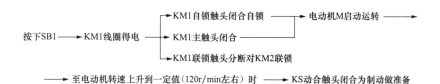

（3）反接制动：

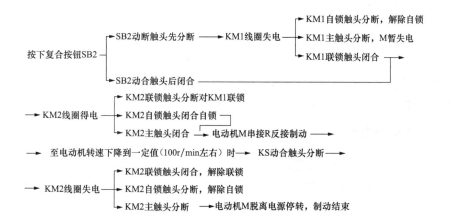

（4）停止使用时，断开电源开关 QF。

值得注意的是，反接制动时，由于旋转磁场与转子的相对转速（$n_1 + n$）很高，故转子绕组中感生电流很大，致使定子绕组中的电流也很大，一般约为电动机额定电流的 10 倍。因此，反接制动适用于 10kW 以下小容量电动机的制动，并且对 4.5kW 以上的电动机进行反接制动时，需在定子回路中串入限流电阻 R，以限制反接制动电流。

基于接触器的双向启动反接制动控制线路如图 3-24 所示。该线路具有短路保护、过载保护、可逆运行和制动等功能，是一种比较完善的控制线路。由于此处篇幅有限，其控制过程请读者自行分析。

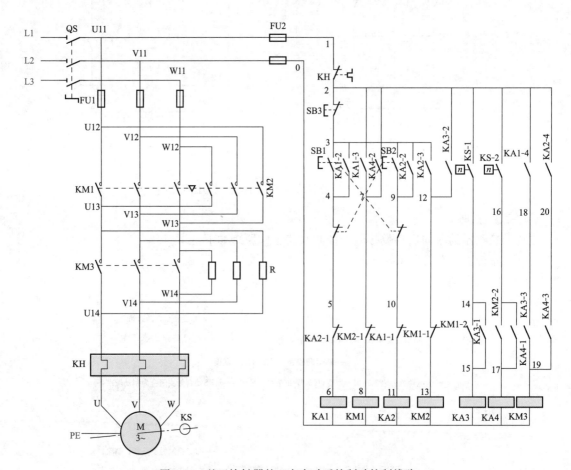

图 3-24　基于接触器的双向启动反接制动控制线路

反接制动的优点是制动力强，制动迅速；缺点是制动准确性差，制动过程中冲击强烈，易损坏传动零件，制动能量消耗大，不宜经常制动。

3.7.2　基于时间继电器的能耗制动控制线路

能耗制动是在电动机脱离交流电源后，迅速给定子绕组通入直流电源，产生恒定磁场，利用转子感应电流与恒定磁场的相互作用达到制动的目的。由于此制动方法是将电动机旋转的动能转变为电能，并消耗在制动电阻上，故称为能耗制动或动能制动。基于时间继电器的单相桥式整流单向启动能耗制动控制线路如图 3-25 所示。

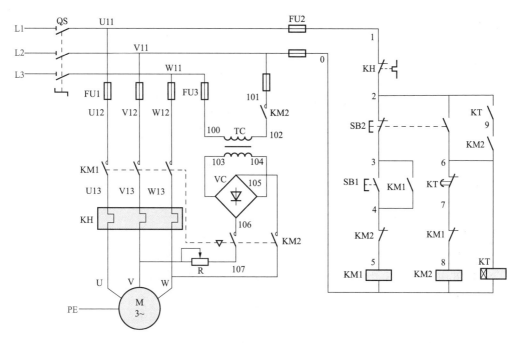

图 3-25　基于时间继电器的单相桥式整流单向启动能耗制动控制线路

1. 电路结构及主要电气元件作用

由图 2-25 可知，该能耗制动控制线路主电路由单向正转单元电路和直流整流装置两部分组成。实际应用时，熔断器 FU3 实现整流装置短路保护功能，降压变压器 TC 将 380V 交流电压降压为 24V 交流电压，整流器 VC 的作用是将 24V 交流电源整流成制动用直流电源，电位器 RP 用以调节通入电动机 M 绕组中电流的大小，接触器 KM2 控制电动机 M 直流制动电源的接通和断开。

控制电路由热继电器 KH 动断触头、制动按钮 SB2、启动按钮 SB1、接触器 KM1、KM2 线圈及其辅助动合、动断触头、时间继电器 KT 线圈及其延时断开动断触头组成。其中时间继电器 KT 实现电动机 M 能耗制动时间控制功能。

2. 工作原理

基于时间继电器的单相桥式整流单向启动能耗制动控制线路工作原理如下：

（1）先合上电源开关 QS。

（2）单向启动：

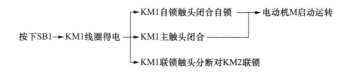

（3）能耗制动：

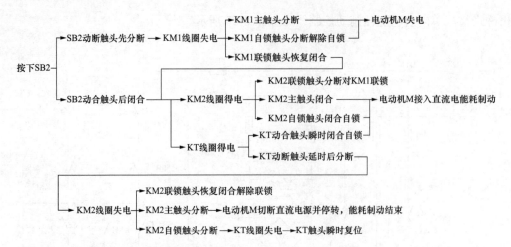

（4）停止使用时，断开电源开关 QS。

基于时间继电器的单相半波整流单向启动能耗制动控制线路如图 3-26 所示。该控制线路采用单相半波整流器作为直流电源，常用于 10kW 以下小容量电动机，且对制动要求不高的场合。此处由于篇幅有限，其工作原理请读者参照图 3-25 自行分析。

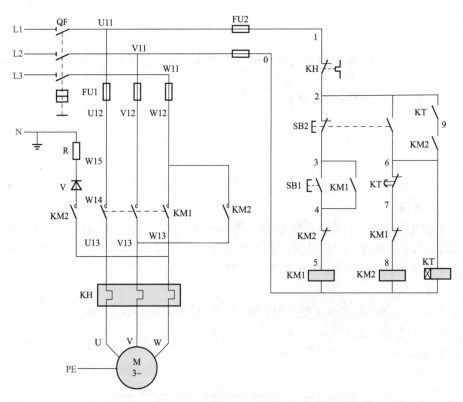

图 3-26　基于时间继电器的单相半波整流单向启动能耗制动控制线路

图 3-25、图 3-26 所示能耗制动控制线路的优点是制动准确、平稳，且能量消耗较小；缺点是需附加直流电源装置，故设备费用较高，制动力较弱，在低速运转时制动力矩小。因此，能耗制动适用于要求制动准确、平稳的场合，如磨床、立式铣床等控制领域。

3.7.3 基于时间继电器的电容制动控制线路

电容制动是指电动机脱离交流电源后，立即在电动机定子绕组的出线端接入电容器，利用电容器回路形成的感生电流迫使电动机迅速停转的制动方法。基于时间继电器的电容制动控制线路如图 3-27 所示。一般用于 10kW 以下的小容量电动机，特别适用于存在机械摩擦和阻尼的生产机械和需要多台电动机同时制动的场合。

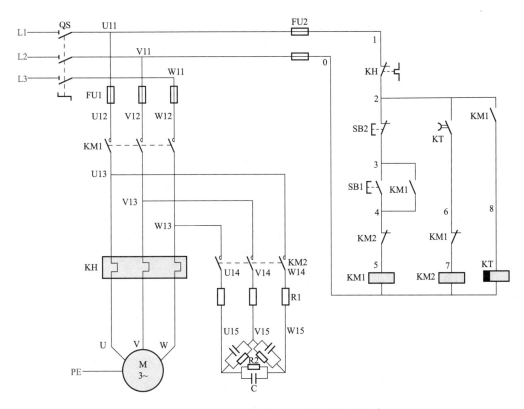

图 3-27　基于时间继电器的电容制动控制线路

1. 电路结构及主要电气元件作用

由图 3-27 可知，该电容制动控制线路主电路由单向正转单元电路和电容制动装置组成。实际应用时，电阻器 R1 为限流电阻，R2、C 阻容元件为电容制动装置，接触器 KM2 主触头实现电容制动装置接通和断开控制功能。

控制电路由热继电器 KH 动断触头、制动按钮 SB2、启动按钮 SB1、接触器 KM1、KM2 线圈及其辅助动合触头、动断触头、时间继电器 KT 线圈及其延时触头组成。其中断电延时型时间继电器 KT 实现电容制动时间控制功能。

2. 工作原理

基于时间断电器的电容制动控制线路工作原理如下：

（1）先合上电源开关 QS。

（2）单向启动：

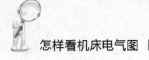
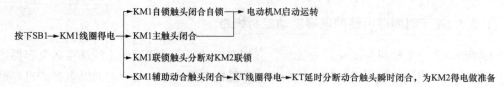

（3）电容制动：

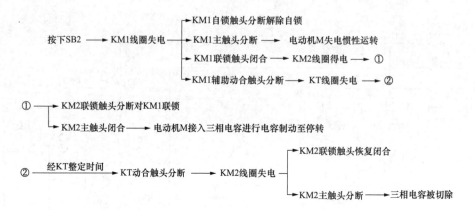

（4）停止使用时，断开电源开关 QS。

图 3-27 所示的电容制动控制线路具有制动迅速、能量损耗小和设备简单等特点。控制电路中，电容器的耐压应不小于电动机的额定电压，其电容量也应满足要求。经验证明，对于 380V、50Hz 的笼型异步电动机，每千瓦每相约需要 $150\mu F$。

3.8　基于多速异步电动机的调速控制线路

多速异步电动机调速主要有两种途径，一种是通过改变交流电动机绕组的极数改变交流电动机转速，另一种方法是利用变频技术改变通入交流电动机绕组电源频率以改变交流电动机转速。后者可实现电动机无级调速，但控制设备较贵；而前一种方法比较简单，且足以满足机床拖动变速的需要，故广泛应用于机床电气控制领域。本章主要讨论双速异步电动机调速控制线路、三速异步电动机调速控制线路。

3.8.1　基于双速异步电动机的调速控制线路

双速电动机是指通过不同的连接方式可以得到两种不同转速，即低速和高速的异步电动机。双速异步电动机定子绕组的△/丫丫连接图如图 3-28 所示。

由图 3-28 可见，通过改变双速异步电动机定子绕组 6 个出线端的连接方式，就可以得到两种不同的转速。其中定子绕组△形联结时，电动机工作于低速状态，此时同步转速为 1500r/min；定子绕组丫丫形联结时，电动机工作于高速状态，此时同步转速为 3000r/min。

目前，双速异步电动机的调速控制线路有基于时间继电器的双速异步电动机调速控制线路和基于接触器、按钮的双速异步电动机调速控制线路两种。其中基于时间继电器的双速异步电动机调速控制线路如图 3-29 所示。

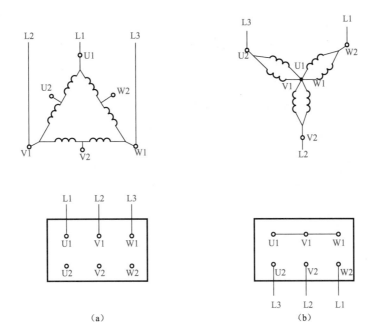

（a）　　　　　　　　　　（b）

图 3-28　双速异步电动机定子绕组△/丫丫连接图

（a）低速—△接法（4 极）；（b）高速—丫丫接法（2 级）

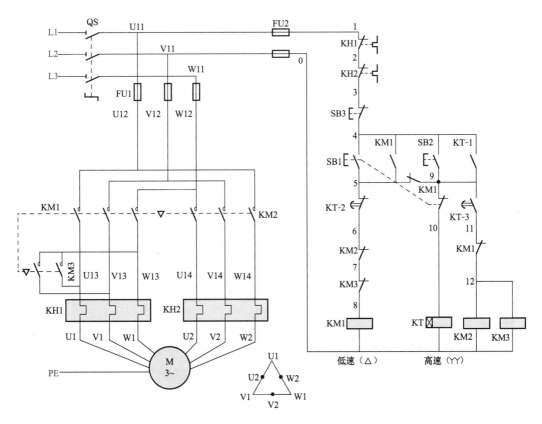

图 3-29　基于时间继电器的双速异步电动机调速控制线路

1. 电路结构及主要电气元件作用

由图 3-29 可知，该时间继电器双速异步电动机调速控制线路主电路由电源至电动机 M 之间的连接电气元件组成。其中接触器 KM1、KM2、KM3 主触头控制双速电动机 M 的△联结及丫丫联结的转换。当接触器 KM1 主触头闭合时，双速电动机 M 绕组联结成△联结而低速运转；当接触器 KM2、KM3 主触头闭合时，双速电动机 M 绕组接成丫丫联结而高速运转。此外，隔离开关 QS 为电源总开关，熔断器 FU1 实现主电路短路保护功能，热继电器 KR 实现双速电动机 M 过载保护功能。

控制线路由热继电器 KH1、KH2 动断触头、停止按钮 SB3、低速启动按钮 SB1、高速启动按钮 SB2、接触器 KM1、KM2、KM3 线圈及其辅助动合、动断触头、时间继电器 KT 线圈及其延时触头组成。

2. 工作原理

基于时间继电器的双速异步电动机调速控制线路工作原理如下：

（1）先合上电源开关 QS。

（2）△形低速启动运转：

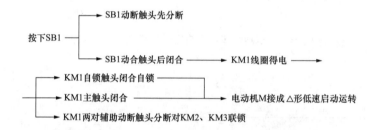

（3）丫丫形高速启动运转：

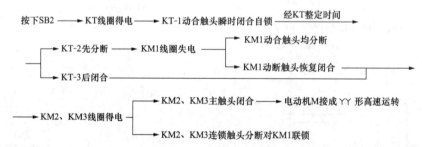

（4）停止：按下停止按钮 SB3→控制电路失电→KM1 或 KM2、KM3、KT 触头系统复位→M 失电停转。

（5）停止使用时，断开电源开关 QS。

基于接触器、按钮的双速异步电动机调速控制线路如图 3-30 所示。该控制线路具有双速电动机调速控制与短路保护、过载保护等功能，适用于对小容量电动机的控制。

图 3-30 所示双速异步电动机调速控制线路与图 3-29 比较，不能自动实现两种转速的转换，故一般适用于要求不高的双速电动机控制。安装接线时，控制双速电动机△联结的接触器 KM1 和丫丫联结的接触器 KM2 的主触头不能对换接线，否则不但无法实现双速控制要求，而且会在丫丫联结运行时造成电源短路事故。

图 3-30 所示双速异步电动机调速控制线路工作原理与图 3-29 相似，请读者进行分析，此处不再赘述。

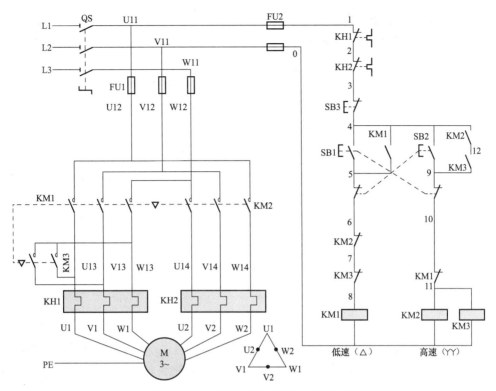

图 3-30　基于接触器、按钮的双速异步电动机调速控制线路

3.8.2　基于三速异步电动机的调速控制线路

三速异步电动机是指通过不同的连接方式可以得到三种不同转速，即低速、中速和高速的异步电动机。三速异步电动机定子绕组连接图如图 3-31 所示。

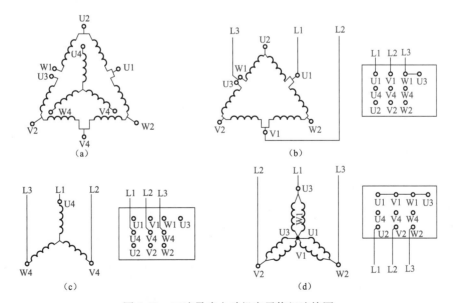

图 3-31　三速异步电动机定子绕组连接图

（a）三速电动机的两面套定子绕组；（b）低速—△形接法；（c）中速—丫形接法；（d）高速—丫丫形接法

三速异步电动机定子绕组的接线方法见表 3-4。W1 和 U3 出线端分开的目的是当电动机定子绕组接成Y形中速运转时，避免在△形接法的定子绕组中产生感应电流。

表 3-4 三速异步电动机定子绕组的接线方法

转速	电源接线			并接端口	连接方式
	L1	L2	L3		
低速	U1	V1	W1	U3、W1	△
中速	U4	V4	W4	—	Y
高速	U2	V2	W2	U1、V1、W1、U3	YY

目前，三速异步电动机的调速控制线路有基于时间继电器的三速异步电动机调速控制线路和基于接触器的三速异步电动机调速控制线路两种。其中基于时间继电器的三速异步电动机调速控制线路如图 3-32 所示。该控制电路具有高速、中速和低速三挡调速功能，适用于不需要无级调速的生产机械，如金属切削机床、升降机、起重设备、风机、水泵等控制领域。

1. 电路结构及主要电气元件作用

由图 3-32 可知，基于时间继电器的三速异步电动机调速控制线路主电路由电源至电动机 M 之间的连接电气元件组成。其中接触器 KM1 为三速电动机 M 低速运转控制接触器，接触器 KM2 为三速电动机 M 中速运转控制接触器，接触器 KM3、KM4 为三速电动机 M 高速运转控制接触器。

控制电路由热继电器 KH1、KH2、KH3 动断触头、停止按钮 SB4、低速启动按钮 SB1、中速启动按钮 SB2、高速启动按钮 SB3、接触器 KM1～KM4 线圈及其辅助动合、动断触头、时间继电器 KT1、KT2 线圈及其延时触头组成。

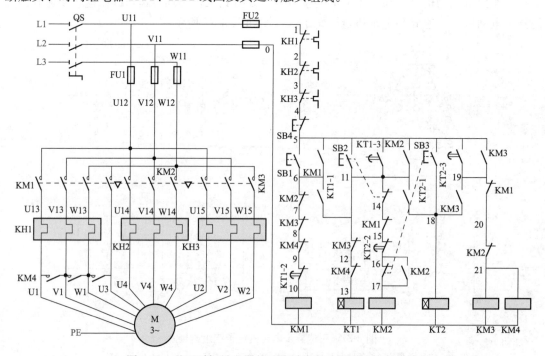

图 3-32 基于时间继电器的三速异步电动机调速控制线路

2. 工作原理

基于时间继电器的三速异步电动机调速控制线路工作原理如下：

（1）先合上电源开关 QS。

（2）△形低速启动运转：

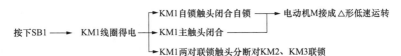

（3）△形低速启动丫形中速运转：

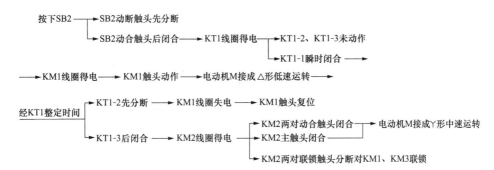

（4）△形低速启动丫形中速运转过渡丫丫形高速运转：

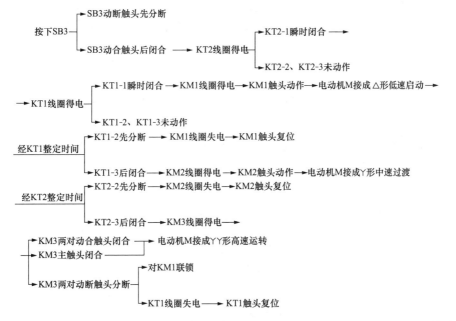

（5）停止：按下停止按钮 SB4→控制电路失电→KM1～KM4、KT1、KT2 触头系统复位→M 失电停转。

（6）停止使用时，断开电源开关 QS。

图 3-32 所示三速异步电动机调速控制线路具有机械特性稳定性良好、无转差损耗、效率高、可与电磁转差离合器配合获得较高效率的平滑调速特性等特点。安装时，其接线要点为：△形低速时，U1、V1、W1 经接触器 KM3 接三相电源，W1、U3 并接；丫形中速时，

U4、V4、W4 经接触器 KM2 接三相电源，W1、U3 必须断开，空着不装；ΥΥ 形高速时，U2、V2、W2 经接触器 KM1 接三相电源，U1、V1、W1、U3 并接。

基于接触器的三速异步电动机调速控制线路如图 3-33 所示。该控制线路工作原理与图 3-32 类似，请读者自行分析，此处不再赘述。

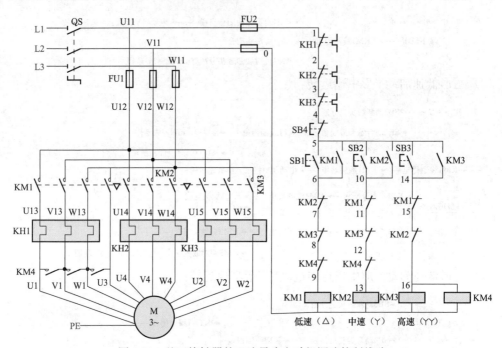

图 3-33 基于接触器的三速异步电动机调速控制线路

3.9 基于绕线式异步电动机的启动控制线路

在实际生产中，对要求启动转矩大、且能平滑调速的场合，常常采用绕线式异步电动机。此种异步电动机的优点是可以通过集电环在转子绕组中串接电阻来改善电动机的机械特性，从而达到减小启动电流、增大启动转矩以及平滑调速的目的。

3.9.1 基于时间继电器的串电阻启动控制线路

基于时间继电器的串电阻启动控制线路如图 3-34 所示。该控制线路具有启动电流小、启动转矩大、启动过程平稳（电阻级数越多越平稳）等特点。

1. 电路结构及主要电气元件作用

由图 3-34 可知，该控制线路利用时间继电器 KT1～KT3 和接触器 KM1～KM3 的相互配合依次自动切除转子绕组中的三级启动电阻，从而实现绕线式异步电动机自动串电阻启动控制。

该串电阻启动控制线路的主电路由电源至电动机 M 之间的连接电气元件组成。其中隔离开关 QS 为电源总开关，熔断器 FU1 实现主电路短路保护，接触器 KM 主触头控制绕线式异步电动机 M 工作电源接通和断开，热继电器 KR 实现绕线式异步电动机 M 过载保护功能，接触器 KM1、KM2、KM3 为绕线式异步电动机 M 降压启动接触器，R1～R3 为绕线式异步电动机 M 启动电阻器。

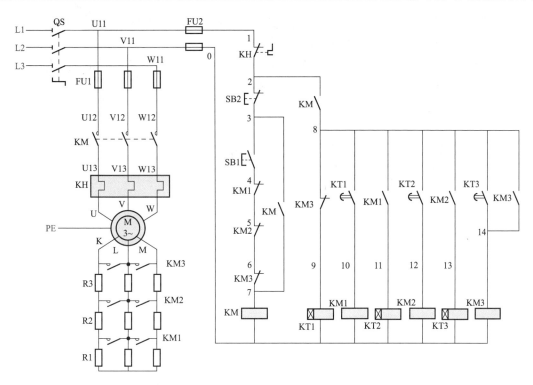

图 3-34　基于时间继电器的串电阻启动控制线路

控制电路由热继电器 KH 动断触头、启动按钮 SB1、停止按钮 SB2、接触器 KM、KM1～KM3线圈及辅助动合、动断触头、时间继电器 KT1～KT3 线圈及其延时触头组成。

2. 工作原理

基于时间继电器的串电阻启动控制线路工作原理如下：

（1）先合上电源开关 QS。

（2）启动：

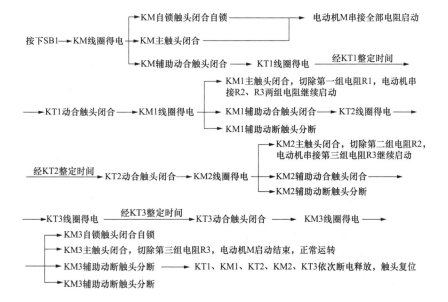

（3）停止：按下停止按钮 SB2→控制电路失电→KM 触头系统复位→M 失电停转。

（4）停止使用时，断开电源开关 QS。

基于接触器的串电阻启动控制线路如图 3-35 所示。该控制线路工作原理与图 3-34 类似，请读者自行分析，此处不再赘述。

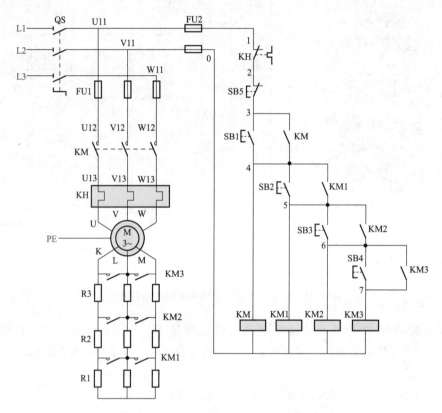

图 3-35　基于接触器的串电阻启动控制线路

3.9.2 基于频敏变阻器的启动控制线路

绕线式异步电动机采用转子绕组串接电阻器的启动方法，要想获得良好的启动特性，一般需要较多的启动级数，所用电气元件较多，且控制线路复杂，同时由于逐级切除电阻会产生一定的机械冲击力，因此，在工矿企业中对于不频繁启动设备，广泛采用频敏变阻器代替启动电阻器来控制绕线式异步电动机的启动。基于频敏变阻器的启动控制线路如图 3-36 所示。

1. 电路结构及主要电气元件作用

由图 3-36 可知，该绕线式异步电动机串频敏变阻器启动控制线路的主电路与图 3-34 主电路相比较，利用频敏变阻器 RF 代替了启动电阻器 R1～R3，其他电气元器件相同。

目前，常用的频敏电阻器有 BP1、BP2、BP3、BP4 和 BP6 等系列，图 3-37（a）所示是常见频敏变阻器的外形图。频敏变阻器在电路中的符号如图 3-37（b）所示。

控制电路由热继电器 KH 动断触头、停止按钮 SB2、启动按钮 SB1、接触器 KM1、KM2 线圈及其辅助动合、动断触头、定时器 KT 线圈及其延时触头组成。

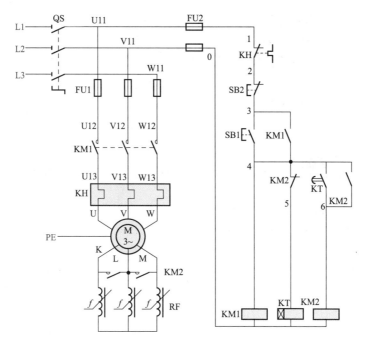

图 3-36　基于频敏变阻器的启动控制线路

（a）　　　　　　　　　　　　　　　　　　　（b）

图 3-37　常见频敏变阻器的外形图与符号

（a）外形图；（b）符号

2. 工作原理

基于频敏变阻器的启动控制线路工作原理如下：

（1）先合上电源开关 QS。

（2）启动：

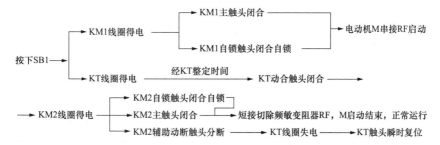

（3）停止：按下停止按钮 SB2→控制电路失电→KM1 或 KM2、KT 触头系统复位→M 失电停转。

（4）停止使用时，断开电源开关 QS。

图 3-36 所示绕线式异步电动机串频敏变阻器启动控制线路具有启动电流小、启动转矩大、启动特性好、使用寿命长、维护方便等特点，且可根据电动机功率进行频敏变阻器串、并联连接。值得注意的是，安装时，频敏变阻器一般安装在箱体内，若置于箱体外时，必须采取遮护或隔离措施，以防止发生触电事故。此外，调整频敏变阻器的匝数或气隙时，必须先切断电源。

3.10 基于直流电动机的基本控制线路

前面讲述了三相异步电动机的各种基本控制线路，但鉴于直流电动机具有启动转矩大、调速范围广、调速精度高、能够实现无级平滑调速以及可以频繁启动等优点，对需要能够在大范围内实现无级平滑调速或需要大启动转矩的生产机械，常用直流电动机来拖动。例如：高精度金属切削机床、轧钢机、造纸机、龙门刨床、电气机车等生产机械都是用直流电动机来拖动的。

直流电动机按励磁方式划分为他励、并励、串励和复励 4 种。由于并励直流电动机在实际生产中应用较广泛，且在运行性能和控制线路上与他励直流电动机接近，故本章主要介绍并励直流电动机启动、正反转以及制动的基本控制线路。

3.10.1 基于直流电动机的启动控制线路

直流电动机由于电枢绕组阻值较小，直接启动会产生很大的冲击电流，一般可达额定电流的 10～20 倍，故不能采用直接启动。实际应用时，常在电枢绕组中串接电阻启动，待电动机转速达到一定值时，切除串接电阻全压运行。并励直流电动机串电阻启动控制线路如图 3-38 所示。

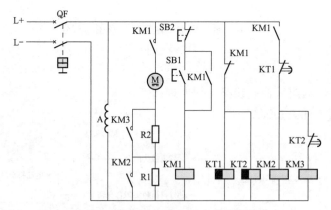

图 3-38 并励直流电动机串电阻启动控制线路（一）

1. 电路结构及主要电气元件作用

图 3-38 中，隔离开关 QS 为机床电源开关，电阻 R1、R2 为并励直流电动机电枢串接启动电阻，时间继电器 KT1、KT2 用以设置电阻 R1、R2 在并励直流电动机启动时串接在电枢绕组中的时间，且时间继电器 KT1 的时间常数比时间继电器 KT2 的时间常数设置要短，按钮 SB1 为并励直流电动机 M 启动按钮，按钮 SB2 为并励直流电动机 M 停止按钮。

2. 工作原理

该并励直流电动机串电阻启动控制线路工作原理如下：

（1）启动：

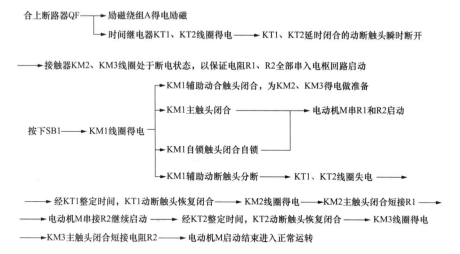

合上断路器QF ─→ 励磁绕组A得电励磁

　　　　　　　└─→ 时间继电器KT1、KT2线圈得电 ─→ KT1、KT2延时闭合的动断触头瞬时断开

　　─→ 接触器KM2、KM3线圈处于断电状态，以保证电阻R1、R2全部串入电枢回路启动

　　　　　　　　　　　　　　　┌─→ KM1辅助动合触头闭合，为KM2、KM3得电做准备

　　　　　　　　　　　　　　　├─→ KM1主触头闭合 ─────→ 电动机M串R1和R2启动

按下SB1 ─→ KM1线圈得电 ┤

　　　　　　　　　　　　　　　├─→ KM1自锁触头闭合自锁

　　　　　　　　　　　　　　　└─→ KM1辅助动断触头分断 ─→ KT1、KT2线圈失电 ─→

　　─→ 经KT1整定时间，KT1动断触头恢复闭合 ─→ KM2线圈得电 ─→ KM2主触头闭合短接R1 ─→

　　─→ 电动机M串接R2继续启动 ─→ 经KT2整定时间，KT2动断触头恢复闭合 ─→ KM3线圈得电

　　─→ KM3主触头闭合短接电阻R2 ─→ 电动机M启动结束进入正常运转

（2）停止：按下停止按钮 SB2→KM1 线圈失电→KM1、KM2、KM3 触头系统复位→M 失电停转。

（3）停止使用时，断开电源开关 QF。

并励直流电动机串电阻启动更加完善的控制线路如图 3-39 所示。其中 KA1 为欠电流继电器，作为励磁绕组的失磁保护，以免励磁绕组因断线或接触不良引起"飞车"事故；KA2 为过电流继电器，对电动机进行过载和短路保护；电阻 R 为电动机停转时励磁绕组的放电电阻；V 为续流二极管，使励磁绕组正常工作时电阻 R 上没有电流流入。该控制线路的工作原理请读者参照图 3-38 自行分析，此处不予介绍。

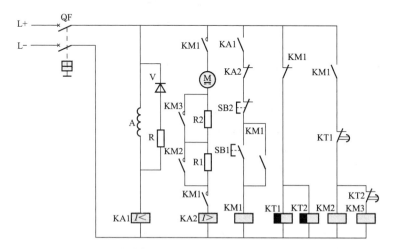

图 3-39　并励直流电动机串电阻启动控制线路（二）

3.10.2 基于直流电动机的正、反转控制线路

直流电动机正、反转控制主要是依靠改变通入直流电动机电枢绕组或励磁绕组电源的方

向来改变直流电动机的旋转方向。因此，改变直流电动机转向的方法有电枢绕组反接法和励磁绕组反接法两种。在实际应用中，并励直流电动机的反转常采用电枢绕组反接法来实现。这是因为并励直流电动机励磁绕组的匝数多、电感大，当从电源上断开励磁绕组时，会产生较大的自感电动势，不但在开关的刀刃上或接触器的主触头上产生电弧烧坏触头，而且也容易把励磁绕组的绝缘击穿。同时励磁绕组在断开时，由于失磁造成很大电枢电流，易引起"飞车"事故。

并励直流电动机正、反转控制线路如图 3-40 所示。

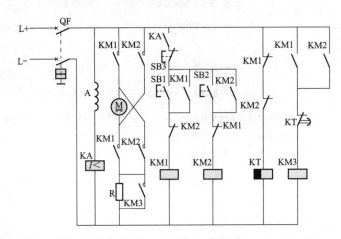

图 3-40　并励直流电动机的正、反转控制线路

1. 电路结构及主要电气元件作用

由图 3-40 可知，该并励直流电动机正、反转控制线路通过改变并励直流电动机 M 电枢绕组 WA 中的电流方向实现并励直流电动机旋转方向控制。其中 SB1 为并励直流电动机 M 正转启动按钮，SB2 为并励直流电动机 M 反转启动按钮，SB3 为停止按钮，时间继电器 KT 实现并励直流电动机 M 串电阻降压启动时间控制功能。

2. 工作原理

该并励直流电动机正、反转控制线路工作原理如下：

（1）启动：

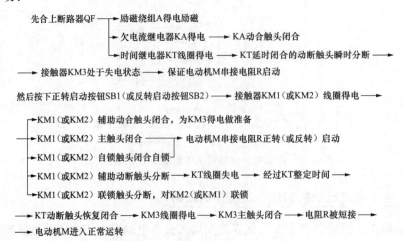

（2）停止：按下停止按钮 SB3→KM1 或 KM2 线圈失电→KM1、KM2、KM3 触头系统复位→M 失电停转。

（3）停止使用时，断开电源开关 QF。

值得注意的是，并励直流电动机从一种转向变为另一种转向时，必须先按下停止按钮 SB3，使电动机停转后，再按相应的启动按钮。

3.10.3 基于直流电动机的制动控制线路

直流电动机的制动与三相异步电动机相似，制动方法也有机械制动和电气制动两大类。其中电气制动常用的有能耗制动、反接制动和再生发电制动三种。由于电力制动具有制动力矩大、操作简单、无噪声等优点，因此在直流电力拖动中应用较广。

1. 能耗制动控制线路

能耗制动是指维持直流电动机的励磁电源不变，切断正在运转的电动机电枢绕组电源，再接入一个外加制动电阻组成回路，将机械动能变为热能消耗在电枢和制动电阻上，迫使电动机迅速停转的制动方法。

并励直流电动机单向启动能耗制动控制线路如图 3-41 所示。该控制线路具有制动力矩大、操作方便、无噪声等特点，在直流电力拖动中应用较广。

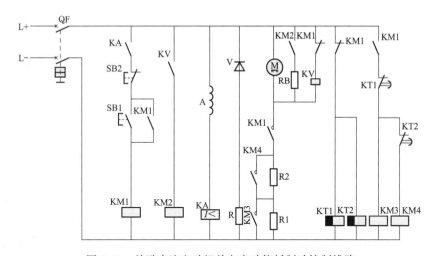

图 3-41　并励直流电动机单向启动能耗制动控制线路

（1）电路结构及主要电气元件作用。图 3-41 中，隔离开关 QF 为电源总开关，按钮 SB1 为并励直流电动机 M 启动按钮，SB2 为并励直流电动机 M 制动停止按钮，RB 为并励直流电动机 M 制动电阻器，R1、R2 为并励直流电动机 M 启动电阻器，VD 为续流二极管，时间继电器 KT1、KT2 实现并励直流电动机 M 串电阻器启动时间控制。

（2）工作原理。该并励直流电动机单向启动能耗制动控制线路工作原理如下：

1）启动：启动原理与图 3-38 所示并励直流电动机串电阻启动控制线路（一）相同，此处不再赘述。

2）能耗制动：

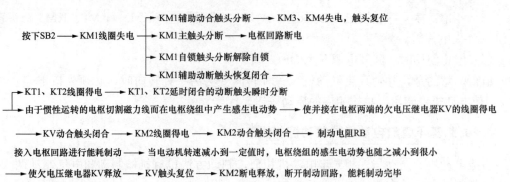

3）停止使用时，断开电源开关 QF。

2. 反接制动控制线路

反接制动是利用改变电枢两端电压极性或改变励磁电流的方向，来改变电磁转矩方向，形成制动力矩，迫使直流电动机迅速停转的制动方法。并励直流电动机的反接制动是通过把正在运行的电动机的电枢绕组反接来实现的。并励直流电动机双向启动反接制动控制线路如图 3-42 所示。

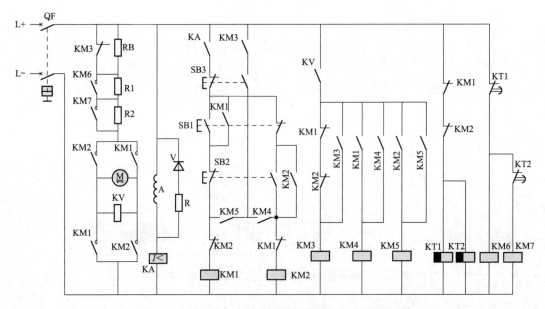

图 3-42　并励直流电动机双向启动反接制动控制线路

（1）电路结构及主要电气元件作用。图 3-42 中，KV 是电压继电器；KA 是欠电流继电器；R1 和 R2 是二级启动电阻；RB 是制动电阻；R 是励磁绕组的放电电阻。其他电气元器件作用与图 3-41 所示并励直流电动机单向启动能耗制动控制线路相似，请读者自行分析。

（2）工作原理。

该并励直流电动机双向启动反接制动控制线路工作原理如下：

1）正向启动：

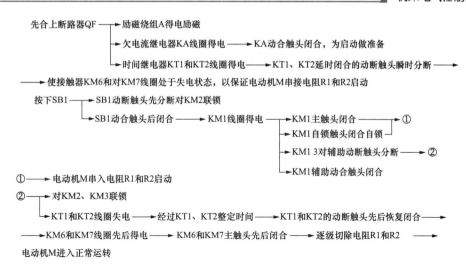

在电动机刚启动时，由于电枢中的反电动势 E_a 为零，电压继电器 KV 不动作，接触器 KM3、KM4、KM5 均处于失电状态；随着电动机转速升高，反电动势 E_a 建立后，电压继电器 KV 得电工作，其动断触头闭合，接触器 KM4 得电，其辅助动合触头均闭合，为电动机反接制动停转做好了准备。

2）反接制动：

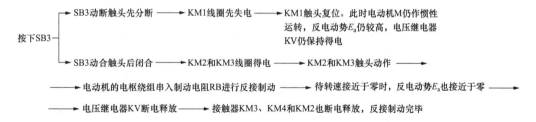

反向启动及反接制动的工作原理请读者自行分析。

3）停止使用时，断开电源开关 QF。

3. 再生发电制动

再生发电制动只适用于电动机的转速大于空载转速 n_0 的场合。这时电枢产生的反电动势 E_a 大于电源电压 U，电枢电流改变了方向，电动机处于发电制动状态，不仅将拖动系统中的机械能转化为电能反馈回电网，而且产生制动力矩限制电动机的转速。串励直流电动机若采用再生发电制动时，必须先将串励改为他励，以保证电动机的磁通不变（不随 I_a 而变化）。

3.11 基于三相异步电动机的保护控制线路

电动机在运行的过程中，除按生产机械的工艺要求完成各种正常运转外，还必须在线路出现短路、过载、过电流、欠电压、失电压及弱磁等现象时，能自动切除电源停转，以防止和避免电气设备和机械设备的损坏事故，保证操作人员的人身安全。目前，应用于机床领域的保护控制线路主要有多功能保护控制线路、断相保护控制线路、缺相自动延时保护电气控制线路等。

3.11.1 基于晶体管的多功能保护控制线路

基于晶体管的多功能保护控制线路如图 3-43 所示。

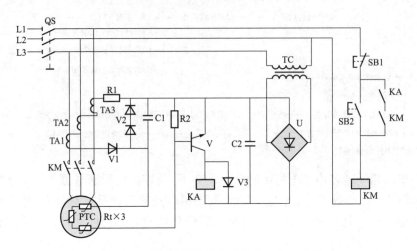

图 3-43　基于晶体管的多功能保护控制线路

1. 电路结构及主要电气元件作用

由图 3-43 可知，该多功能保护控制线路由主电路、控制电路和保护电路组成。其中主电路由组合开关 QS、接触器 KM 主触头、三相异步电动机 M 组成。控制电路由按钮 SB1、SB2、中间继电器 KA 动合触头、接触器 KM 线圈及其辅助动合触头组成。保护电路由电流互感器 TA1～TA3、二极管 V1～V3、晶体管 V、中间继电器 KA 线圈、电源变压器 TC、整流桥堆 U 及热敏电阻器 Rt 组成。

2. 工作原理

电路通电后，组合开关 QS 将 380V 交流电压引入该三相异步电动机多功能保护控制线路。当电动机正常运行时，由于线电流基本平衡（即大小相等，相位互差 120°），因此在电流互感器二次侧绕组中的基波电动势合成为零，但三次谐波电动势合成后是每个电动势的 3 倍。取得的三次谐波电动势经二极管 V1 整流、V2 稳压（利用二极管的正向特性）、电容器 C1 滤波，再经过 Rt 与 R2 分压后，加至晶体管 V 的基极，使 V 饱和导通。于是电流继电器 KA 得电吸合，其动合触头闭合。按下电动机 M 启动按钮 SB2，接触器 KM 得电闭合并自锁，电动机 M 得电正常启动运转。

当电动机出现电源断相时，其余两相中的线电流大小相等，方向相反，使电流互感器二次绕组中总电动势为零，即晶体管 V 的基极电压为零，V 处于截止状态。电流继电器 KA 失电释放，其动合触头复位断开切断接触器 KM 线圈回路电源，KM 失电释放，其主触头断开切断电动机 M 电源，M 断电停止运转。

当电动机 M 由于故障或其他原因使其绕组温度过高且超过允许值时，PTC 热敏电阻器 Rt 的阻值急剧上升，晶体管 V 的基极电压急剧降低至接近于零，V 处于截止状态，电流继电器 KA 失电释放，其动合触头断开，接触器 KM 失电释放，电动机 M 脱离电源停转。

3.11.2 基于晶闸管的断相保护控制线路

断相运行是电动机烧毁的主要原因。本例介绍的电动机断相保护控制线路，能在电动机断相运行时及时切断工作电源，保护电动机免受损坏。基于晶闸管的断相保护控制线路如图 3-44 所示。

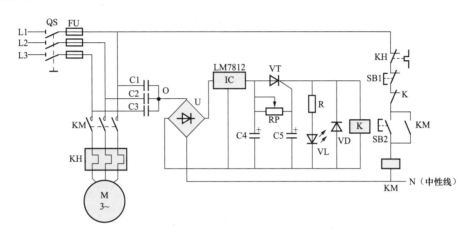

图 3-44　基于晶闸管的断相保护控制线路

1. 电路结构及主要电气元件作用

由图 3-44 可知，该三相异步电动机断相保护控制线路由主电路、控制电路、保护电路组成。其中主电路由组合开关 QS、熔断器 FU1、接触器 KM 主触头、热继电器 KH 热元件、三相异步电动机 M 组成。控制电路由热继电器 KR 辅助动断触头、按钮 SB1、SB2、继电器动断触头 K、接触器 KM 线圈及其辅助动合触头组成。保护电路由电容器 C1～C5、整流桥堆 U、三端稳压集成电路 IC、电位器 RP、晶闸管 VT，继电器 K 等电气元器件组成。实际应用时，U 选用 1A、600V 的整流桥堆，IC 选用 LM7812 型三端稳压集成电路，VT 选用 1A、100V 的晶闸管，K 选用 12V 直流继电器。

2. 工作原理

电路通电后，当三相电源正常时，检测电容器 C1～C3 的公共接点 O 上无电流流过，C4 两端无电压，晶闸管 VT 处于截止状态。此时继电器 K 处于释放状态，其动断触头 K 接通，发光二极管 VL 不发光，电动机 M 正常运行（实际上由于三相电压不平衡或 C1～C3 的容量有所差异，O 点总有一定的微小电流流过，但不会使 K 动作）。

当三相电源任一相断相或出现熔断器烧毁故障时，O 点将有电流流过，在 O、N 两点间产生一定数值的交流电压。该电压经桥式整流器 U 整流、三端稳压集成电路 IC 稳压及 C4 滤波后，形成 12V 直流电压经晶闸管 VT 加至继电器 K 线圈的两端，使其动断触头断开，切断接触器 KM 线圈回路电源，KM 失电释放，其主触头将电动机的工作电源切断，从而实现断相保护功能。

3.11.3 基于单结晶体管的缺相自动延时保护控制线路

基于单结晶体管的缺相自动延时保护控制线路如图 3-45 所示。该控制线路具有缺相自动延时保护功能和电路简单、不需外接电源等特点，适用于各种自动（或手动）控制设备的三相异步电动机。

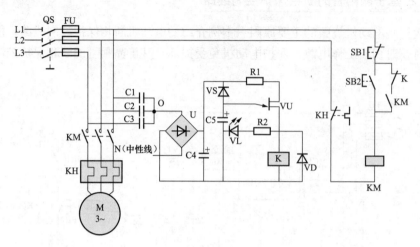

图 3-45　基于单结晶体管的缺相自动延时保护控制线路

1. 电路结构及主要电气元件作用

由图 3-45 可知，该三相异步电动机的缺相自动延时保护电气控制线路由主电路、控制电路和保护电路组成。其中主电路由组合开关 QS、熔断器 FU、接触器 KM 主触头、热继电器 KH、三相异步电动机 M 组成。控制电路由停止按钮 SB1、启动按钮 SB2、接触器 KM 线圈及辅助动合触头、继电器 K 动断触头组成。保护电路由检测电容器 C1～C3、桥式整流器 U、稳压二极管 VS、单结晶体管 VU、继电器 K、保护二极管 VD、发光二极管 VL、滤波电容 C4、C5 组成。

2. 工作原理

电路通电后，当三相电源正常时，电容器 C1～C3 连接点 O 上的交流电压较低，该电压经桥式整流器 U 整流、C4 滤波后，不足以使稳压二极管 VS 和单结晶体管 VU 导通，继电器 K 处于释放状态，三相异步电动机 M 正常运转。

当三相电源中缺少某一相电压时，在 O 点与中性线 N 之间将迅速产生 12V 左右的交流电压。此电压经 U 整流及 C4 滤波后，使 VS 反向击穿导通，电容器 C5 开始充电，延时几秒钟（C5 充电结束）后，VU 受触发导通，VL 点亮，K 得电吸合，其动断触头断开，切断接触器 KM 线圈回路电源，KM 失电释放，其主触头断开切断电动机 M 工作电源，M 失电停止运转。

当三相电源恢复正常后，经过短暂的延时后，VU 恢复截止，K 释放。此时可按动启动按钮 SB2 重新启动电动机 M。

此外，由于 C4 和 C5 上的电压不能突变，避免了启动时接触器不同步或电网电压瞬时不平衡等造成的误动作。

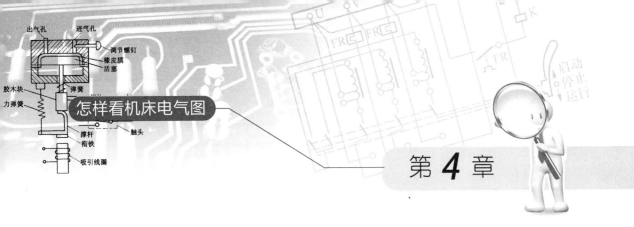

怎样看机床电气图

第**4**章

实用普通车床电气控制线路识图

普通车床是应用极为广泛的金属切削机床，主要用于车削外圆、内圆、端面螺纹和定型表面，并可通过尾架进行钻孔、铰孔和攻螺纹等切削加工。不同型号普通车床的主电动机工作要求不同，因而由不同的控制线路构成。其主要类型有卧式车床、精密高速车床、立式车床等。

4.1 CA6140A 型卧式车床电气控制线路识图

4.1.1 CA6140A 型卧式车床电气识图预备知识

1. CA6140A 型卧式车床简介

CA6140A 型卧式车床是我国自行设计制造的普通车床，主要由床身、主轴箱、进给箱、溜板箱、刀架、丝杠和尾架等部分组成，如图 4-1 所示。

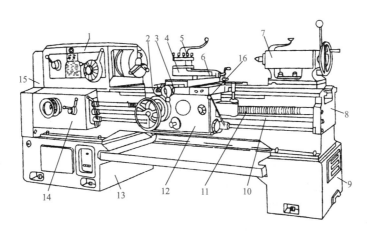

图 4-1 CA6140A 型卧式车床的结构

1—主轴箱；2—纵溜板；3—横溜板；4—转盘；5—方刀架；6—小溜板；
7—尾架；8—床身；9—右床座；10—光杠；11—丝杠；12—溜板箱；
13—左床座；14—进给箱；15—挂轮架；16—操纵手柄

该车床的型号含义：

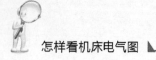
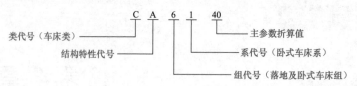

类代号（车床类）
结构特性代号
系代号（卧式车床系）
组代号（落地及卧式车床组）
主参数折算值

2. CA6140A 型卧式车床主要运动形式与控制要求

CA6140A 型卧式车床的主要运动形式及控制要求见表 4-1。

表 4-1　　　　　　　　　CA6140A 型卧式车床的主要运动形式及控制要求

运动种类	运动形式	控制要求
主运动	主轴通过卡盘或顶尖带动工件的旋转运动	（1）主轴电动机选用三相笼型异步电动机，不进行电气调速，主轴采用齿轮箱进行机械有级调速。 （2）车削螺纹时要求主轴有正反转，一般由机械方法实现，主轴电动机只作单向旋转。 （3）主轴电动机的容量不大，可采用直接启动
进给运动	刀架带动刀具的直线运动	由主轴电动机拖动，主轴电动机的动力通过挂轮箱传递给进给箱来实现刀具的纵向和横向进给。加工螺纹时，要求刀具的移动和主轴转动有固定的比例关系
辅助运动	刀架的快速移动	由刀架快速移动电动机拖动，该电动机可直接启动，不需要正反转和调速
	尾架的纵向运动	由手动操作控制
	工件的夹紧与放松	由手动操作控制
	加工过程的冷却	冷却泵电动机和主轴电动机要实现顺序控制。冷却泵电动机不需要正、反转和调速

4.1.2　CA6140A 型卧式车床电气控制线路识读

CA6140A 型卧式车床电路图如图 4-2 所示。

由图 4-2 可见，机床电路图所包含的电气元器件和电气设备较多，要正确绘制和识读机床电路图，除遵循第 3 章所讲述的一般原则之外，还要明确以下几点：

（1）电路图按电路功能分为若干单元，并用文字将其功能标注在电路图上部的功能文字说明框内。例如，图 4-2 所示电路图按功能分为电源保护、电源开关、主轴电动机、短路保护等 13 个单元。

（2）在电路图下部（或上部）划分若干图区，并从左至右依次用阿拉伯数字编号标注在图区栏内。通常是一条回路或一条支路划分一个图区。例如，图 4-2 所示电路图根据电路回路或支路数，共划分了 12 个图区。

（3）电路图中触头文字符号下面用数字表示该电器线圈所处的图区号。例如，图 4-2 所示电路图中，在图区 3 中有"$KA1 \atop 10$"，表示中间继电器 KA1 的线圈在图区 10 中。

（4）电路图中，在每个接触器线圈下方画出两条竖直线，分为左、中、右 3 栏，每个继电器线圈下方画出一条竖直线，分为左、右 2 栏。把受其线圈控制而动作的触头所处的图区号填入相应的栏内，对备而未用的触头，在相应的栏内用记号"×"或不标注任何符号。接触器、继电器的标记见表 4-2 和表 4-3。

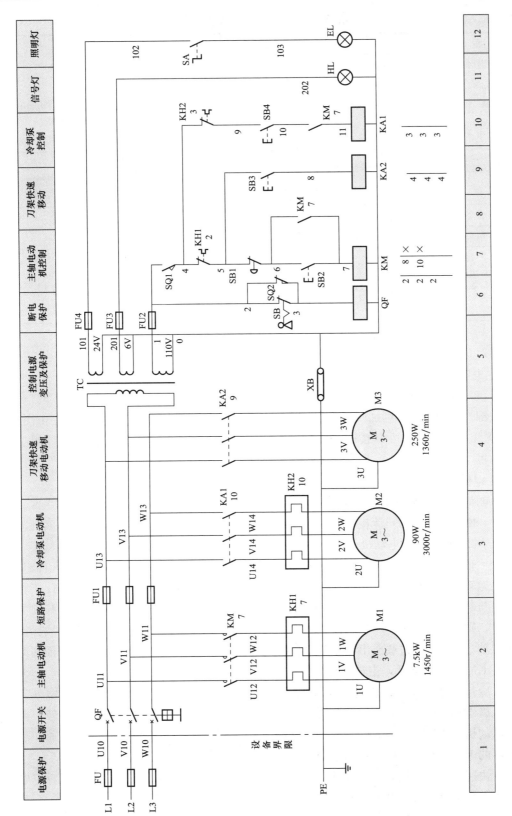

图 4-2　CA6140A型卧式车床电路图

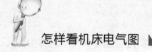

栏 目	左 栏	中 栏	右 栏
触头类型	主触头	辅助动合触头	辅助动断触头
举例 KM 2 | 8 |× 2 |10|× 2	表示 3 对主触头均在图区 2	表示 1 对辅助动合触头在图区 8，另 1 对辅助动合触头在图区 10	表示 2 对辅助动断触头未用（备而未用）

栏 目	左 栏	右 栏
触头类型	动合触头	动断触头
举例 KA1 3 | 3 | 3	表示 3 对动合触头均在图区 3	表示 3 对动断触头未用（备而未用）

4.1.2.1 主电路识读

1. 主电路图区划分

CA6140A 型卧式车床由主轴电动机 M1、冷却泵电动机 M2 和快速移动电动机 M3 驱动相应机械部件实现工件切削加工。根据机床电气控制图主电路定义可知，其主电路由图 4-2 中 1～4 区组成，其中 1 区为电源开关及保护部分，2 区为主轴电动机 M1 主电路，3 区为冷却泵电动机 M2 主电路，4 区为快速移动电动机 M3 主电路。

2. 主电路识图

（1）电源开关及保护部分。电源开关及保护部分由图 4-2 中 1 区对应电气元件组成。实际应用时，断路器 QF 为机床电源开关，熔断器 FU 实现机床短路保护功能，FU1 实现冷却泵电动机 M2、快速移动电动机 M3、控制变压器 TC 短路保护功能。

（2）主轴电动机 M1 主电路。主轴电动机 M1 主电路由图 4-2 中 2 区对应电气元件组成，属于单向运转单元主电路结构。实际应用时，接触器 KM 主触头控制主轴电动机 M1 工作电源的接通与断开，即当接触器 KM 主触头闭合时，主轴电动机 M1 得电启动运转；KM 主触头断开时，则主轴电动机 M1 失电停止运转；热继电器 KH1 为主轴电动机 M1 过载保护元件，当主轴电动机 M1 过载或出现短路故障时，它能及时动作，切断接触器 KM 线圈回路的电源，使 KM 主触头断开，主轴电动机 M1 失电停转。

（3）冷却泵电动机 M2 主电路。冷却泵电动机 M2 主电路由图 4-2 中 3 区对应电气元件组成，也属于单向运转单元主电路结构。该图区电路与主轴电动机 M1 主电路相比较，由于冷却泵电动机 M2 功率较小，故用中间继电器 KA1 动合触头替代接触器主触头接通和断开主电路中的电源。其他分析与主轴电动机 M1 主电路相同。

（4）快速移动电动机 M3 主电路。快速移动电动机 M3 主电路由图 4-2 中 4 区对应电气元件组成。实际应用时，由于快速移动电动机 M3 功率较小，故也用中间继电器 KA2 动合触头替代接触器主触头接通和断开主电路中的电源。此外，由于快速移动电动机 M3 为短期点动工作，故未设置过载保护装置。

4.1.2.2　控制电路识读

CA6140A 型卧式车床控制电路由图 4-2 中 5～12 区组成，其中 5 区为控制变压器部分。实际应用时，将钥匙开关 SB 向右旋转，再扳动断路器 QF 将三相电源引入。380V 交流电压经熔断器 FU、FU1 加至控制变压器 TC 一次绕组两端，经降压后输出 110V 交流电压作为控制电路的电源，24V 交流电压作为机床工作照明电路电源，6V 交流电压作为信号指示电路电源。

由于主轴电动机 M1、冷却泵电动机 M2、快速移动电动机 M3 主电路中接通电路的元件分别为接触器 KM1 主触头、中间继电器 KA1 动合触头和中间继电器 KA2 动合触头，因此，在确定各控制电路时，只需各自找到它们相应元件的控制线圈即可。

1. 主轴电动机 M1 控制电路

（1）主轴电动机 M1 控制电路图区划分。由图 4-2 中 2 区主电路可知，主轴电动机 M1 工作状态由接触器 KM 主触头进行控制，故其控制电路是以接触器 KM 线圈回路为主的单元电路。从图 4-2 中可以看出，接触器 KM 线圈在 6 区、7 区中，故与 6 区、7 区中接触器 KM 线圈串联并与控制变压器 TC 中 110V 交流电压形成回路的元件即为组成主轴电动机 M1 控制电路的电气元件。

（2）主轴电动机 M1 控制电路识图。图 4-2 中 6 区、7 区属于单向连续运转单元控制电路结构。熔断器 FU2、热继电器 KH1、KH2 动断触头为控制电路的公共部分，其中 FU2 实现控制电路短路保护功能，KH1、KH2 动断触头分别实现主轴电动机 M1 和冷却泵电动机 M2 过载保护功能。按钮 SB1 为主轴电动机 M1 停止按钮，SB2 为主轴电动机 M1 启动按钮，接触器 KM 辅助动合触头实现自锁控制功能。

主轴电动机 M1 控制电路工作原理如下：

1）启动：

```
                      ┌─► KM的自锁触头（8区）闭合 ─┐
按下SB2 ─► KM线圈得电 ─┼─► KM主触头（2区）闭合 ──────┼─► 主轴电动机M1启动运转
                      └─► KM辅助动合触头（10区）闭合，为KA1得电做准备
```

2）停止：

```
按下 SB1 ─► KM线圈失电 ─► KM触头复位断开 ─► M1 失电停转
```

2. 冷却泵电动机 M2 控制电路

（1）冷却泵电动机 M2 控制电路图区划分。由于冷却泵电动机 M2 工作状态由中间继电器 KA1 动合触头进行控制，故可确定 10 区中中间继电器 KA1 线圈回路的电气元件构成冷却泵电动机 M2 控制电路。

（2）冷却泵电动机 M2 控制电路识图。由图 4-2 中 10 区可知，冷却泵电动机 M2 工作状态受主轴电动机控制接触器 KM1 辅助动合触头控制，只有当 KM1 辅助动合触头闭合时，冷却泵电动机 M2 才能得电工作，即实现两者间的顺序控制。

SB4 为冷却泵电动机 M2 旋转开关。串接于中间继电器 KA1 线圈回路的接触器 KM 辅助动合触头实现接触器 KM 与中间继电器 KA1 顺序控制，即只有当接触器 KM 线圈得电闭合，主轴电动机 M1 启动运转后，冷却泵电动机 M2 才能正常启动运转。

冷却泵电动机 M2 控制电路工作原理如下：

1）启动：

KM辅助动合触头闭合 ────→ KA1线圈得电 ──→ KA1动合触头闭合 ──→ M2得电启动运转
将SB4扳至"接通"位置 ──┘

2）停止：

将 SB4 扳至"断开"位置──→ KA1 线圈失电──→ KA1 动合触头分断──→ M2 失电停止工作

3. 快速移动电动机 M3 控制电路

（1）快速移动电动机 M3 控制电路图区划分。由于快速移动电动机 M3 工作状态由中间继电器 KA2 动合触头进行控制，故可确定 9 区中中间继电器 KA2 线圈回路的电气元件构成快速移动电动机 M2 控制电路。

（2）快速移动电动机 M3 控制电路识图。图 4-2 中 9 区属于点动控制单元电路结构，其中按钮 SB3 为快速移动电动机 M3 点动按钮。快速移动电动机 M3 控制电路工作原理如下：

1）启动：

按下 SB3 ──→ KA2 线圈得电──→ KA2 动合触头闭合──→ M3 得电启动运转

2）停止：

松开 SB3 ──→ KA2 线圈失电──→ KA2 动合触头分断──→ M3 失电停止工作

4.1.2.3　照明、信号电路识读

照明、信号电路由图 4-2 中 11 区、12 区对应电气元件组成。实际应用时，控制变压器 TC 的二次侧分别输出 24V 和 6V 交流电压作为车床低压照明灯和信号灯的电源。EL 为车床低压照明灯，其工作状态由控制开关 SA 控制；HL 为电源信号灯；熔断器 FU4、FU3 分别实现照明、信号电路短路保护功能。

4.1.3　类似车床—C620 型卧式车床电气控制线路识读

C620 型卧式车床属于典型的单向运动、连续运转车床，主要承担各种不同的车削工作，其中包括车削各种螺纹、轴、盘类零件，以及铰孔、拉孔、钻孔等。C620 型卧式车床电路图如图 4-3 所示。

识图要点：

（1）C620 型卧式车床由主轴电动机 M1 和冷却泵电动机 M2 驱动相应机械部件实现工件切削加工，其主电路由 1～3 区组成，控制电路由 4～7 区组成。

（2）主电路 1 区中采用断路器 QF 实现机床电源开关及主轴电动机 M1 短路、过载保护功能。

（3）主轴电动机 M1 和冷却泵电动机 M2 采用顺序控制，即只有当接触器 KM 主触头闭合，主轴电动机 M1 启动运转后，冷却泵电动机 M2 才能启动运行。

（4）控制电路由于电路简单、电气元件少，故可将控制电路电气元件直接接在 380V 交流电源上。

C620 型卧式车床关键电气元件见表 4-4。

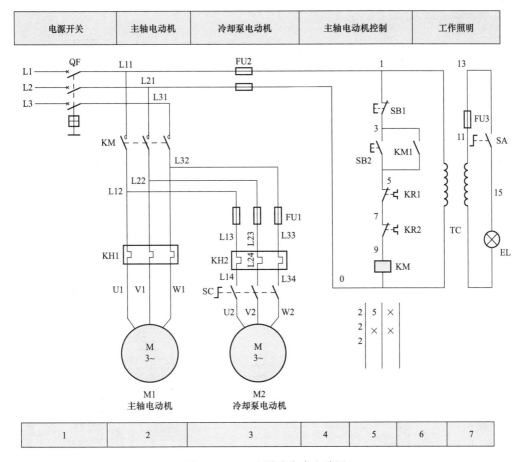

图 4-3　C620 型卧式车床电路图

表 4-4　　　　　　　　　　　　**C620 型卧式车床关键电气元件**

序　号	代　号	名　称	功　能
1	KM	接触器	控制电动机 M1 电源通断
2	SC	转换开关	电动机 M2 控制开关
3	SB1、SB2	按钮	停止/启动按钮
4	KH1、KH2	热继电器	实现 M1、M2 过载保护

4.1.4　类似车床—L-3 型卧式车床电气控制线路识读

L-3 型卧式车床电路图如图 4-4 所示。其最大加工直径 450mm，最长加工长度 1500mm，是生产型企业常用普通车床之一。

识图要点：

（1）L-3 型卧式车床由主轴电动机 M1 和冷却泵电动机 M2 驱动相应机械部件实现工件切削加工。其主电路由 1～5 区组成，控制电路由 6～14 区组成。

（2）主轴电动机 M1 采用正、反转单元主电路结构，冷却泵电动机 M2 采用单向运转单元主电路结构。

115

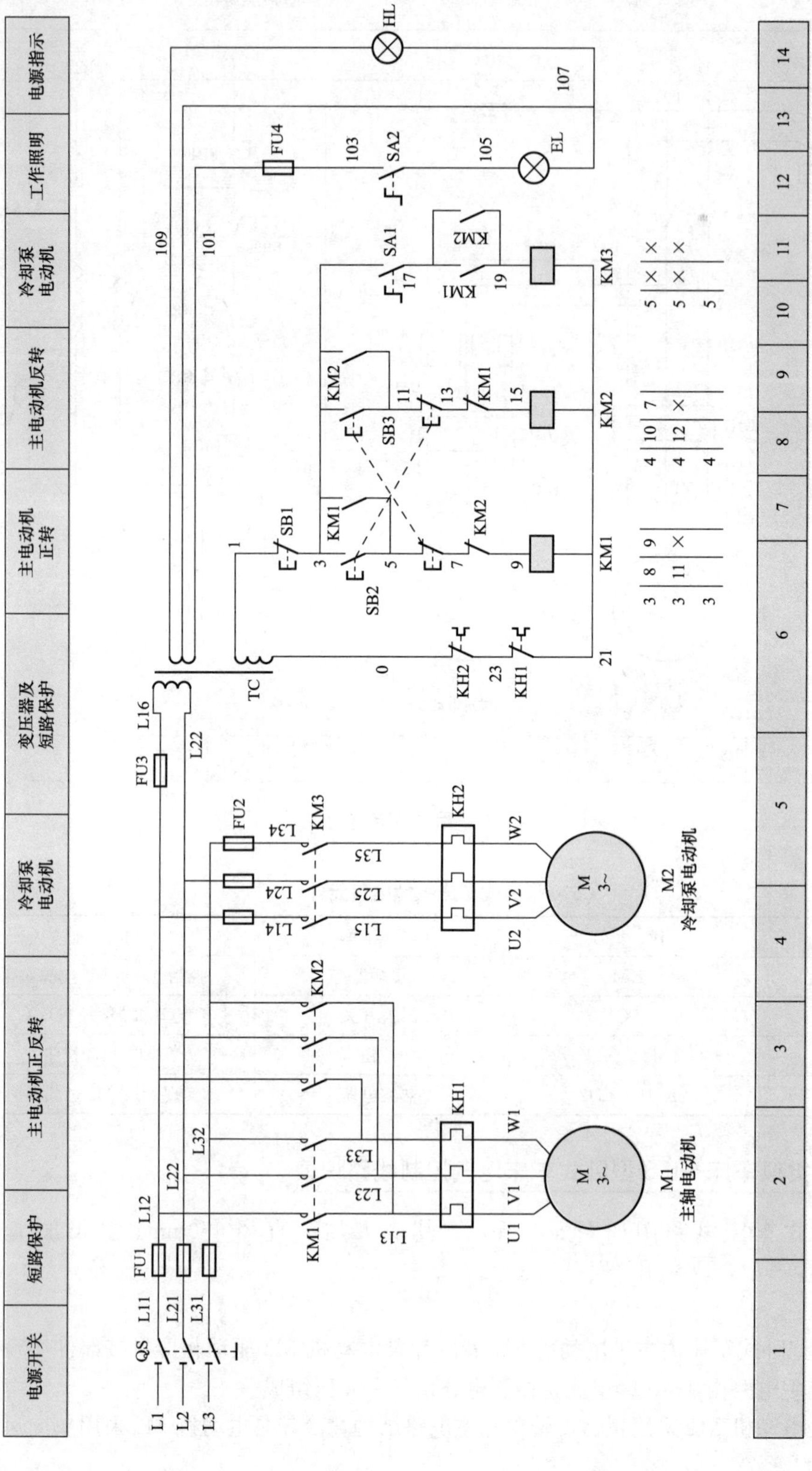

电源开关	短路保护	主电动机正反转	冷却泵电动机	变压器及短路保护	主电动机正转	主电动机反转	冷却泵电动机	工作照明	电源指示

1	2	3	4	5	6	7	8	9	10	11	12	13	14

3	8	9	4	10	7	5	×	×
3	11	×	4	12	×	5	×	×
3			4			5		

图 4-4 L-3型卧式车床电路图

（3）控制电路 11 区、12 区中，接触器 KM1、KM2 辅助动合触头并接在接触器 KM3 线圈回路以控制 KM3 线圈电源的通断，即只有当接触器 KM1 或接触器 KM2 闭合后，接触器 KM3 才能通电闭合。

（4）控制电路 7～9 区为主轴电动机 M1 控制电路，属于典型按钮、接触器双重联锁正、反转控制电路。

L-3 型卧式车床关键电气元件见表 4-5。

表 4-5　　　　　　　　　　　　L-3 型卧式车床关键电气元件

序　号	代　号	名　称	功　能
1	KM1、KM2	接触器	控制电动机 M1 正、反转电源通断
2	KM3	接触器	控制电动机 M2 电源通断
3	KH1、KH2	热继电器	实现电动机 M1、M2 过载保护
4	SB1	按钮	机床停止按钮
5	SB2	按钮	电动机 M1 正转启动按钮
6	SB3	按钮	电动机 M1 反转启动按钮
7	SA1	转换开关	电动机 M2 控制开关
8	SA2	转换开关	机床工作照明灯开关

4.1.5　类似车床—CW6163B 型卧式车床电气控制线路识读

CW6163B 型卧式车床电路图如图 4-5 所示。其主要承担车削内外圆柱面、圆锥面及其他旋转体零件等工作，也可加工各种常用的公制、英制、模数和径节螺纹，并能拉削油沟和键槽。它具有传动刚度较高、精度稳定、能进行强力切削、外形整齐美观、易于擦拭和维护等特点。

识图要点：

（1）CW6163B 型卧式车床由主轴电动机 M1、冷却泵电动机 M2、快速进给电动机 M3 驱动相应机械部件实现工件车削加工。其主电路由 1～5 区组成，控制电路由 6～15 区组成。

（2）主轴电动机 M1、冷却泵电动机 M2、快速进给电动机 M3 均采用单向运转单元主电路结构。

（3）控制电路 13 区中，接触器 KM1 辅助动合触头控制接触器 KM2 线圈电源通断，即只有当接触器 KM1 得电闭合，主轴电动机 M1 启动运转后，接触器 KM2 线圈才能通电闭合。

CW6163B 型卧式车床关键电气元件见表 4-6。

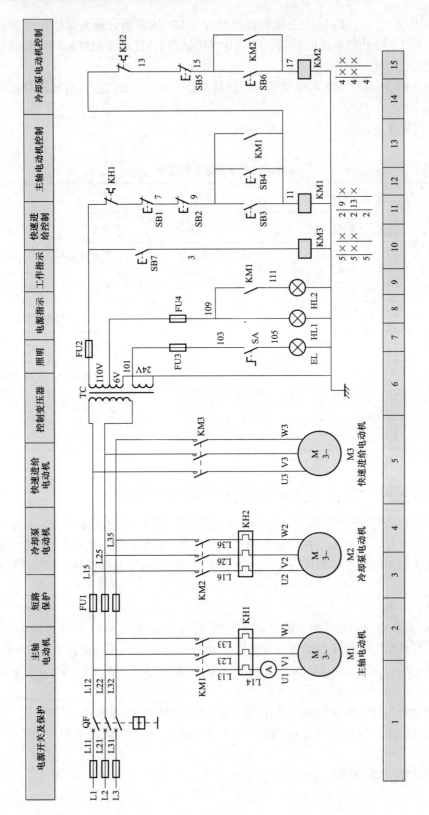

图 4-5 CW6163B型卧式车床电路图

118

表 4-6   CW6163B 型卧式车床关键电气元件

序　号	代　号	名　称	功　能
1	KM1	接触器	控制主轴电动机 M1 电源通断
2	KM2	接触器	控制冷却泵电动机 M2 电源通断
3	KM3	接触器	控制快速进给电动机 M3 电源通断
4	SB1、SB2	按钮	主轴电动机 M1 两地停止按钮
5	SB3、SB4	按钮	主轴电动机 M1 两地启动按钮
6	SB5	按钮	冷却泵电动机 M2 停止按钮
7	SB6	按钮	冷却泵电动机 M2 启动按钮
8	SB7	按钮	快速进给电动机 M3 点动按钮

4.1.6　类似车床—C616 型卧式车床电气控制线路识读

C616 型卧式车床电路图如图 4-6 所示。其主要承担车削外圆、内孔端面以及公制、英制、模数螺纹等工作，也可以进行钻孔、镗孔、铰孔等工艺。该车床具有精度稳定、刚性好、噪声低、操作方便和安全可靠等特点。

识图要点：

（1）C616 型卧式车床由主轴电动机 M1、润滑泵电动机 M2、冷却泵电动机 M3 驱动相应机械部件实现工件车削加工，其主电路由 1～5 区组成，控制电路由 6～13 区组成。

（2）主轴电动机 M1 采用正、反转单元主电路结构，润滑泵电动机 M2、冷却泵电动机 M3 采用单向运转单元主电路结构。

（3）控制电路 6 区中接触器 KM3 辅助动合触头串接于接触器 KM1、KM2 线圈回路中，故只有当接触器 KM3 线圈得电闭合，润滑泵电动机 M2 启动运转后，主轴电动机 M1 才能启动运转。

（4）控制电路由于电路简单、电气元件较少，故可将控制电路电气元件直接接在 380V 交流电源上。

C616 型卧式车床关键电气元件见表 4-7。

表 4-7   C616 型卧式车床关键电气元件

序　号	代　号	名　称	功　能
1	KM1、KM2	接触器	控制电动机 M1 正、反转电源通断
2	KM3	接触器	控制润滑泵电动机 M2 电源通断
3	QS2	转换开关	控制冷却泵电动机 M3 电源通断
4	SA1	手动转换控制开关	控制电路和主轴电动机 M1 控制开关

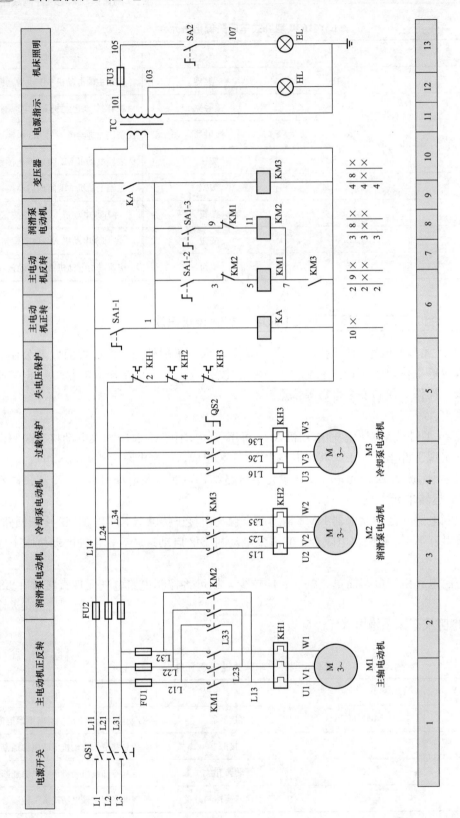

图 4-6　C616型卧式车床电路图

4.2 C650 型卧式车床电气控制线路识图

4.2.1 C650 型卧式车床电气识图预备知识

1. C650 型卧式车床简介

C650 型卧式车床属于中型机床,它的主动力采用 30kW 的电动机进行拖动,所以主拖动电动机功率强劲,加工零件回转半径达 1020mm,工件长度可达 3000mm。其结构如图 4-7 所示,主要由床身、主轴变速箱、进给箱、溜板箱、刀架、尾架、丝杆和光杆等部分组成。

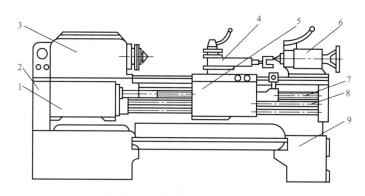

图 4-7　C650 型卧式车床的结构

1—进给箱;2—挂轮箱;3—主轴变速箱;4—溜板与刀架;5—溜板箱;6—尾架;7—丝杆;8—光杆;9—床身

该车床的型号含义:

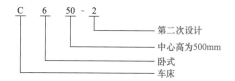

2. C650 型卧式车床主要运动形式与控制要求

(1) C650 型卧式车床主要运动形式。C650 型卧式车床的主运动为工件的旋转运动,它由主轴通过卡盘带动工件旋转。车削工件时,应根据工件材料、刀具、工件加工工艺要求等来选择不同的切削速度,所以要求主轴有变速功能。普通车床一般采用机械变速。车削加工时,一般不要求反转,但在加工螺纹时,为避免乱扣,要求反转退刀,再以正向进刀继续进行加工,所以要求主轴能够实现正反转。

C650 型卧式车床的进给运动是溜板带动刀具(架)的横向或纵向的直线运动。其运动方式有手动和机动两种。加工螺纹时,要求工件的切削速度与刀架横向进给速度之间应有严格的比例关系。因此,车床的主运动与进给运动由一台电动机拖动并通过各自的变速箱来改变主轴转速与进给速度。

为提高生产效率,减轻劳动强度,C650 型卧式车床的溜板还能快速移动,这种运动形式成为辅助运动。

(2) C650 型卧式车床控制要求。根据 C650 型卧式车床运动情况及加工需要,共采用三台三相笼型异步电动机拖动，即主轴与进给电动机 M1、冷却泵电动机 M2 和溜板箱快速移动电动机 M3。从车削加工工艺出发，对各台电动机的控制要求如下：

1）主轴与进给电动机（简称主电动机）M1，功率为 20kW。一般情况下，拥有中型车床的机械厂往往电力变压器容量较大，允许在空载情况下直接启动。主电动机要求实现正、反转，从而经主轴变速箱实现主轴正、反转，或通过挂轮箱传给溜板箱来拖动刀架实现刀架的横向左、右移动。

为便于进行车削加工前的对刀，要求主轴拖动工件做调整点动，所以要求主电动机能实现单向运转的低速点动控制。

主电动机停车时，由于加工工件转动惯量较大，故需设置反接制动单元电路。

主电动机除具有短路保护和过载保护外，在主电路中还应设有电流监视环节。

2）冷却泵电动机 M2，功率为 0.15kW。用以在车削加工时，供给冷却液，对工件与刀具进行冷却。采用直接启动，单向旋转，连续工作。具有短路保护与过载保护。

3）快速移动电动机 M3，功率为 2.2kW。只要求单向点动、短时运转，无需过载保护。

4）电路设有必要的联锁保护和安全可靠的照明电路。

4.2.2　C650 型卧式车床电气控制线路识读

C650 型卧式车床电路图如图 4-8 所示。

由图 4-8 可见，机床电路图所包含的电气元器件和电气设备较多，要正确绘制和识读机床电路图，需遵循第 3 章及本章 4.1 所讲述的一般原则，此处不再赘述。

4.2.2.1　主电路识读

1. 主电路图区划分

C650 型卧式车床由主轴电动机 M1、冷却泵电动机 M2 和快速移动电动机 M3 驱动相应机械部件实现工件切削加工。根据机床电气控制系统主电路定义可知，其主电路由图 4-8 中 1～5 区组成，其中 1 区、3 区为电源开关及保护部分，2 区、3 区为主轴电动机 M1 主电路，4 区为冷却泵电动机 M2 主电路，5 区为快速移动电动机 M3 主电路。

2. 主电路识图

（1）电源开关及保护部分。电源开关及保护部分由图 4-8 中 1 区隔离开关 QS 和 3 区熔断器 FU2 组成。实际应用时，QS 为机床电源开关，FU2 实现冷却泵电动机 M2、快速移动电动机 M3、控制变压器 TC 短路保护功能。

（2）主轴电动机 M1 主电路。主轴电动机 M1 主电路由图 4-8 中 2 区、3 区对应电气元件组成，属于正、反转串电阻降压启动控制主电路结构，具有正反转控制、点动控制和双向反接串电阻 R 制动等功能。实际应用时，熔断器 FU1 实现主轴电动机 M1 的短路保护；接触器 KM3、KM4 主触头分别控制主轴电动机 M1 正、反转工作电源通断；热继电器 KR1 的为主轴电动机 M1 的过载保护元件；电阻 R 为主轴电动机 M1 的启动和制动串接限电流电阻；接触器 KM 为主轴电动机 M1 短接启动限流电阻接触器；电流互感器 TA、时间继电器 KT 的通电延时断开触头及电流表 A 组成主轴电动机 M1 工作电流监视器，可随时监视 M1 在加工过程中的工作电流，以便随时调整进给量，提高生产效率；与 M1 同轴相连的速度继电器 KS 可同步检测 M1 的速度，以便 M1 在停车时进行反接制动控制。

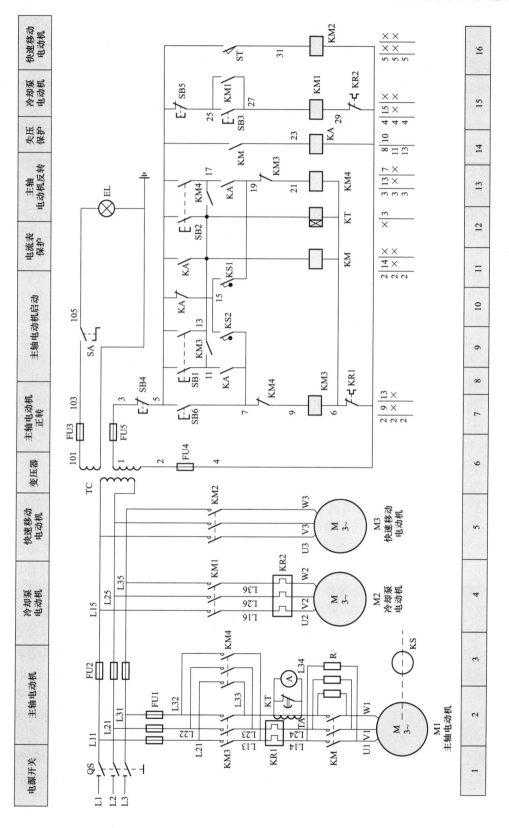

图 4-8 C650型卧式车床电路图

（3）冷却泵电动机 M2 主电路。冷却泵电动机 M2 主电路由图 4-8 中 4 区对应电气元件组成，属于单向运转单元主电路结构。实际应用时，接触器 KM1 主触头控制冷却泵电动机 M2 工作电源通断；热继电器 KR2 为冷却泵电动机 M1 过载保护元件。

（4）快速移动电动机 M3 主电路。快速移动电动机 M3 主电路由图 4-8 中 5 区对应电气元件组成，属于单向点动运转单元主电路结构。实际应用时，接触器 KM2 主触头控制快速移动电动机 M3 工作电源通断。此外，由于快速移动电动机 M3 采用点动短期控制，故未设置过载保护装置。

4.2.2.2　控制电路识读

C650 型卧式车床控制电路由图 4-8 中 6～16 区组成，其中 6 区为控制变压器部分。实际应用时，合上电源开关 QS，380V 交流电压经熔断器 FU2 加至控制变压器 TC 一次绕组两端，经降压后输出 110V 交流电压作为控制电路的电源，24V 交流电压作为机床工作照明电路电源。

1. 主电动机 M1 控制电路

（1）主电动机 M1 控制电路图区划分。由图 4-8 中 2 区、3 区可知，主电动机 M1 工作状态由接触器 KM3、KM4、KM 主触头进行控制，故其控制电路应包含接触器 KM3、KM4、KM 线圈回路部分。此外，由于主电动机 M1 控制电路较复杂，故采用了中间继电器 KA 参与了主轴电动机 M1 有关控制。因此，图 4-8 中 7～14 区为主电动机 M1 控制电路。

（2）主电动机 M1 控制电路识图。由上述分析可知，主电动机 M1 控制电路由图 4-8 中 7～14 区对应电气元件组成，实际应用时，按钮 SB1 为主电动机 M1 正转启动按钮，SB2 为主电动机 M1 反转启动按钮，SB4 既为控制电路停止开关又为主电动机 M1 串电阻制动停止按钮，SB6 为主电动机 M1 点动按钮。

主电动机 M1 控制电路工作原理如下：

1）主电动机 M1 正、反转控制。电路通电后，当需要主轴电动机 M1 正向运转时，按下其正转启动按钮 SB1，接触器 KM 和时间继电器 KT 得电闭合，接触器 KM 在 5 号线与 23 号线间的动合触头闭合，接通中间继电器 KA 线圈的电源，使中间继电器 KA 通电闭合。中间继电器 KA 在 11 号线与 7 号线间、5 号线与 13 号线间、17 号线与 19 号线间的动合触头闭合，在 5 号线与 15 号线间的动断触头断开，使接触器 KM3 得电吸合并自锁。主轴电动机 M1 主电路中接触器 KM 和接触器 KM3 主触头先后闭合，M1 正向启动运转。同时，时间继电器 KT 通电闭合，为 3 区中电流表 A 监视主轴电动机 M1 的工作运行电流做好了准备。值得注意的是，为了防止主轴电动机 M1 启动电流损坏电流表 A，时间继电器 TA 在 2 区中的通电延时断开触头在主轴电动机 M1 启动的过程中暂时不会断开，而是短接启动电流在电流互感器 TA 中产生的大电流，待主轴电动机 M1 启动完毕后，时间继电器 KT 通电延时断开触头才断开，电流表 A 开始对主轴电动机 M1 实行运行电流监视，这样有效地保护了电流表 A 不会受到损坏。在图 4-8 中，接触器 KM3 和接触器 KM4 各自在对方的线圈回路中串接了动断触头，以达到各自联锁的目的。

当需要主轴电动机 M1 反向运转时，按下其反转启动按钮 SB2，接触器 KM 和时间继电器 KT 得电闭合，然后中间继电器 KA 线圈和接触器 KM4 线圈得电，主轴电动机 M1 反向启动运转。具体控制过程与正向启动相同，请读者自行分析。

2）主轴电动机 M1 点动控制。机床在运行中，有时需要调整工件的位置，需要主轴电动机 M1 作点动运行。当需要主轴电动机 M1 点动控制时，按下点动按钮 SB6，接触器 KM3 通电吸合，主轴电动机 M1 主电路中接触器 KM3 主触头闭合，接通 M1 的正转电源，此时 M1 串电阻 R 减压启动。由于限流电阻 R 的串入，降低了主轴电动机 M1 由于频繁点动而造成过大的启动电流，且 M1 能在较低的转速下启动运行，操作人员能较好地掌握调整工件的位置。

3）主轴电动机 M1 双向反接制动控制。当主轴电动机 M1 正向运行时，与主轴电动机 M1 同轴连接的速度继电器 KS 与其同步旋转。当主轴电动机 M1 正向运转速度达到 120r/min 时，速度继电器 KS 在 11 区中 15 号线与 19 号线间的动合触头 KS1 闭合，为主轴电动机 M1 正向运转停止时接通接触器 KM4 线圈的电源作反向运转做好了准备。当需要主轴电动机 M1 正向运转制动停止时，按下停止按钮 SB4，SB4 在 3 号线与 5 号线间的动断触头断开，接触器 KM3、接触器 KM、中间继电器 KA 失电释放，它们的动合、动断触头复位，主轴电动机 M1 失电但由于惯性的作用继续正向旋转，此时正向旋转速度依然很大（大于 100r/min，KS1 仍然闭合）。当松开停止按钮 SB4 时，SB4 在 3 号线与 5 号线间的动断触头复位闭合，此时由于中间继电器 KA 在 5 号线与 15 号线间的动断触头复位闭合，接触器 KM4 通电闭合。接触器 KM4 在 3 区的主触头闭合，反转电源经过串接限流电阻 R 进入主轴电动机 M1 绕组中，产生一个与正向旋转相反的旋转转矩，主轴电动机 M1 正向旋转速度急剧下降。当主轴电动机 M1 正向旋转速度下降至 100r/min 时，11 区速度继电器 KS 在 15 号线与 19 号线间正转反接制动触头 KS1 断开，切断接触器 KM4 线圈的电源，KM4 失电释放，主轴电动机 M1 完成制动停止，从而实现主轴电动机 M1 正向运行反接制动控制过程。

主轴电动机 M1 的反向运行反接制动的控制过程与主轴电动机 M1 的正向运转反接制动控制过程相同，请读者自行分析。

2. 冷却泵电动机 M2 控制电路

（1）冷却泵电动机 M2 控制电路图区划分。由于冷却泵电动机 M2 工作状态由接触器 KM1 进行控制，故可确定图 4-8 中 15 区接触器 KM1 线圈回路的电气元件构成冷却泵电动机 M2 控制电路。

（2）冷却泵电动机 M2 控制电路识图。冷却泵电动机 M2 控制电路由图 4-8 中 15 区对应电气元件组成。实际应用时，按钮 SB3 为冷却泵电动机 M2 启动按钮，SB5 为冷却泵电动机 M2 停止按钮，接触器 KM1 辅助动合触头实现自锁功能，热继电器 KR1 动断触头实现冷却泵电动机 M2 过载保护功能。

当需要冷却泵电动机 M2 工作时，按下其启动按钮 SB3，接触器 KM1 通电闭合并自锁，冷却泵电动机 M2 主电路中接触器 KM1 主触头闭合，接通冷却泵电动机 M2 工作电源，M2 得电启动运转。如在冷却泵电动机 M2 运转过程中按下停止按钮 SB5，则接触器 KM1 失电释放，M2 断电停转。

3. 快速移动电动机 M3 控制电路

（1）快速移动电动机 M3 控制电路图区划分。由于快速移动电动机 M3 工作状态由接触器 KM2 进行控制，故可确定图 4-8 中 16 区接触器 KM2 线圈回路的电气元件构成快速移动电动机 M3 控制电路。

（2）快速移动电动机 M3 控制电路识图。快速移动电动机 M3 控制电路由图 4-8 中 16 区对应电气元件组成，属于点动控制电路。当需要快速移动电动机 M3 运转时，转动机床上刀架手柄压下行程开关 ST，ST 在 5 号线与 31 号线间的动合触头闭合，接通接触器 KM2 线圈电源，接触器 KM2 通电闭合，其 5 区的主触头接通快速移动电动机 M3 的电源，M3 启动运转。松开刀架手柄后，行程开关 ST 的动合触头复位断开，切断接触器 KM2 线圈电源，KM2 失电释放，快速移动电动机 M3 断电停转。

4.2.2.3　照明电路识读

C650 型卧式车床照明电路由控制变压器 TC 二次侧输出 24V 交流电压、熔断器 FU3、单极转换开关 SA 和机床工作照明灯 EL 组成。实际应用时，FU3 为机床工作照明灯短路保护，SA 为机床工作照明灯控制开关。

4.2.3　类似车床—CW6136A 型卧式车床电气控制线路识读

CW6136A 型卧式车床由两台电动机拖动，即主轴电动机 M1 和冷却泵电动机 M2。其中主轴电动机 M1 为机床的主动力，采用双速电动机，且应用温度继电器 KT 对其进行过载监控，故具有调速范围较宽和过载保护性能较好的特点。CW6136A 型卧式车床电路图如图 4-9 所示。

4.2.3.1　主电路识读

1. 主电路图区划分

CW6136A 型卧式车床由主轴电动机 M1、冷却泵电动机 M2 驱动相应机械部件实现工件车削加工。根据机床电气控制系统主电路定义可知，其主电路由图 4-9 中 1～5 区组成，其中 1 区、4 区为电源开关及保护部分，2 区、3 区为主轴电动机 M1 主电路，5 区为冷却泵电动机 M2 主电路。

2. 主电路识图

（1）电源开关及保护部分。电源开关及保护部分由图 4-9 中 1 区断路器 QF 和 4 区熔断器 FU1 组成。实际应用时，QF 实现机床电源开关及主轴电动机 M1 过载、短路保护功能，FU1 实现冷却泵电动机 M2 和控制变压器 TC 短路保护功能。

（2）主轴电动机 M1 主电路。主轴电动机 M1 主电路由图 4-9 中 2 区、3 区对应电气元件组成，属于正、反转单元主电路结构和双速电动机控制单元主电路结构组合结构。实际应用时，接触器 KM1、KM2 主触头构成正、反转控制主电路，接触器 KM3、KM4 主触头构成双速电动机控制主电路。即当接触器 KM1 主触头闭合，接触器 KM3 或接触器 KM4 主触头闭合时，主轴电动机 M1 绕组分别接成丫丫或△联结高速或低速正转；当接触器 KM2 主触头闭合，接触器 KM3 或接触器 KM4 主触头闭合时，主轴电动机 M1 绕组分别接成丫丫或△联结高速或低速反转。

此外，主轴电动机 M1 内部安装的温度继电器 KT 作用为监控主轴电动机 M1 的过载情况，以保护主轴电动机 M1 在过载时不会因温度过高而损坏。当主轴电动机 M1 过载时，绕组电流增加，故温度上升。当温度上升至 95℃时，温度继电器 KT 动断触头断开，切断 8 区中接触器 KM3 或 KM4 线圈回路的电源，接触器 KM3 或 KM4 断电释放，主轴电动机 M1 停止高速或低速运转，从而起到主轴电动机 M1 过载保护的作用。

（3）冷却泵电动机 M2 主电路。冷却泵电动机 M2 主电路由图 4-9 中 5 区对应电气元件组成，属于单向运转单元主电路结构。实际应用时，由于冷却泵电动机 M2 功率较小，故选用中间继电器 KA1 动合触头控制其工作电源通断。即 KA1 动合触头闭合时，冷却泵电动机 M2 得电启动运转；KA1 动合触头断开时，冷却泵电动机 M2 失电停止运转。

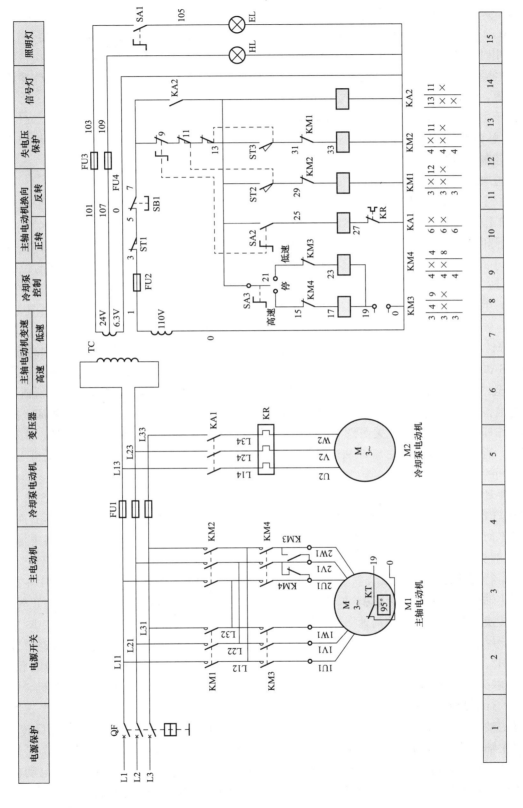

图 4-9 CW6136A型卧式车床电路图

4.2.3.2　控制电路识读

CW6136A 型卧式车床控制电路由图 4-9 中 6～15 区组成，其中 6 区为控制变压器部分。实际应用时，合上断路器 QF，380V 交流电压经熔断器 FU1 加至控制变压器 TC 一次绕组两端，经降压后输出 110V 交流电压作为控制电路的电源，24V 交流电压作为机床工作照明电路电源，6.3V 交流电压作为信号指示电路电源。

由于主轴电动机 M1、冷却泵电动机 M2 主电路中接通电路的元件分别为接触器 KM1～KM4 主触头和中间继电器 KA1 动合触头，故在确定各控制电路时，只需各自找到它们相应元件的控制线圈即可。

1. 主轴电动机 M1 控制电路

（1）主轴电动机 M1 控制电路图区划分。由图 4-9 中 2 区、3 区主电路可知，主轴电动机 M1 工作状态由接触器 KM1～KM4 主触头进行控制，其控制电路必包含接触器 KM1～KM4 线圈回路部分。由图 4-9 可知，接触器 KM1～KM4 线圈在 8 区、9 区、11 区、12 区中，故与 8 区、9 区、11 区、12 区中接触器 KM3、KM4、KM1、KM2 线圈串联并与控制变压器 TC 中 110V 交流电压形成回路的元件即为组成主轴电动机 M1 控制电路的电气元件。

（2）主轴电动机 M1 控制电路识图。由上述分析可知，主轴电动机 M1 控制电路由图 4-9 中 8 区、9 区、11 区、12 区中对应的元器件组成。实际应用时，手动转换开关 SA3 为主轴电动机 M1 的高、低速转换开关，具有"停"、"高速"、"低速"三挡。当 SA3 扳至"高速"挡时，SA3 在 13 号线与 15 号线间的触头接通，为主轴电动机 M1 高速运转做好准备；当 SA3 扳至"低速"挡时，SA3 在 13 号线与 21 号线间的触头接通，为主轴电动机 M1 低速运转做好准备。行程开关 ST2、ST3 分别为主轴电动机 M1 的正、反转压合开关，由机床上的手动操作杆控制压合行程开关 ST2 和 ST3，从而控制主轴电动机 M1 的正、反运转。实际应用时，通过手动转换开关 SA3 和行程开关 ST2、ST3 不同的组合，可得到主轴电动机 M1 四种不同的运转状态。

当手动转换开关 SA3 扳至"高速"挡，扳动机床上操作杆压下行程开关 ST2，ST2 在 13 号线与 29 号线间的动合触头被压下闭合，而在 9 号线与 11 号线间的动断触头被压开时，接触器 KM1、KM3 线圈通电闭合，主电路中 KM1 主触头接通主轴电动机 M1 正转电源，KM3 主触头将主轴电动机 M1 绕组接成丫丫联结高速正转；当手动转换开关 SA3 扳至"低速"挡，行程开关 ST2 被压下时，接触器 KM1、KM4 线圈通电闭合，主电路中 KM1 主触头接通主轴电动机 M1 正转电源，KM4 主触头将主轴电动机 M1 绕组接成△联结低速正转；当手动转换开关 SA3 扳至"高速"挡，扳动机床上操作杆压下行程开关 ST3，ST3 在 13 号线与 31 号线间的动合触头被压下闭合，而在 11 号线与 13 号线间的动断触头被压开时，接触器 KM2、KM3 线圈通电闭合，主电路中 KM2 主触头接通主轴电动机 M1 反转电源，KM3 主触头将主轴电动机 M1 绕组接成丫丫联结高速反转；当手动转换开关 SA3 扳至"低速"挡，行程开关 ST3 被压下时，接触器 KM2、KM4 线圈通电闭合，主电路中 KM2 主触头接通主轴电动机 M1 反转电源，KM4 主触头将主轴电动机 M1 绕组接成△联结低速反转。

当主轴电动机 M1 由于过载温度升高超过 95℃时，温度继电器 KT 串接在 0 号线与 19 号线间的动断触头动作断开，切断接触器 KM3、KM4 线圈的电源，此时不论主轴电动机 M1 处于高速或低速运转，均会停止运行，从而实现主轴电动机 M1 过载保护。

值得注意的是，主轴电动机 M1 在正常运转时，正、反转电源接通接触器 KM1、KM2

和高、低速转换接触器 KM3、KM4 均不能同时闭合，故各在对方的线圈回路中串接了动断触头，以达到联锁的目的。

2. 冷却泵电动机 M2 控制电路

（1）冷却泵电动机 M2 控制电路图区划分。冷却泵电动机 M2 工作状态由中间继电器 KA1 动合触头进行控制，故可确定 10 区中间继电器 KA1 线圈回路的电气元件构成冷却泵电动机 M2 控制电路。

（2）冷却泵电动机 M2 控制电路识图。冷却泵电动机 M2 控制电路由图 4-9 中 10 区对应电气元件组成。实际应用时，手动转换开关 SA2 为冷却泵电动机 M2 控制开关，热继电器 KR 动合触头为冷却泵电动机 M2 过载保护触头。

当冷却泵电动机 M2 需要运转时，将手动转换开关 SA2 扳至接通位置，即 SA2 在 13 号线与 25 号线间的动合触头闭合，中间继电器 KA1 线圈得电闭合，其主触头接通冷却泵电动机 M2 的电源，M2 启动运转。当需要冷却泵电动机 M2 停止运转时，将手动转换开关 SA2 扳至断开位置即可。

值得注意的是，如果机床在运行中突然停电或按下紧急停止按钮 SB1 停车时，必须将行程开关 ST2 或 ST3 和手动转换开关 SA2 扳回原位，为下一次启动机床做好准备，否则机床不能启动。

4.2.3.3 照明、信号电路识读

CW6136A 型卧式车床照明、信号电路由图 4-9 中 14 区、15 区对应电气元件组成。实际应用时，从控制变压器 TC 二次侧输出交流电压作为机床工作照明、信号电路电源。EL 为车床工作照明灯，由照明灯控制开关 SA1 控制；HL 为电源信号灯；熔断器 FU3、FU4 实现照明、信号电路短路保护。

4.2.4 类似车床—CW61100E 型卧式车床电气控制线路识读

CW61100E 型卧式车床主要承担大回转直径工件的车削工作，能够车削各种零件的端面、外圆、内孔、锥面及公制、英制、模数和径节螺纹，还可完成钻孔、套料和镗孔等工艺要求，是一种加工效率高、操作性好、普及范围广的中型普通车床。CW61100E 型卧式车床电路图如图 4-10 所示。

4.2.4.1 主电路识读

1. 主电路图区划分

CW61100E 型卧式车床由主轴电动机 M1、冷却泵电动机 M2、液压泵电动机 M3、快速移动电动机 M4 驱动相应机械部件实现工件车削加工。根据机床电气控制系统主电路定义可知，其主电路由图 4-10 中 1～6 区组成。其中 1 区、5 区为电源开关及保护部分，2 区为主轴电动机 M1 主电路，3 区为冷却泵电动机 M2 主电路，4 区为液压泵电动机 M3 主电路，6 区为快速移动电动机 M4 主电路。

2. 主电路识图

（1）电源开关及保护部分。电源开关及保护部分由图 4-10 中 1 区断路器 QF1 和 5 区熔断器 FU1 组成。实际应用时，QF1 实现机床电源开关及主轴电动机 M1、冷却泵电动机 M2 短路、过载保护功能，FU1 实现快速移动电动机 M4、控制变压器 TC 短路保护功能。

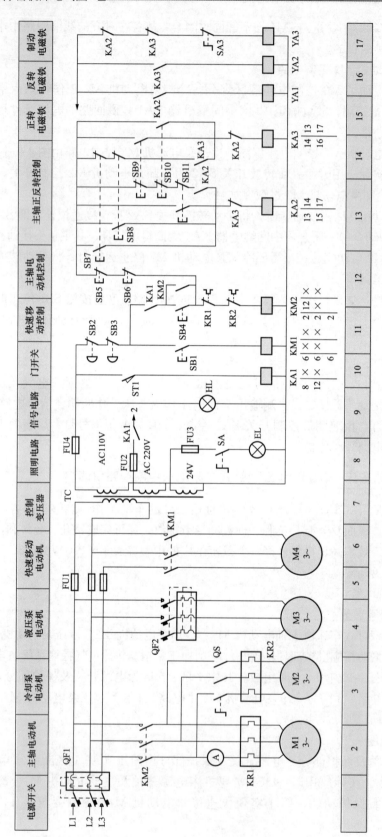

图 4-10 CW61100E型卧式车床电路图

130

(2) 主轴电动机 M1 主电路。主轴电动机 M1 主电路由图 4-10 中 2 区对应电气元件组成。实际应用时，接触器 KM2 主触头控制主轴电动机 M1 工作电源通断，即当接触器 KM2 主触头闭合时，主轴电动机 M1 得电启动运转；当接触器 KM2 主触头断开时，则主轴电动机 M1 失电停止运转。此外，热继电器 KR1 为主轴电动机 M1 过载保护元件，电流表 A 实现主轴电动机 M1 工作电流监控功能。

(3) 冷却泵电动机 M2 主电路。冷却泵电动机 M2 主电路由图 4-10 中 3 区对应电气元件组成。实际应用时，转换开关 QS 控制冷却泵电动机 M2 工作电源通断，热继电器 KR2 为冷却泵电动机 M2 过载保护元件。

值得注意的是，由于冷却泵电动机 M2 主电路与主轴电动机 M1 并联后串接接触器 KM2 主触头，故只有当接触器 KM2 得电闭合，主轴电动机 M1 启动运转后，冷却泵电动机 M2 才能受转换开关 QS 控制工作于启动或停止状态。

(4) 液压泵电动机 M3 主电路。液压泵电动机 M3 主电路由图 4-10 中 4 区对应电气元件组成。实际应用时，断路器 QF2 实现液压泵电动机 M3 过载、短路保护功能。

(5) 快速移动电动机 M4 主电路。快速移动电动机 M4 主电路由图 4-10 中 6 区对应电气元件组成。实际应用时，接触器 KM1 主触头控制快速移动电动机 M4 工作电源通断。此外，由于快速移动电动机 M4 为点动短期工作，故未设置过载保护装置。

4.2.4.2 控制电路识读

CW61100E 型卧式车床控制电路由图 4-10 中 7~17 区组成，其中 7 区为控制变压器部分。实际应用时，合上断路器 QF1，380V 交流电压经熔断器 FU1 加至控制变压器 TC 一次绕组两端，经降压后输出 110V 交流电压给控制电路供电，220V 交流电压给电磁铁控制电路供电，24V 交流电压给机床工作照明电路供电。

1. 主轴电动机 M1 控制电路

(1) 主轴电动机 M1 控制电路图区划分。由图 4-10 中 2 区主电路可知，主轴电动机 M1 工作状态由接触器 KM2 主触头控制，故其控制电路应包含接触器 KM2 线圈回路部分。此外，由于主轴电动机 M1 设置了电磁铁控制机械部件实现主轴电动机 M1 正、反转控制，故采用了中间继电器 KA1~KA3、电磁铁 YA1~YA3 参与主轴电动机 M1 正、反转控制。图 4-10 中 10 区、12~17 区为主轴电动机 M1 控制电路。

(2) 主轴电动机 M1 控制电路识图。由上述分析可知，主轴电动机 M1 控制电路由图 4-10 中 10 区、12~17 区对应电气元件组成。实际应用时，按钮 SB2、SB3 为机床两地急停开关，SB4 为主轴电动机 M1 启动按钮，SB5、SB6 为主轴电动机 M1 两地停止按钮，SB7、SB8 为主轴电动机 M1 两地正转启动按钮，SB9、SB10 为主轴电动机 M1 两地反转启动按钮，转换开关 SA3 为主轴电动机 M1 制动开关。

电路通电后，当按下启动按钮 SB4 时，接触器 KM2 得电吸合并自锁，其主触头闭合接通主轴电动机 M1 工作电源，为 M1 启动运转做好准备。此时若按下按钮 SB7 或 SB8，中间继电器 KA2 得电吸合并自锁，其在 15 区的动合触头闭合，电磁铁 YA1 得电吸合，主轴电动机 M1 正向启动运转；若按下按钮 SB9、SB10，则中间继电器 KA3 得电吸合并自锁，其在 16 区的动合触头闭合，电磁铁 YA2 得电吸合，主轴电动机 M2 反向启动运转。

值得注意的是，该机床设置有图 4-10 中 10 区所示的门开关电路，只有当闭合机床门压合行程开关 ST1 时，中间继电器 KA1 得电吸合，其动合触头闭合，主轴电动机 M1 控制电路方可正常工作。否则中间继电器 KA1 的动合触头断开切断主轴电动机 M1 控制电路电源回路，主轴电动机 M1 不能启动运转。

2. 快速移动电动机 M4 控制电路

（1）快速移动电动机 M4 控制电路图区划分。由于快速移动电动机 M4 工作状态由接触器 KM1 进行控制，故可确定图 4-10 中 11 区接触器 KM1 线圈回路的电气元件构成快速移动电动机 M4 控制电路。

（2）快速移动电动机 M4 控制电路识图。快速移动电动机 M4 控制电路由图 4-10 中 11 区对应电气元件组成，属于点动控制电路结构。实际应用时，按钮 SB1 为快速移动电动机 M4 点动按钮，即按下 SB1 时，接触器 KM1 得电闭合，其主触头闭合接通快速移动电动机 M4 工作电源，M4 得电启动运转。若松开 SB1，则接触器 KM1 失电释放，其主触头断开切断快速移动电动机 M4 工作电源，M4 失电停止运转，从而实现 M4 点动控制功能。

4.2.4.3 照明、信号电路识读

照明、信号电路由图 4-10 中 8 区、9 区对应电气元件组成。实际应用时，380V 交流电压经控制变压器 TC 降压后输出 24V 交流电压，经熔断器 FU3、控制开关 SA 加至照明灯 EL 两端。FU3 实现照明电路短路保护功能。信号灯 HL 直接接至 110V 交流电压，其作用为电源指示。

4.2.5 类似车床—L-1630 型精密高速车床电气控制线路识读

L-1630 型精密高速车床主要用于各种轴类、套类和盘类零件以及带有公制、英制、模数等螺纹零件的精密加工，具有加工精度高、操作轻便灵活、它使用寿命长等特点。它适用于工具、机修及批量生产的车间。L-1630 型精密高速车床电路图如图 4-11 所示。

4.2.5.1 主电路识读

1. 主电路图区划分

L-1630 型精密高速车床由主轴电动机 M1、冷却泵电动机 M2 驱动相应机械部件实现工件车削加工。根据机床电气控制系统主电路定义可知，其主电路由图 4-11 中 1～5 区组成。其中 1 区为电源开关及保护部分，2～4 区为主轴电动机 M1 主电路，5 区为冷却泵电动机 M2 主电路。

2. 主电路识图

（1）电源开关及保护部分。电源开关及保护部分由图 4-11 中 1 区对应电气元件组成。实际应用时，隔离开关 QS 为机床电源开关，熔断器 FU1 实现主电路短路保护功能。

（2）主轴电动机 M1 主电路。主轴电动机 M1 主电路由图 4-11 中 2～4 区对应电气元件组成，属于正、反转单元主电路结构和双速电动机控制单元主电路结构的组合结构，故主轴电动机 M1 具有高速正转、低速正转、高速反转、低速反转四种工作状态。实际应用时，接触器 KM1、KM2 主触头构成正、反转控制主电路，接触器 KM3、KM5 主触头及接触器 KM4 主触头构成双速电动机控制主电路。即当接触器 KM1、KM3、KM5 主触头同时闭合时，M1 工作于高速正转状态；当接触器 KM1、KM4 主触头同时闭合时，M1 工作于低速正转状态；当接触器 KM2、KM3、KM5 主触头同时闭合时，M1 工作于高速反转状态；当接触器 KM2、KM4 主触头同时闭合时，M1 工作于低速反转状态。热继电器 KR1 实现主轴电动机 M1 过载保护功能。

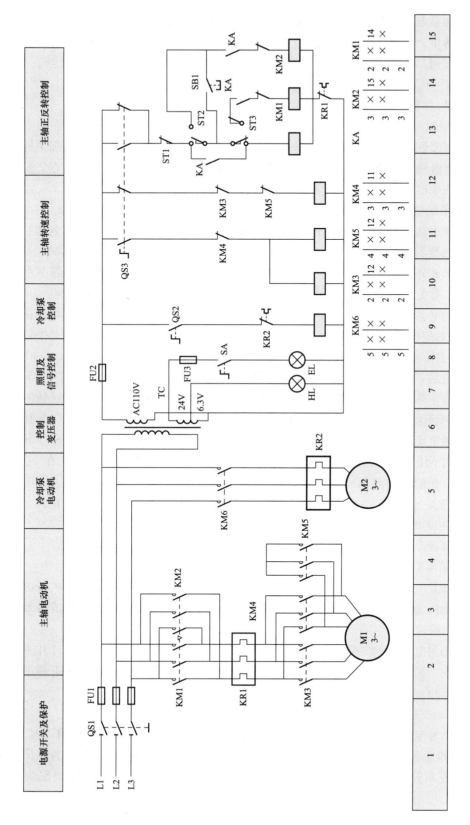

图 4-11　L-1630型精密高速车床电路图

（3）冷却泵电动机 M2 主电路。冷却泵电动机 M2 由图 4-11 中 5 区对应电气元件组成，属于单向运转单元主电路结构。实际应用时，由接触器 KM6 主触头控制冷却泵电动机 M2 工作电源的接通与断开。即当 KM6 主触头闭合时，M2 启动运转；反之停止运转。热继电器 KR2 实现冷却泵电动机 M2 过载保护功能。

4.2.5.2　控制电路识读

L-1630 型精密高速车床控制电路由图 4-11 中 6～15 区组成，其中 6 区为控制电源变压及保护电路。实际应用时，合上电源开关 QS1，380V 交流电压经熔断器 FU1 加至控制变压器 TC 一次绕组两端，经降压后输出 110V 交流电压作为控制电路的电源，24V 交流电压作为机床工作照明电路电源，6.3V 交流电压作为信号指示电路电源。

1. 主轴电动机 M1 控制电路

（1）主轴电动机 M1 控制电路图区划分。由图 4-11 中 2～4 区可知，主轴电动机 M1 工作状态由接触器 KM1～KM5 主触头进行控制，故其控制电路应包含接触器 KM1～KM5 线圈回路部分。此外，由于主轴电动机 M1 控制电路较复杂，故采用了中间继电器 KA 参与主轴电动机 M1 有关控制。因此，图 4-11 中 10～15 区为主轴电动机 M1 控制电路。

（2）主轴电动机 M1 控制电路识图。由上述分析可知，主轴电动机 M1 控制电路由图 4-11 中 10～15 区对应电气元件组成。实际应用时，按钮 SB1 为主轴电动机 M1 点动按钮，组合开关 QS3 为主轴电动机 M1 控制开关。

电路通电后，行程开关 ST2 处于压合状态，中间继电器 KA 得电吸合并自锁，KA 动合触头闭合，为主轴电动机 M1 启动运转做好准备。当需要主轴电动机 M1 高速运转时，将转换开关 QS3 扳至接通状态，其动合触头闭合，接触器 KM3、KM5 均得电吸合，其主触头闭合接通主轴电动机 M1 高速运转电源。此时若操作手柄转换行程开关 ST2、ST3 状态，可使主轴电动机 M1 工作于高速正转或高速反转状态。同时接触器 KM3、KM5 在 12 区的常闭触头断开，切断接触器 KM4 线圈供电回路，从而实现联锁控制。同理，通过转换开关 QS3 及行程开关 ST2、ST3 可实现主轴电动机 M1 低速正转、低速反转控制。此外，利用行程开关 ST1 可实现行程限位控制，利用按钮 SB1 可实现主轴电动机 M1 点动控制，其具体控制过程请读者参阅相关资料自行分析。

2. 冷却泵电动机 M2 控制电路

（1）冷却泵电动机 M2 控制电路图区划分。由于冷却泵电动机 M2 工作状态由接触器 KM6 进行控制，故可确定图 4-11 中 9 区接触器 KM6 线圈回路的电气元件构成冷却泵电动机 M2 控制电路。

（2）冷却泵电动机 M2 控制电路识图。冷却泵电动机 M2 控制电路由图 4-11 中 9 区对应电气元件组成。实际应用时，手动转换开关 QS2 控制冷却泵电动机 M2 工作电源通断，热继电器 KR2 动断触头实现冷却泵电动机 M2 过载保护功能。

4.2.5.3　照明、信号电路识读

照明、信号电路由图 4-11 中 7 区、8 区对应电气元件组成。控制变压器 TC 的二次侧分别输出 24V 和 6.3V 交流电压，作为车床低压照明灯和信号灯的电源。EL 作为车床的低压照明灯，由控制开关 SA 控制；HL 为电源信号灯；熔断器 FU3 实现照明电路短路保护功能。

4.3　C5225 型立式车床电气控制线路识图

4.3.1　C5225 型立式车床电气识图预备知识

1. C5225 型立式车床简介

C5225 型立式车床主要用于加工径向尺寸大、轴向尺寸较小的重型或大型零部件，如各种机架、体壳、盘、轮类零件。由于机床加工的零部件质量大，机床运行时需要保持良好的润滑状态，因此在控制环节上采取了只有当润滑泵电动机 M2 启动运转，即机床润滑油供应正常的情况下，其他拖动电动机才能启动运转的控制程序。

C5225 型立式车床的外形及结构如图 4-12 所示，主要由左/右立柱、顶梁、工作台、底座组成，以承受切削时的负荷。

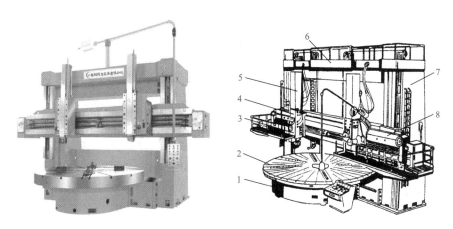

图 4-12　C5225 型立式车床的外形及结构

1—底座；2—工作台；3—垂直刀架；4—侧刀架；5—左立柱；6—顶梁；7—右立柱；8—横梁

该车床的型号含义：

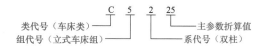

2. C5225 型立式车床主要运动形式与控制要求

根据 C5225 型立式车床运动情况及加工需要，共采用 7 台三相笼型异步电动机拖动，即主轴电动机 M1、润滑泵电动机 M2、横梁升降电动机 M3、右立刀架快速移动电动机 M4、右立刀架进给电动机 M5、左立刀架快速移动电动机 M6 和左立刀架进给电动机 M7。从车削加工工艺出发，该车床主要运动形式与控制要求如下：

（1）横梁沿立柱导轨上下移动，横梁升降电动机及蜗杆减速箱置于顶梁上。横梁由蝶形弹簧通过杠杆夹紧在立柱上，横梁在升降前通入压力油压缩蝶形弹簧使其放松。

（2）工作台由主轴电动机 M1 经变速箱直接启动和制动，工作台仅需正向运转，但要求可以做正、反转点动控制以便于工件找正。

（3）左、右两个进给箱装在横梁的两端，两个进给箱的结构是相同的，在进给箱的后部装有刀架进给用电动机与快速移动电动机各一台。进给箱内装有电磁离合器，用来选择刀架工作进给或快速移动的方向。

（4）左、右两个立刀架装在横梁上，刀架由进给箱通过光杠、丝杆得到垂直和水平的进给或快速移动。在横梁上装有供手动操作的手柄，以便于调整刀架的位置和对刀。

4.3.2　C5225 型立式车床电气控制线路识读

C5225 型立式车床电路图如图 4-13 所示。

由图 4-13 可见，机床电路图所包含的电气元器件和电气设备多，要正确绘制和识读机床电路图，需遵循第 3 章及本章 4.1 所讲述的一般原则，此处不再赘述。

4.3.2.1　主电路识读

1. 主电路图区划分

C5225 型立式车床由主轴电动机 M1、润滑泵电动机 M2、横梁升降电动机 M3、右立刀架快速移动电动机 M4、右立刀架进给电动机 M5、左立刀架快速移动电动机 M6、左立刀架进给电动机 M7 共计 7 台电动机驱动相应机械部件实现工件车削加工。根据机床电气控制系统主电路定义可知，其主电路由图 4-13 中 1～10 区组成。其中 1 区为电源开关及保护部分，2 区、3 区为主轴电动机 M1 主电路，4 区为润滑泵电动机 M2 主电路，5 区、6 区为横梁升降电动机 M3 主电路，7 区为右立刀架快速移动电动机 M4 主电路，8 区为右立刀架进给电动机 M5 主电路，9 区为左立刀架快速移动电动机 M6 主电路，10 区为左立刀架进给电动机 M5 主电路。

2. 主电路识图

（1）电源开关及保护部分。电源开关及保护部分由图 4-13 中 1 区断路器 QF1 组成。实际应用时，QF1 实现机床工作电源开关及主轴电动机 M1 过载、短路保护功能。

（2）主轴电动机 M1 主电路。主轴电动机 M1 主电路由图 4-13 中 2 区、3 区对应电气元件组成，属于正、反转丫-△降压启动控制单元主电路结构。实际应用时，接触器 KM1、KM2 主触头分别控制主轴电动机 M1 正、反转工作电源通断，接触器 KM丫 主触头为主轴电动机 M1 绕组接成丫联结降压启动时的接通与断开触头，接触器 KM△ 主触头为主轴电动机 M1 绕组接成△联结全压运行时的接通与断开触头，接触器 KM3 为主轴电动机 M1 能耗制动接触器。此外，与主轴电动机 M1 同轴安装的速度继电器 KS 实现主轴电动机 M1 转速监控功能。

（3）润滑泵电动机 M2 主电路。润滑泵电动机 M2 主电路由图 4-13 中 4 区对应电气元件组成，属于单向运转单元主电路结构。实际应用时，断路器 QF2 实现润滑泵电动机 M2 工作电源开关及过载、短路保护功能，接触器 KM4 控制润滑泵电动机 M2 工作电源通断。

（4）横梁升降电动机 M3 主电路。横梁升降电动机 M3 主电路由图 4-13 中 5 区、6 区对应电气元件组成，属于正、反转单元主电路结构。实际应用时，熔断器 FU2 实现横梁升降电动机 M3 短路保护功能，接触器 KM9、KM10 分别控制横梁电动机 M3 正、反转工作电源通断。

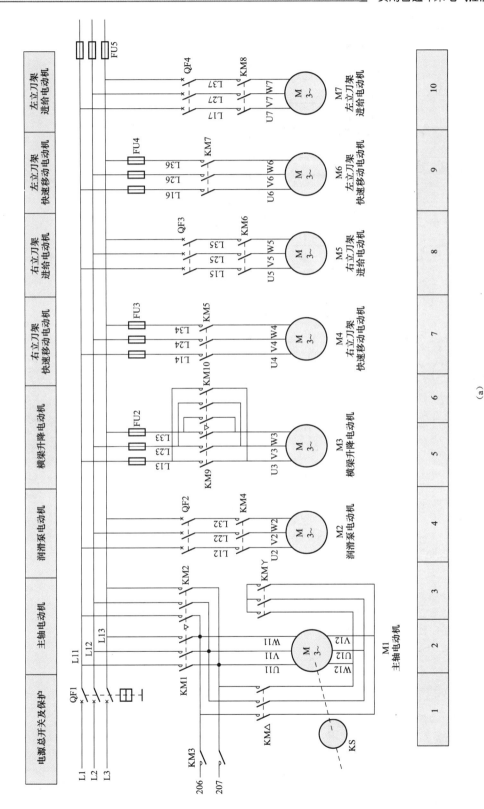

图 4-13　C5225型立式车床电路图（一）

(a)

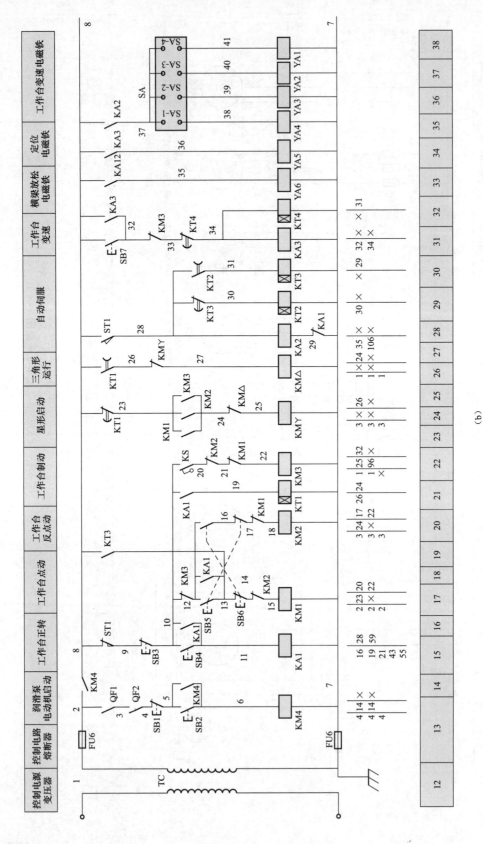

怎样看机床电气图

图 4-13　C5225型立式车床电路图（二）

(b)

138

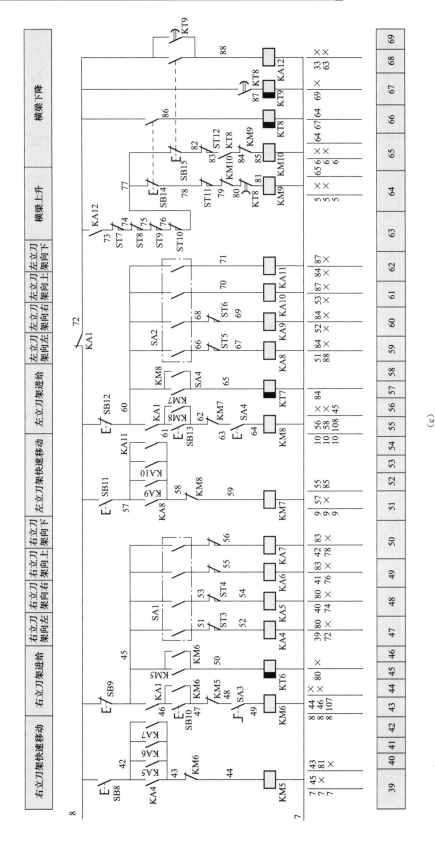

图 4-13 C5225型立式车床电路图（三）

(c)

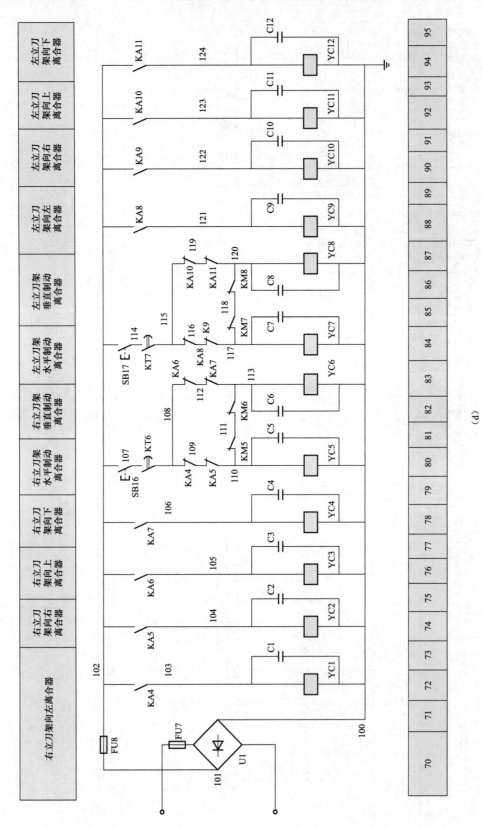

（d）

图 4-13　C5225型立式车床电路图（四）

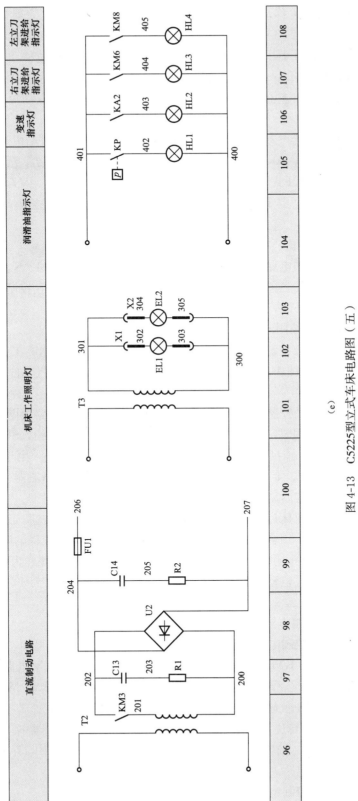

图 4-13　C5225型立式车床电路图（五）

（e）

（5）右、左立刀架快速移动电动机 M4、M6 主电路。右、左立刀架快速移动电动机 M4、M6 主电路分别由图 4-13 中 7 区、9 区对应电气元件组成，均属于点动控制单元主电路结构。实际应用时，熔断器 FU3、FU4 分别实现右、左立刀架快速移动电动机 M4、M6 短路保护功能，接触器 KM5、KM7 分别控制右、左立刀架快速移动电动机 M4、M6 工作电源通断。此外，由于右、左立刀架快速移动电动机 M4、M6 均为点动短期工作，故未设置过载保护装置。

（6）右、左立刀架进给电动机 M5、M7 主电路。右、左立刀架进给电动机 M5、M7 主电路分别由图 4-13 中 8 区、10 区对应电气元件组成，均属于单向运转单元主电路结构。实际应用时，断路器 QF3、QF4 分别实现右、左立刀架进给电动机 M5、M7 工作电源开关及过载、短路保护功能，接触器 KM6、KM8 分别控制右、左立刀架进给电动机 M5、M7 工作电源通断。

4.3.2.2 控制电路识读

C5225 型立式车床控制电路由图 4-13 中 12～108 区组成，其中 12 区为控制变压器电路。实际应用时，合上断路器 QF1，380V 交流电压经熔断器 FU5 加至控制变压器 TC 一次绕组两端，经降压后输出 110V 交流电压作为控制电路的电源。

1. 润滑泵电动机 M2 控制电路

（1）润滑泵电动机 M2 控制电路图区划分。由于润滑泵电动机 M2 工作状态由接触器 KM4 进行控制，故可确定图 4-13 中 13 区接触器 KM4 线圈回路的电气元件构成润滑泵电动机 M2 控制电路。

（2）润滑泵电动机 M2 控制电路识图。润滑泵电动机 M2 控制电路由图 4-13 中 13 区对应电气元件组成。实际应用时，按钮 SB1 为润滑泵电动机 M2 停止按钮，SB2 为润滑泵电动机启动按钮，接触器 KM4 辅助动合触头为自锁触头。值得注意的是，由于在接触器 KM4 线圈回路中串接了断路器 QF1 和 QF2 的辅助动合触头，故只有当断路器 QF1、QF2 闭合后，润滑泵电动机 M2 才能启动运转。

电路通电后，当需要机床启动时，按下润滑泵电动机 M2 启动按钮 SB2，接触器 KM4 通电闭合并自锁，其主触头闭合接通润滑泵电动机 M2 工作电源，M2 得电启动运转。同时，其在 14 区中的辅助动合触头闭合，接通其他拖动电动机控制电路电源，为机床进行工件加工做好准备。当需要润滑泵电动机 M2 停止运转时，按下其停止按钮 SB1，接触器 KM4 失电释放，M2 停止运转。

2. 主轴电动机 M1 控制电路

（1）主轴电动机 M1 控制电路图区划分。由图 4-13 中 2 区、3 区可知，主轴电动机 M1 工作状态由接触器 KM1～KM3、KMΥ、KM△进行控制，故其控制电路应包含接触器 KM1～KM3、KMΥ、KM△线圈回路部分。此外，由于主轴电动机 M1 除了具有正反转、Υ-△降压启动连续运行和正反转点动及能耗制动功能之外，还可由变速转换开关 SA 控制，变换出工作台 16 种不同的转速，其控制电路复杂，故采用了中间继电器 KA1 和时间继电器 KT1 等辅助电气元件参与主轴电动机 M1 有关控制。因此，图 4-13 中 15～32 区、34～38 区为主轴电动机 M1 控制电路。

（2）主轴电动机 M1 控制电路识图。

1）主轴电动机 M1 正向运转Υ-△降压启动运行控制。由图 4-13 中 1～3 区主轴电动机

M1 主电路可知，主轴电动机 M1 可以作正、反转Y-△降压启动运行，但在实际工件加工过程中，只需要主轴电动机 M1 作正向运转Y-△降压运行即可，所以在主轴电动机 M1 的控制电路中，只设置了主轴电动机 M1 的正向运转Y-△降压运行控制电路。在 15 区中，按钮 SB4 为主轴电动机 M1 正向运转启动按钮，SB3 为主轴电动机 M1 制动停止按钮。

润滑泵电动机 M2 启动运转后，当需要主轴电动机 M1 正向Y-△减压启动运转时，按下其正向启动按钮 SB4，中间继电器 KA1 通电闭合并自锁，KA1 在 18 区的动合触头闭合，接通接触器 KM1 线圈回路的电源，接触器 KM1 得电闭合；KA1 在 21 区的动合触头闭合，接通时间继电器 KT1 线圈回路的电源，时间继电器 KT1 闭合，开始通电计时；KA1 在 28 区的动断触头断开，使主轴电动机 M1 进行正向启动运行时，中间继电器 KA2 不能得电闭合，工作台不能进行变速操作。同时接触器 KM1 在 20 区的辅助动断触头断开，使接触器 KM2 在接触器 KM1 闭合时不能得电闭合；KM1 在 23 区的动合触头闭合，接通接触器 KMY 线圈回路的电源，接触器 KMY 通电闭合。主电路中接触器 KM1 和接触器 KMY 的主触头将主轴电动机 M1 的定子绕组接成Y联结减压启动。经过设定时间后，时间继电器 KT1 在 24 区的通电延时断开触头首先断开，切断接触器 KMY 线圈回路的电源，接触器 KMY 失电释放，然后时间继电器 KT1 在 26 区的通电延时闭合触头闭合，接通接触器 KM△线圈回路的电源，接触器 KM△通电闭合，此时接触器 KM1 和接触器 KM△的主触头将主轴电动机 M1 的定子绕组接成△联结全压运行，从而实现主轴电动机 M1 的正向Y-△减压启动运转控制。

在 24 区和 26 区中，接触器 KMY 和接触器 KM△各在对方的线圈回路中串接了对方的辅助动断触头，从而实现了接触器 KMY 和接触器 KM△联锁控制。

2）主轴电动机 M1 的正、反转点动控制。主轴电动机 M1 正、反转点动控制主要用于机床在工件加工过程中调整加工工件的位置。实际应用时，17 区中按钮 SB5 为主轴电动机 M1 正转点动按钮，20 区中按钮 SB6 为主轴电动机反转点动按钮。

当需要主轴电动机 M1 正向点动运转时，按下正转点动按钮 SB5，接触器 KM1 得电闭合。接触器 KM1 在 20 区、22 区的动断触头断开，切断接触器 KM2 和接触器 KM3 线圈回路的电源，使接触器 KM1 闭合时，接触器 KM2、KM3 不能通电闭合。同时接触器 KM1 在 23 区的辅助动合触头闭合，接通接触器 KMY 线圈回路的电源，接触器 KMY 通电闭合。此时接触器 KM1 和接触器 KMY 的主触头将主轴电动机 M1 的绕组接成Y联结点动正转。松开正转点动按钮 SB5，接触器 KM1 失电释放，其辅助动合、动断触头复位，接触器 KMY 失电释放，主轴电动机 M1 停转，完成正转点动控制过程。

主轴电动机 M1 反向点动运转的控制过程与正向点动控制过程相同，请读者参照自行分析。

3）主轴电动机 M1 的能耗制动停止控制。主轴电动机 M1 的制动控制不是单独设立的，而是与主轴电动机 M1 的停止融为一体的。当主轴电动机 M1 停止时，能耗制动就贯穿于停止的过程中。当主轴电动机 M1 处于全压正向运行时（即机床处于工件的加工工程中），中间继电器 KA1、接触器 KM1、KM△均得电闭合，在 22 区中，速度继电器 KS 的动合触头闭合，接触器 KM1 辅助动断触头断开，接触器 KM2 辅助动断触头闭合，主轴电动机 M1 运转速度大于 120r/min。当需要主轴电动机 M1 停止运转时，按下制动停止按钮 SB3，按钮 SB3 的动断触头断开，切断中间继电器 KA1 线圈回路的电源，中间继电器 KA1 的动合、动断触头复位，从而切断接触器 KM1 线圈回路的电源，使接触器 KM1 的辅助动合、动断触头复位，切断接触器 KM△ 线圈回路的电源，即接触器 KM1、KM△ 的主触头断开，切断主轴电动机 M1 的工作电源。此时，主轴电动机 M1 失电，但由于惯性作用继续正向旋转，其速度大于 100r/min。当松开制动停止按钮 SB3 时，由于接触器 KM1 在 22 区的辅助动断触头复位闭合，速度继电器 KS 的动合触头此时处于闭合状态，接触器 KM3 通电闭合。接触器 KM3 在 25 区的辅助动合触头闭合，接通接触器 KMY 线圈的电源。接触器 KM3 在 1 区的主触头和接触器 KMY 在 3 区的主触头闭合，将 206 号线和 207 号线的直流制动电源引入主轴电动机 M1 的绕组中，M1 产生一个制动力矩，使其转速迅速下降。当主轴电动机 M1 的转速下降至 100r/min 时，速度继电器 KS 在 22 区中的动合触头断开，切断接触器 KM3 线圈的电源，接触器 KM3 失电释放，其在 25 区的动合触头复位断开，切断接触器 KMY 线圈的电源，接触器 KMY 失电释放，主轴电动机 M1 停止运转，从而结束主轴电动机 M1 的制动停止过程。

4）工作台的变速控制。主轴电动机 M1 拖动的工作台变速控制电路处于图 4-13 中 28～32 区及 34～38 区。实际应用时，31 区中按钮 SB7 为工作台变速时各变速齿啮合启动按钮，时间继电器 KT2、KT3 为工作台变速齿轮反复啮合时间继电器，电磁阀 YA5 为锁杆油路电磁阀，YA1～YA4 为变速液压缸电磁阀。如果 YA1～YA4 线圈通电，则液压油进入相应的液压缸，使相应的拉杆和拨叉推动相应的变速齿轮进行变速。此外，SA 为工作台变速选择转换开关，通过扳动 SA，可得到工作台 16 种不同的转速。表 4-8 列出了工作台变速选择转换开关 SA 各触头接通与闭合时工作台相应的转速。

表 4-8　　　　　　　　　　　C5225 型立式车床 SA 通断情况及转速表

电磁铁	SA 变速开关触头	花盘各级转速电磁铁及 SA 通电情况															
		2	2.5	3.4	4	6	6.3	8	10	12.5	16	20	25	31.5	40	50	63
YA1	SA-1	+	−	+	−	+	−	+	−	+	−	+	−	+	−	+	−
YA2	SA-2	+	+	−	−	+	+	−	−	+	+	−	−	+	+	−	−
YA3	SA-3	+	+	+	+	−	−	−	−	+	+	+	+	−	−	−	−
YA4	SA-4	+	+	+	+	+	+	+	+	−	−	−	−	−	−	−	−

当需要工作台变速时，将工作台变速选择转换开关 SA 扳至所需转速的位置，按下 31 区中工作台变速启动按钮 SB7，中间继电器 KA3 得电闭合，其 32 区的动合触头闭合自锁，34 区的动合触头闭合接通锁杆油路电磁阀 YA5 线圈的电源，锁杆油路电磁阀 YA5 动作，液压油进入锁杆液压缸，将锁杆抬起并接通变速油路。同时，机械锁杆压合行程开关 ST1，ST1 在 28 区中 8 号线与 28 号线间的动合触头闭合，接通中间继电器 KA2 及时间继电器 KT2 线圈的电源，中间继电器 KA2 及时间继电器 KT2 通电闭合。35 区中中间继电器 KA2 在 8 号线与 37 号线间的动合触头闭合，通过变速开关 SA 相应的接通触头接通变速时相应的变速电磁阀，液压油进入相应的液压缸，使拉杆和拨叉推动变速齿轮进行变速。但在变速过程中，有时变速齿轮轮间不一定啮合得很好，需要变速齿轮间有一定相对的运动才能啮合好。经过设定的时间后，时间继电器 KT2 在 30 区中 28 号线与 31 号线间的通电延时闭合触头闭合，接通时间继电器 KT3 线圈的电源，时间继电器 KT3 通电闭合，其在 8 号线与 13

号线间的瞬时动合触头闭合，接通接触器 KM1 线圈的电源，接触器 KM1 通电闭合，其在 23 区的辅助动合触头接通接触器 KMY 线圈的电源，接触器 KMY 通电闭合。接触器 KM1、KMY 的主触头将主轴电动机 M1 接成Y联结启动运转。经过很短的设定时间，时间继电器 KT3 在 29 区中 28 号线与 30 号线间的通电延时断开触头断开，切断时间继电器 KT2 线圈电源，时间继电器 KT2 失电释放，其在 30 区中 28 号线与 31 号线间的通电延时闭合触头断开，切断时间继电器 KT3 线圈的电源，时间继电器 KT3 失电释放，所有触头复位，时间继电器 KT3 在 8 号线与 13 号线间的瞬时动合触头复位断开，切断接触器 KM1 线圈的电源，接触器 KM1 失电释放，其在 23 区的辅助动合触头复位断开，切断接触器 KMY 线圈的电源，接触器 KMY 失电释放，主轴电动机 M1 作一个瞬时启动运转后停止旋转，完成一次齿轮冲动啮合过程。如果此时工作台的变速齿轮间仍然没有啮合好，则当时间继电器 KT3 失电复位时，其在 29 区中 28 号线与 30 号线间的通电延时断开触头复位闭合，又接通时间继电器 KT2 线圈的电源，经过设定的时间，其在 30 区 28 号线与 31 号线间的通电延时闭合触发又闭合，准备作第二次齿轮冲动啮合，直至变速齿轮间啮合好为止。当变速齿轮间啮合好后，机械锁杆复位，使行程开关 ST1 在 8 号线与 28 号线间的动合触头复位断开，切断中间继电器 KA2、时间继电器 KT2 和 KT3 线圈的电源，中间继电器 KA2、时间继电器 KT2 和 KT3 各触头复位，完成工作台的变速控制过程。

3. 横梁升降电动机 M3 控制电路

（1）横梁升降电动机 M3 控制电路图区划分。横梁是由夹紧机构将其夹紧在立柱上的，所以横梁在升降前必须要放松夹紧装置。在图 4-13 中，33 区电路为横梁放松控制电路，63～39 区电路为横梁上升及下降控制电路。

（2）横梁升降电动机 M3 控制电路识图。由上述分析可知，横梁升降电动机 M3 控制电路由图 4-13 中 33、63～39 区对应电气元件组成。实际应用时，33 区中 YA6 为横梁放松电磁铁线圈，68 区中按钮 SB15 为横梁上升启动按钮，66 区中按钮 SB14 为横梁下降启动按钮，64 区和 65 区中行程开关 ST11、ST12 分别为横梁上升上限位和下降下限位行程开关，63 区中行程开关 ST7、ST8、ST9、ST10 为横梁放松行程开关，ST7、ST8、ST9、ST10 的动断触头在横梁夹紧时是被压下断开的。

当需要横梁上升时，按下 68 区中的正转启动按钮 SB15，中间继电器 KA12 通电闭合。其中间继电器 KA12 在 33 区中的动合触头闭合，接通横梁放松电磁铁 YA6 线圈的电源，横梁放松电磁铁 YA6 动作，接通放松机构油路，使横梁放松。在横梁放松过程中，63 区中的行程开关 ST7、ST8、ST9、ST10 的动断触头依次复位闭合，接通 64 区中接触器 KM9 线圈的电源，接触器 KM9 通电闭合，其 5 区的主触头接通横梁升降电动机 M3 的正转电源，M3 正向启动运转，带动横梁上升。当横梁上升到要求高度时，松开横梁升降电动机 M3 的正转启动按钮 SB15，中间继电器 KA12 失电释放，其在 33 区和 63 区的动合触头复位断开，接触器 KM9 失电释放，横梁升降电动机 M3 断电停转，横梁停止上升。同时，横梁放松电磁铁 YA6 失电释放，接通夹紧结构油路，将横梁夹紧在立柱上，完成横梁上升控制过程。

此外，在横梁上升控制电路中，行程开关 ST11 为横梁上限位行程开关，当横梁上升至该行程开关位置时，撞击行程开关 ST11，ST11 在 78 号线与 79 号线间的动断触头断开，切断接触器 KM9 线圈的电源，横梁停止上升。

横梁下降时的控制过程与上升过程相同，请读者参照自行分析。

4. 右立刀架快速移动电动机 M4 控制电路

（1）右立刀架快速移动电动机 M4 控制电路图区划分。由于右立刀架快速移动电动机 M4 工作状态由接触器 KM5 进行控制，故控制电路中 39～42 区为右立刀架快速移动电动机 M4 控制电路的组成部分。由 39～42 区可知，接触器 KM5 的线圈受控于中间继电器 KA4～KA7 的动合触头，所以 47～50 区也为右立刀架快速移动电动机 M4 控制电路组成部分；此外，中间继电器 KA4～KA7 的动合触头又控制着电磁离合器 YC1、YC2、YC3、YC4 线圈的电源，故 70～79 区也为右立刀架快速移动电动机 M4 控制电路组成部分。

（2）右立刀架快速移动电动机 M4 控制电路识图。由上述分析可知，右立刀架快速移动电动机 M4 控制电路由图 4-13 中 39～42 区、47～50 区、70～79 区对应电气元件组成。实际应用时，39 区中按钮 SB8 为右立刀架快速移动电动机 M4 快速移动启动按钮；47～50 区中十字转换开关 SA1 为右立刀架快速移动电动机 M4 的左、右、上、下快速移动选择开关；70～79 区中电磁离合器 YC1 为右立刀架向左快速移动离合器，YC2 为右立刀架向右快速移动离合器，YC3 为右立刀架向上快速移动离合器，YC4 为右立刀架向下快速移动离合器；47 区、48 区中行程开关 ST3、ST4 分别为右立刀架快速移动左、右限位行程开关。

当需要右立刀架向左快速移动时，扳动 47～50 区中十字选择转换开关 SA1 至向左位置，使十字选择转换开关 SA1 在 47 区的动合触头闭合，接通中间继电器 KA4 线圈的电源，中间继电器 KA4 通电闭合，其在 39 区中的动合触头闭合，为右立刀架电动机 M4 启动做好了准备，同时 72 区中的动合触头闭合，接通右立刀架向左快速移动离合器 YC1 线圈的电源，YC1 动作，使右立刀架向左快速移动离合器齿轮啮合，为右立刀架向左快速移动做好了准备。按下 39 区中的的启动按钮 SB8，接触器 KM5 得电闭合，其主触头接通右立刀架快速移动电动机 M4 的电源，M4 启动运转，带动右立刀架快速向左移动。当移动至需要位置时，松开按钮 SB8，接触器 KM5 失电释放，右立刀架快速移动电动机 M4 停转，右立刀架停止向左快速移动。

同理，扳动十字选择转换开关 SA1 向右、向上、向下位置，分别可使右立刀架向右、向上、向下快速移动。具体分析与右立刀架向左快速移动相同，这里不再赘述，请读者参照自行分析。

5. 右立刀架进给电动机 M5 控制电路

（1）右立刀架进给电动机 M5 控制电路图区划分。右立刀架进给电动机 M5 工作状态由接触器 KM6 进行控制，故其控制电路由图 4-13 中 43 区、44 区中接触器 KM6 线圈有关电路组成。

（2）右立刀架进给电动机 M5 控制电路识图。右立刀架进给电动机 M5 控制电路由图 4-13 中 43 区、44 区对应电气元件组成。实际应用时，按钮 SB10 为右立刀架进给电动机 M5 启动按钮，SB9 为右立刀架进给电动机 M5 停止按钮，单极开关 SA3 为右立刀架进给电动机 M5 进给接通开关。

当需要右立刀架进给电动机 M5 工作时，扳动十字选择转换开关 SA1 选择好进给方向，合上单极开关 SA3，并按下启动按钮 SB10，接触器 KM6 通电闭合并自锁，其主触头接通右立刀架进给电动机 M5 的电源，M5 带动右立刀架按所需方向工作进给。按下停止按钮 SB9，右立刀架进给电动机 M9 停止运行，右立刀架停止进给。

6. 左立刀架快速移动电动机 M6 控制电路

（1）左立刀架快速移动电动机 M6 控制电路图区划分。同右立刀架快速移动电动机 M4 的控制电路相对应，左立刀架快速移动电动机 M6 工作状态由接触器 KM7 进行控制，故图 4-13 中 51～54 区接触器 KM6 线圈有关电路为其控制电路组成部分。由 51～54 区可知，接触器 KM7 的线圈也受控于中间继电器 KA8～KA11 的动合触头，所以 59～62 区也为左立刀架快速移动电动机 M6 控制电路组成部分。而中间继电器 KA8～KA11 的动合触头又控制电磁离合器 YC9、YC10、YC11、YC12 线圈电源，故 88～95 区也为左立刀架快速移动电动机 M6 控制电路。

（2）左立刀架快速移动电动机 M6 控制电路识图。由上述分析可知，左立刀架快速移动电动机 M6 控制电路由图 4-13 中 51～54 区、59～62 区、88～95 区对应电气元件组成。实际应用时，51 区中按钮 SB11 为左立刀架快速移动电动机 M6 快速移动启动按钮；59～62 区中十字转换开关 SA2 为左立刀架快速移动电动机 M6 左、右、上、下快速移动选择开关；88～95 区中电磁离合器 YC9 为左立刀架向左快速移动离合器，YC10 为左立刀架向右快速移动离合器，YC11 为左立刀架向上快速移动离合器，YC12 为左立刀架向下快速移动离合器；59 区、60 区中行程开关 ST5、ST6 分别为左立刀架快速移动左、右限位行程开关。

左立刀架快速移动电动机 M6 控制电路识图与右立刀架快速移动电动机 M4 控制电路识图方法相同，请读者参照自行分析。

7. 左立刀架进给电动机 M7 控制电路

（1）左立刀架进给电动机 M7 控制电路图区划分。左立刀架进给电动机 M7 工作状态由接触器 KM8 进行控制，故可确定图 4-13 中 55 区、56 区中接触器 KM8 线圈回路的电气元件构成左立刀架进给电动机 M7 控制电路。

（2）左立刀架进给电动机 M7 控制电路识图。左立刀架进给电动机 M7 控制电路由图 4-13 中 55 区、56 区对应电气元件组成。实际应用时，按钮 SB13 为左立刀架进给电动机 M7 启动按钮，按钮 SB12 为左立刀架进给电动机 M7 停止按钮，单极开关 SA4 为左立刀架进给电动机 M7 进给接通开关。

左立刀架进给电动机 M7 控制电路识图与右立刀架进给电动机 M5 控制电路识图方法相同，请读者参照自行分析。

8. 左、右立刀架快速移动和进给制动控制电路

（1）右立刀架快速移动和进给制动控制电路。右立刀架快速移动和进给制动控制电路由图 4-13 中 45 区、46 区和 80～83 区对应电气元件组成。在 45 区、46 区电路中，当按下右立刀架快速移动电动机 M4 的启动按钮 SB8，接触器 KM5 通电闭合或按下右立刀架进给电动机 M5 的启动按钮 SB10，接触器 KM6 通电闭合时，都将接通断电延时继电器 KT6 线圈的电源。KT6 在 80 区的瞬时闭合延时断开动合触头闭合，接通 80 区中的 107 号线和 108 号线，为右立刀架快速移动和进给制动做好了准备。当松开右立刀架快速移动电动机 M4 的启动按钮 SB8 或按下右立刀架进给电动机 M5 的停止按钮 SB9 时，右立刀架快速移动电动机 M4 或右立刀架进给电动机 M5 停止运转。但由于惯性的作用，右立刀架快速移动电动机 M4 或右立刀架进给电动机 M5 不能立即停止下来，故需要进行制动停止。此时，只需要按下 80 区中按钮 SB16 即可接通右立刀架水平制动离合器电磁铁 YC5 线圈和右立刀架垂直制动离合器电磁铁 YC6 的电源，对右立刀架快速移动或进给进行制动。

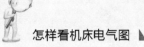

怎样看机床电气图

（2）左立刀架快速移动和进给制动控制电路。左立刀架快速移动和进给制动控制电路由图 4-13 中 57 区、58 区和 84～87 区对应电气元件组成。该控制电路识图与右立刀架快速移动和进给制动控制电路识图方法相同，这里不再赘述，请读者自行分析。

4.3.2.3 其他电路识图

C5225 型立式车床其他控制电路包括刀架离合器直流整流电路、主轴电动机 M1 能耗制动直流整流电路和机床工作照明、工作信号指示电路。

1. 刀架离合器直流整流电路

刀架离合器直流整流电路由图 4-13 中 70 区、71 区桥式整流器 U1、熔断器 FU7、FU8 组成。其主要作用为给刀架离合器线圈提供直流电源。

2. 主轴电动机 M1 能耗制动直流整流电路

主轴电动机 M1 能耗制动直流整流电路由图 4-13 中 96～100 区对应电气元件组成。其中交流电源由电源变压器 T2 降压，当接触器 KM3 通电闭合时，经过桥式整流器 U2 后输出至主轴电动机 M1 的绕组中进行能耗制动；电容器 C13 和电阻器 R1 组成输入保护电路，以防止接触器 KM3 闭合或断开瞬间变压器二次绕组中感应出很高的自感电动势，击穿损坏整流器 U2；电容器 C14 和电阻器 R2 组成输出保护电路，以防止接触器 KM3 闭合或断开瞬间主轴电动机 M1 绕组中感应出很高的自感电动势，击穿损害整流器 U2。

3. 机床工作照明、信号指示电路

机床工作照明、信号指示电路由图 4-13 中 101～108 区对应电气元件组成。实际应用时，润滑油指示灯 HL1、变速指示灯 HL2、右立刀架进给指示灯 HL3 和左立刀进给指示灯 HL4 分别由压力继电器动合触头、中间继电器 KA2 动合触头、接触器 KM6 辅助动合触头和接触器 KM8 辅助动合触头控制。机床工作照明灯 EL1、EL2 通过接插件 X1、X2 与电源变压器 T3 二次侧绕组相连接。

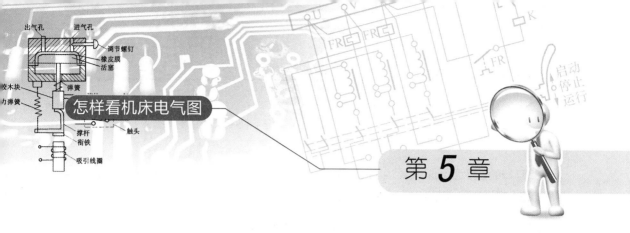

第 **5** 章

实用磨床电气控制线路识图

磨床是采用磨具的周边或端面进行磨削加工的精密机床，主要用于加工工件及淬硬表面。通常，磨床以磨具旋转为主运动，工件或磨具的移动为进给运动，具有应用广泛、加工精度高、表面粗糙度 Ra 值小等特点。其主要类型有平面磨床、外圆磨床、内圆磨床、无心磨床、工具磨床等。

5.1 M7130 型平面磨床电气控制线路识图

5.1.1 M7130 型平面磨床电气识图预备知识

1. M7130 型平面磨床简介

M7130 型平面磨床适用于采用砂轮的周边或端面磨削钢料、铸铁、有色金属等材料平面、沟槽，其工件可吸附于电磁工作台或直接固定在工作台上进行磨削。它具有磨削精度及光洁度高、操作方便等特点。

M7130 型平面磨床是卧轴矩形工作台式，主要由床身、工作台、电磁吸盘、砂轮架、滑座和立柱等部分组成。其外形及结构如图 5-1 所示。

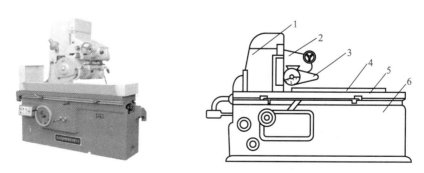

图 5-1 M7130 型平面磨床的外形及结构
1—立柱；2—滑座；3—砂轮架；4—电磁吸盘；5—工作台；6—床身

该磨床的型号含义：

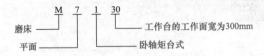

2. M7130 型平面磨床主要运动形式与控制要求

M7130 型平面磨床的主要运动形式及控制要求见表 5-1。

表 5-1   **M7130 型平面磨床的主要运动形式及控制要求**

运动种类	运动形式	控制要求
主运动	砂轮的高速旋转	(1) 为保证磨削加工质量，要求砂轮有较高的转速，通常采用两极笼型异步电动机拖动。 (2) 为提高主轴的刚度，简化机械结构，采用装入式电动机，将砂轮直接装在电动机轴上。 (3) 砂轮电动机只要求单向旋转，可直接启动，无调速和制动要求
进给运动	工作台往复（纵向）运动	(1) 液压传动。液压泵电动机拖动液压泵，工作台在液压作用下作纵向运动。 (2) 由装在工作台前侧的换向挡铁碰撞床身上的液压换向开关控制工作台进给方向
进给运动	砂轮架横向（前后）进给	(1) 在磨削过程中，工作台换向一次，砂轮架横向进给一次。 (2) 在修正砂轮或调整砂轮前后位置时，可连续横向移动。 (3) 砂轮架的横向进给运动可由液压传动，也可用手轮进行操作
进给运动	砂轮架垂直（升降）进给	(1) 滑座沿立柱的导轨垂直上下移动，以调整砂轮架的上下位置，或使砂轮磨入工件，以控制磨削平面时工件的尺寸。 (2) 垂直进给运动是通过操作手轮由机械传动装置实现的
辅助运动	工件的夹紧	(1) 工件可以用螺钉或压板直接固定在工作台上。 (2) 在工作台上也可以装电磁吸盘，将工件吸附在电磁吸盘上。此时要有充磁和退磁控制环节。为保证安全，电磁吸盘与 3 台电动机之间有电气联锁装置，即电磁吸盘吸合后，电动机才能启动；电磁吸盘不工作或发生故障时，3 台电动机均不能启动
辅助运动	工作台的快速移动	工作台能在纵向、横向和垂直 3 个方向快速移动，由液压传动机构实现
辅助运动	工件的夹紧与放松	由人力操作
辅助运动	工件冷却	冷却泵电动机拖动冷却泵旋转供给冷却液。要求砂轮电动机和冷却泵电动机要实现顺序控制

5.1.2   M7130 型平面磨床电气控制线路识读

M7130 型平面磨床电路图如图 5-2 所示。

5.1.2.1   主电路识读

1. 主电路图区划分

M7130 型平面磨床由砂轮电动机 M1、冷却泵电动机 M2、液压泵电动机 M3 驱动相应机械部件实现工件磨削加工。根据机床电气控制系统主电路定义可知，其主电路由图 5-2 中 1～5 区组成。其中 1 区、2 区为电源开关及保护部分，3 区为砂轮电动机 M1 主电路，4 区为冷却泵电动机 M2 主电路，5 区为液压泵电动机 M3 主电路。

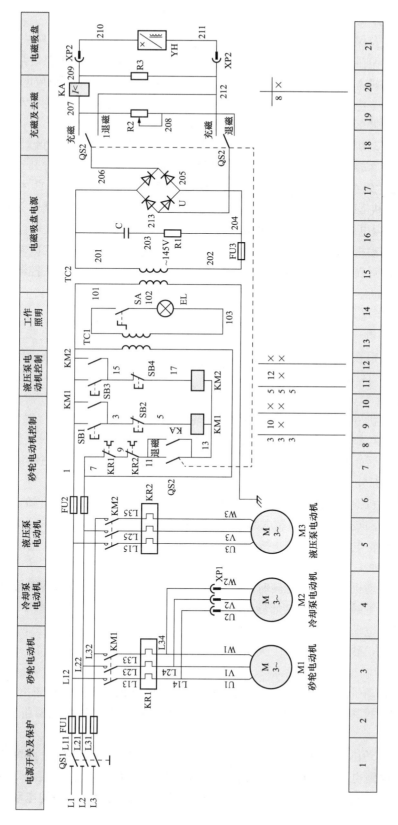

图 5-2 M7130型平面磨床电路图

2. 主电路识图

(1) 电源开关及保护部分。电源开关及保护部分由图 5-2 中 1 区、2 区隔离开关 QS1 和熔断器 FU1 组成。实际应用时,QS1 为机床工作电源开关,FU1 实现主电路短路保护功能。

(2) 砂轮电动机 M1 主电路。砂轮电动机 M1 主电路由图 5-2 中 3 区对应电气元件组成,属于单向运转单元主电路结构。实际应用时,接触器 KM1 主触头控制砂轮电动机 M1 工作电源通断;热继电器 KR1 为砂轮电动机 M1 过载保护元件。

(3) 冷却泵电动机 M2 主电路。冷却泵电动机 M2 主电路由图 5-2 中 4 区对应元件组成。实际应用时,由于冷却泵电动机 M2 与砂轮电动机 M1 并联后串接接触器 KM1 主触头,故只有当接触器 KM1 主触头闭合,砂轮电动机 M1 启动运转后,冷却泵电动机 M2 才能启动运转。XP1 为冷却泵电动机 M2 的接插件,当砂轮电动机 M1 启动运转后,若将接插件 XP1 接通,则冷却泵电动机 M2 得电启动运转;若拔掉接插件 XP1,则冷却泵电动机 M2 失电停止运转。

(4) 液压泵电动机 M3 主电路。液压泵电动机 M3 主电路由图 5-2 中 5 区对应电气元件组成,也属于单向运转单元主电路结构。实际应用时,接触器 KM2 主触头控制液压泵电动机 M3 工作电源通断,热继电器 KR2 为液压泵电动机 M3 过载保护元件。

5.1.2.2　控制电路识读

M7130 型平面磨床控制电路由图 5-2 中 6～21 区组成。由于控制电路电气元件较少,故可将控制电路直接接在 380V 交流电源上,而机床工作照明和电磁吸盘电源等辅助电路电源分别由控制变压器 TC1、TC2 降压供电。

1. 砂轮电动机 M1 控制电路

(1) 砂轮电动机 M1 控制电路图区划分。砂轮电动机 M1 工作状态由接触器 KM1 主触头进行控制,故其控制电路由图 5-2 中 9 区、10 区接触器 KM1 线圈回路及 7 区、8 区电气元件组成。其中 7 区、8 区电气元件组成的电路为砂轮电动机 M1 控制电路和液压泵电动机 M2 控制电路公共部分。

(2) 砂轮电动机 M1 控制电路识图。由图 5-2 中 9 区、10 区控制电路可知,砂轮电动机 M1 控制电路属于单向运转单元控制电路结构。实际应用时,按钮 SB1 为砂轮电动机 M1 启动按钮,SB2 为砂轮电动机 M1 停止按钮,与按钮 SB1 并联的接触器 KM1 辅助动合触头为接触器 KM1 自锁触头。

当需要砂轮电动机 M1 启动运转时,按下其启动按钮 SB1,接触器 KM1 得电闭合并自锁,其在 3 区中的主触头闭合,接通砂轮电动机 M1 的工作电源,砂轮电动机 M1 得电启动运转。当需要砂轮电动机 M1 停止运转时,按下其停止按钮 SB2,接触器 KM1 失电释放,其主触头复位断开,砂轮电动机 M1 失电停止运转。

2. 液压泵电动机 M3 控制电路

(1) 液压泵电动机 M3 控制电路图区划分。液压泵电动机 M3 工作状态由接触器 KM2 主触头进行控制,故其控制电路由图 5-2 中 11 区、12 区接触器 KM2 线圈回路及 7 区、8 区电气元件组成。

(2) 液压泵电动机 M3 控制电路识图。由图 5-2 中 11 区、12 区控制电路可知,液压泵电动机 M3 控制电路也属于单向运转单元控制电路结构。实际应用时,按钮 SB3 为液压泵电动机 M3 启动按钮,SB4 为液压泵电动机 M3 停止按钮。其他的分析与砂轮电动机 M1 控制电路相同,此处不再赘述。

3. 电磁吸盘充、退磁控制电路

（1）电磁吸盘充、退磁控制电路图区划分。为了防止磨床在加工过程中砂轮离心力将工件抛出而造成人身伤亡或设备事故，故进行磨床电气控制线路工程设计时，常设置电磁吸盘充、退磁控制装置。由图 5-2 中功能文字说明框部分可知，电磁吸盘充、退磁控制电路由 15～21 区组成。电磁吸盘外形及结构图如图 5-3 所示。

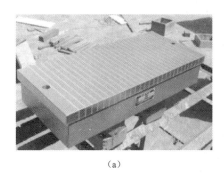
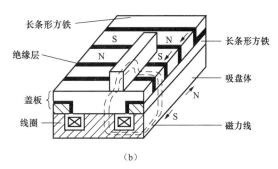

（a）　　　　　　　　　　　　　（b）

图 5-3　电磁吸盘外形及结构图

（a）外形图；（b）结构图

（2）电磁吸盘充、退磁控制电路识图。由上述分析可知，电磁吸盘充、退磁控制电路由 15～21 区对应电气元件组成。实际应用时，15 区中 TC2 为电磁吸盘充、退磁控制电路电源变压器；17 区中 U 为供给吸盘直流电源的桥式整流器；18 区中 QS2 为电磁吸盘充、退磁状态转换开关；20 区中欠电流继电器 KA 为电磁吸盘欠电流保护元件；21 区中 YH 为电磁吸盘线圈。此外，16 区中电容器 C 和电阻器 R1 为桥式整流器 U 的过电压保护元件；19 区和 20 区中的电阻器 R2、R3 为电磁吸盘 YH 充、退磁时形成的自感电动势吸收元件，以保证电磁吸盘 YH 不受自感电动势的冲击而损坏。

机床正常工作时，380V 交流电压经过熔断器 FU1、FU2 加至控制变压器 TC2 一次绕组两端，经过降压后在 TC2 二次绕组中输出约 145V 的交流电压，经整流器 U 整流输出约 130V 的直流电压作为电磁吸盘 YH 线圈的电源。当需要对加工工件进行磨削加工时，将充、退磁转换开关 QS2 扳至"充磁"位置，电磁吸盘 YH 正向充磁将加工工件牢固吸合，机床可进行正常的磨削加工。当工件加工完毕需将工件取下时，将充、退磁转换开关 QS2 扳至"退磁"位置，此时电磁吸盘反向充磁，经过一定的时间后，即可将加工工件取下。

值得注意的是，在磨削加工过程中，若出现 17 区中桥式整流器 U 损坏或电磁吸盘 YH 线圈断路等故障，则流过 20 区中欠电流继电器 KA 线圈电流迅速降低，KA 由于欠电流不能吸合，8 区中的动合触头断开，从而实现电磁吸盘 YH 欠电流保护功能。

5.1.2.3　照明电路识读

照明电路由图 5-2 中 13 区和 14 区对应电气元件组成。其中控制变压器 TC1 一次侧电压为 380V，二次侧电压为 36V，工作照明灯 EL 受照明灯控制开关 SA 控制。

5.1.3　类似磨床—M7120 型平面磨床电气控制线路识读

M7120 型平面磨床主要由床身、主轴变速箱、尾座进给箱、丝杠、光杠、刀架和溜板箱等部件组成，适用于各种平面和复杂成型面且不需机动进刀的磨削加工，具有防水防尘性能好、轻便灵活和刚性好等特点。M7120 型平面磨床电路图如图 5-4 所示。

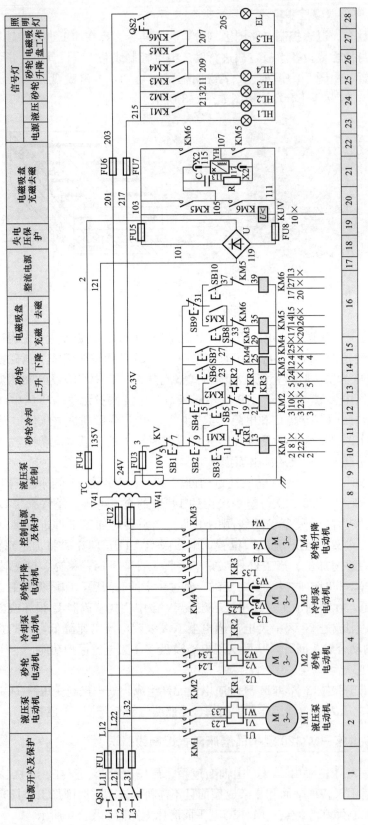

图 5-4 M7120型平面磨床电路图

识图要点：

（1）M7120 型平面磨床由液压泵电动机 M1、砂轮泵电动机 M2、冷却泵电动机 M3、砂轮升降电动机 M4 驱动相应机械部件实现工件磨削加工。故其主电路由 1～6 区组成，控制电路由 7～28 区组成。

（2）砂轮电动机 M2、液压泵电动机 M1 采用单向运转单元控制结构，砂轮升降电动机 M4 采用正、反转点动单元控制结构。

（3）冷却泵电动机 M3 与砂轮电动机 M2 并联后串接接触器 KM2 主触头，故只有接触器 KM2 主触头闭合，砂轮电动机 M2 启动运转后，冷却泵电动机 M3 才能启动运转。

（4）控制电路中 17～22 区为电磁吸盘充磁、去磁控制电路，23～28 区为机床工作信号灯控制及照明电路。

M7120 型平面磨床关键电气元件见表 5-2。

表 5-2　　　　　　　　　　　M7120 型平面磨床关键电气元件

序　号	代　号	名　称	功　能
1	KM1	接触器	控制液压泵电动机 M1 工作电源通断
2	KM2	接触器	控制砂轮电动机 M2 工作电源通断
3	KM3、KM4	接触器	控制砂轮升降电动机 M4 正、反工作电源通断
4	KM5、KM6	接触器	控制电磁吸盘充、退磁电源通断
5	SB1	按钮	机床停止按钮
6	SB2	按钮	液压泵电动机 M1 停止按钮
7	SB3	按钮	液压泵电动机 M1 启动按钮
8	SB4	按钮	砂轮电动机 M2 停止按钮
9	SB5	按钮	砂轮电动机 M2 启动按钮
10	SB6	按钮	砂轮升降电动机 M4 正转点动按钮
11	SB7	按钮	砂轮升降电动机 M4 反转点动按钮
12	SB8	按钮	电磁吸盘充磁启动按钮
13	SB9	按钮	电磁吸盘充磁停止按钮
14	SB10	按钮	电磁吸盘退磁启动按钮
15	YH	地磁吸盘	吸附工件
16	KR1、KR2、KR3	热继电器	M1、M2、M3 过载保护

5.1.4　类似磨床—M7120A 型平面磨床电气控制线路识读

M7120A 型平面磨床电路图如图 5-5 所示。

识图要点：

（1）M7120A 型平面磨床由磨头电动机 M1、冷却泵电动机 M2、油泵电动机 M3、主轴油泵电动机 M4 驱动相应机械部件实现工件磨削加工。故其主电路由 1～5 区组成，控制电

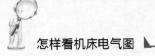

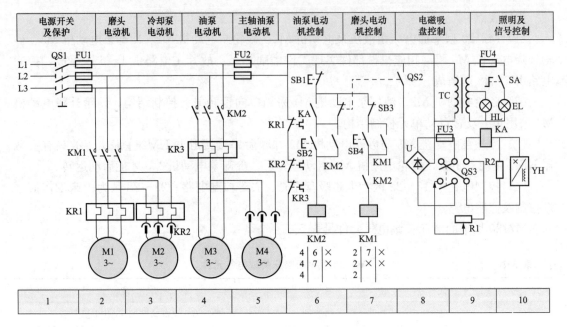

图 5-5　M7120A 型平面磨床电路图

路由 6～10 区组成。

（2）磨头电动机 M1 和油泵电动机 M3 均采用单向运转单元控制结构。

（3）冷却泵电动机 M2、主轴油泵电动机 M4 分别与磨头电动机 M1、油泵电动机 M3 并联后串接接触器 KM1、KM2 主触头，故只有接触器 KM1、KM2 主触头闭合，磨头电动机 M1、油泵电动机 M3 启动运转后，冷却泵电动机 M2 和主轴油泵电动机 M4 才能启动运转。

（4）控制电路由于电气元件较少，故可将控制电路电气元件直接接在 380V 交流电源上。

M7120A 型平面磨床关键电气元件见表 5-3。

表 5-3　　　　　　　　　　　M7120A 型平面磨床关键电气元件

序　号	代　号	名　称	功　能
1	KM1	接触器	控制 M1、M2 工作电源通断
2	KM2	接触器	控制 M3、M4 工作电源通断
3	QS3	转换开关	电磁吸盘充、退磁转换控制
4	SB1	按钮	机床停止按钮
5	SB2	按钮	油泵电动机 M3 启动按钮
6	SB3	按钮	磨头电动机 M1 停止按钮
7	SB4	按钮	磨头电动机 M1 启动按钮
8	KR1、KR2、KR3	热继电器	M1、M2、M3、M4 过载保护

5.1.5　类似磨床—371M1 型平面磨床电气控制线路识读

371M1 型平面磨床由床身、拖板、台面、磨头等结构构成，具有磨削精度及光洁度高、操作方便、控制线路简单等特点,其工件可吸附于电磁工作台进行磨削。371M1 型平面磨床电路图如图 5-6 所示。

识图要点:

(1) 371M1 型平面磨床由液压泵电动机 M1、砂轮电动机 M2、水泵电动机 M3 驱动相应机械部件实现工件磨削加工,故其主电路由 1~4 区组成,控制电路由 5~8 区组成。

(2) 液压泵电动机 M1、砂轮电动机 M2 均采用单向运转单元控制结构。

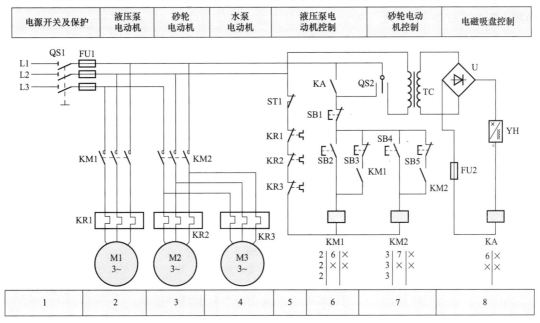

图 5-6　371M1 型平面磨床电路图

(3) 水泵电动机 M3 与砂轮电动机 M2 并联后串接接触器 KM2 主触头,故只有接触器 KM2 主触头闭合,砂轮电动机 M2 启动运转后,水泵电动机 M3 才能启动运转。

(4) 控制电路由于电气元件较少,故可将控制电路电气元件直接接入 380V 交流电源。

371M1 型平面磨床关键电气元件见表 5-4。

表 5-4　　　　　　　　　　　　371M1 型平面磨床关键电气元件

序　号	代　号	名　称	功　能
1	KM1	接触器	控制液压泵电动机 M1 工作电源通断
2	KM2	接触器	控制砂轮电动机 M2 工作电源通断
3	QS2	转换开关	电磁吸盘充磁、调试转换控制
4	SB1	按钮	机床停止按钮
5	SB2	按钮	液压泵电动机 M1 启动按钮
6	SB3	按钮	液压泵电动机 M1 停止按钮
7	SB4	按钮	砂轮电动机 M2 启动按钮
8	SB5	按钮	砂轮电动机 M2 停止按钮
9	KR1、KR2、KR3	热继电器	M1、M2、M3 过载保护

5.2 M131 型外圆磨床电气控制线路识图

5.2.1 M131 型外圆磨床电气识图预备知识

M131 型外圆磨床的工作台最大磨削直径为 315mm，最大磨削长度为 1500mm，适应于各种圆柱形和圆锥形外表面及轴肩端面的磨削加工。此外该型号磨床配置内圆磨削附件，可磨削内孔和锥度较大的内、外锥面。常见外圆磨床、砂轮外形如图 5-7 所示。

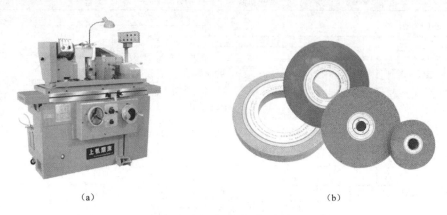

（a）　　　　　　　　　　　　　　　　　　　（b）

图 5-7　常见外圆磨床、砂轮外形
（a）外圆磨床；（b）砂轮

M131 型外圆磨床的加工工艺比较简单，因而电气控制线路简单。

（1）主运动为砂轮的高速旋转。为了保证磨削加工质量，要求砂轮有较高的转速，通常采用两极笼型异步电动机拖动，砂轮电动机只要求单向旋转，可直接启动，无调速和制动要求。

（2）进给运动包括工作台往复运动、砂轮架横向进给和砂轮架垂直进给。

（3）辅助运动包括工件的夹紧与放松、工作台的快速移动和工作冷却。由冷却泵电动机 M2、工件电动机 M3、水泵电动机 M4 拖动，均采用单向运转单元电路结构。此外，冷却泵电动机 M2 与砂轮电动机 M1 为顺序控制，即只有当 M1 启动运转后，M2 才能启动运转。

（4）外圆磨床均需设置液压系统，此处不予介绍。

5.2.2 M131 型外圆磨床电气控制线路识读

M131 型外圆磨床电路图如图 5-8 所示。

5.2.2.1 主电路识读

1. 主电路图区划分

M131 型外圆磨床由砂轮电动机 M1、冷却泵电动机 M2、工件电动机 M3、水泵电动机 M4 驱动相应机械部件实现工件磨削加工。根据机床电气控制系统主电路定义可知，其主电路由图 5-8 中 1～5 区组成。其中 1 区为电源开关及保护部分，2 区为砂轮电动机 M1 主电路，3 区为冷却泵电动机 M2 主电路，4 区为工件电动机 M3 主电路，5 区为水泵电动机 M4

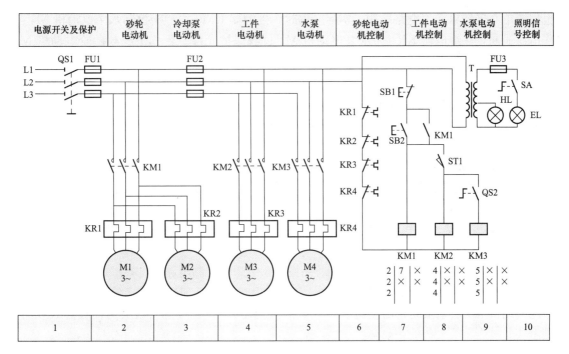

图 5-8　M131 型外圆磨床电路图

主电路。

2. 主电路识图

(1) 电源开关及保护部分。电源开关及保护部分由图 5-8 中 1 区隔离开关 QS1、熔断器 FU1 和 FU2 组成。实际应用时，QS1 为机床电源开关，FU1 实现砂轮电动机 M1、冷却泵电动机 M2 主电路短路保护功能，FU2 实现工件电动机 M3、水泵电动机 M4 主电路及控制电路短路短路保护功能。

(2) 砂轮电动机 M1 主电路。砂轮电动机 M1 主电路由图 5-8 中 2 区对应电气元件组成，属于单向运转单元主电路结构。实际应用时，接触器 KM1 主触头控制砂轮电动机 M1 工作电源通断，即当接触器 KM1 主触头闭合时，砂轮电动机 M1 得电启动运转；KM1 主触头断开时，砂轮电动机 M1 失电停止运转。热继电器 KR1 为砂轮电动机 M1 过载保护元件，当砂轮电动机 M1 过载或出现短路故障时，它能及时动作，切断控制电路电源，使 KM1 主触头断开，砂轮电动机 M1 失电停转。

(3) 冷却泵电动机 M2 主电路。冷却泵电动机 M2 主电路由图 5-8 中 3 区对应电气元件组成。实际应用时，热继电器 KR2 为冷却泵电动机 M2 过载保护元件。此外，由于冷却泵电动机 M2 与砂轮电动机 M1 并联后串接接触器 KM1 主触头，故当接触器 KM1 主触头闭合时，冷却泵电动机 M2 与砂轮电动机 M1 同步启动运转。

(4) 工件电动机 M3 主电路。工件电动机 M3 主电路由图 5-8 中 4 区对应电气元件组成，也属于单向运转单元主电路结构。实际应用时，接触器 KM2 主触头控制工件电动机 M3 工作电源通断，热继电器 KR3 为工件电动机 M3 过载保护元件。具体情况与砂轮电动机 M1 主电路相同，请读者参照自行分析。

(5) 水泵电动机 M4 主电路。水泵电动机 M4 主电路由图 5-8 中 5 区对应电气元件组成，也属于单向运转单元主电路结构。实际应用时，接触器 KM3 主触头控制水泵电动机 M4 工作电源通断，热继电器 KR4 为水泵电动机 M4 过载保护元件。具体情况与砂轮电动机 M1 主电路相同，请读者参照自行分析。

5.2.2.2　控制电路识读

M131 型外圆磨床控制电路由图 5-8 中 6～10 区组成。由于控制电路电气元件较少，故可将控制电路直接接在 380V 交流电源上，而机床工作照明电源由控制变压器 TC 单独降压供电。

1. 砂轮电动机 M1 控制电路

（1）砂轮电动机 M1 控制电路图区划分。砂轮电动机 M1 工作状态由接触器 KM1 主触头进行控制，故其控制电路由图 5-8 中 7 区接触器 KM1 线圈回路及 6 区热继电器 KR1～KR4 动合触头组成。其中 6 区热继电器 KR1～KR4 动合触头组成的电路为控制电路公共部分。

（2）砂轮电动机 M1 控制电路识图。由图 5-8 中 7 区控制电路可知，砂轮电动机 M1 控制电路属于单向运转单元控制电路结构。实际应用时，按钮 SB1 为机床停止按钮，SB2 为砂轮电动机 M1 启动按钮，与按钮 SB2 并联的接触器 KM1 辅助动合触头为接触器 KM1 自锁触头。

当需要砂轮电动机 M1 启动运转时，按下其启动按钮 SB2，接触器 KM1 得电闭合并自锁，其主触头闭合接通砂轮电动机 M1 工作电源，砂轮电动机 M1 得电启动运转。当需要砂轮电动机 M1 停止运转时，按下机床停止按钮 SB1，接触器 KM1 失电释放，其主触头复位断开，砂轮电动机 M1 失电停止运转。

2. 工件电动机 M3 控制线路

（1）工件电动机 M3 控制电路图区划分。工件电动机 M3 工作状态由接触器 KM2 主触头进行控制，故其控制电路由图 5-8 中 8 区接触器 KM2 线圈回路及 6 区热继电器 KR1～KR4 动合触头组成。

（2）工件电动机 M3 控制电路识图。由图 5-8 中 8 区控制电路可知，工件电动机 M3 控制电路也属于单向运转单元控制电路结构。实际应用时，工件电动机 M3 线圈回路电源由行程开关 ST1 进行控制。

电路通电后，当接触器 KM1 得电吸合并自锁，即砂轮电动机 M1 启动运转，且需要工件电动机 M3 启动运转时，扳动操作手柄压合行程开关 ST1，ST1 的动合触头闭合，接触器 KM2 得电吸合，其主触头接通工件电动机 M3 工作电源，M3 得电启动运转。当需要工件电动机 M3 停止运转时，扳动操作手柄使行程开关 ST1 处于释放状态，其动合触头断开，切断工件电动机 M3 控制电路电源，M3 失电停止运转。

3. 水泵电动机 M4 控制电路

（1）水泵电动机 M4 控制电路图区划分。水泵电动机 M4 工作状态由接触器 KM3 主触头进行控制，故其控制电路由图 5-8 中 9 区接触器 KM3 线圈回路及 6 区热继电器 KR1～KR4 动合触头组成。

（2）水泵电动机 M4 控制电路识图。由上述分析可知，水泵电动机 M4 控制电路由图 5-8 中 6 区、9 区对应电气元件组成。实际应用时，水泵电动机 M4 线圈回路电源由转换开关 QS2 进行控制。

电路通电后，当砂轮电动机 M1、工件电动机 M3 均启动运转时，若将转换开关 QS2 扳至接通位置，则接触器 KM3 得电闭合，其主触头闭合接通水泵电动机 M4 工作电源，M4 得电启动运转；若将转换开关 QS2 扳至断开位置，则接触器 KM3 失电释放，其主触头断开切断水泵电动机 M4 工作电源，M4 断电停止运转。

5.2.2.3　照明、信号电路识读

M131 型外圆磨床照明、信号电路由图 5-8 中 10 区对应电气元件组成。实际应用时，合上隔离开关，380V 交流电压经照明变压器 TC 降压后输出 36V 交流电压给照明电路供电，输出 6.3V 交流电压给信号电路供电。EL 为机床工作照明灯，由单极开关 SA 控制；HL 为机床电源信号灯。熔断器 FU3 实现照明电路短路保护功能。

5.2.3　类似磨床——M125K 型外圆磨床电气控制线路识读

M125K 型外圆磨床是使用较广泛的能加工各种圆柱形和圆锥形外表面及轴肩端面的磨床。其自动化程度较低，适用于中小批单件生产和修配工作。M125K 型外圆磨床电路图如图 5-9 所示。

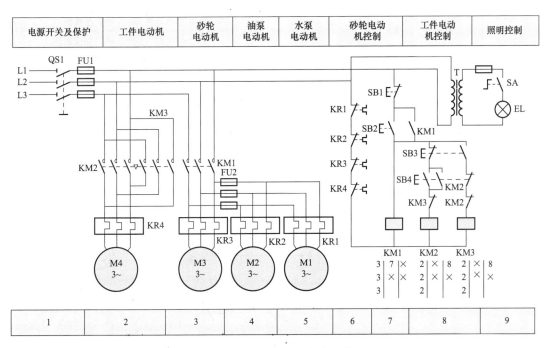

图 5-9　M125K 型外圆磨床电路图

识图要点：

（1）M125K 型外圆磨床由水泵电动机 M1、油泵电动机 M2、砂轮电动机 M3、工件电动机 M4 驱动相应机械部件实现工件磨削加工。其主电路由 1～5 区组成，控制电路由 6～9 区组成。

（2）砂轮电动机 M2 采用单向运转单元控制结构，工件电动机 M4 采用正、反转单元控制结构。

161

（3）主电路 3～5 区中，水泵电动机 M1 和油泵电动机 M2 与砂轮电动机 M3 并联后串接接触器 KM2 主触头，故当接触器 KM1 主触头闭合时，水泵电动机 M1、油泵电动机 M2、砂轮电动机 M3 同步启动运转。

（4）控制电路 7 区中，接触器 KM1 辅助动合触头与按钮 SB2 并联后串入接触器 KM2、KM3 线圈回路，即只有当接触器 KM1 闭合自锁，砂轮电动机 M3 启动运转后，工件电动机 M4 才能在接触器 KM2、KM3 控制下实现正、反转运转。

（5）控制电路由于电气元件较少，故可将控制电路电气元件直接接在 380V 交流电源上。

M125K 型外圆磨床关键电气元件见表 5-5。

表 5-5   **M125K 型外圆磨床关键电气元件**

序　号	代　号	名　称	功　能
1	KM1	接触器	控制砂轮电动机 M3 工作电源通断
2	KM2、KM3	接触器	控制工件电动机 M4 正、反转工作电源通断
3	SB1	按钮	机床停止按钮
4	SB2	按钮	砂轮电动机 M3 启动按钮
5	SB3	按钮	工件电动机 M4 反转启动按钮
6	SB4	按钮	工件电动机 M4 正转启动按钮
7	KR1～KR4	热继电器	M1～M4 过载保护

5.2.4 类似磨床—M135 型外圆磨床电气控制线路识读

M135 型外圆磨床属于较大型的万能外圆磨床，适用于磨削圆柱、圆锥零件和端面，也可自磨顶尖，可获得较好的表面粗糙度和加工精度。它具有使用范围宽、加工精度较好和表面粗糙度较好等特点。M135 型外圆磨床电路图如图 5-10 所示。

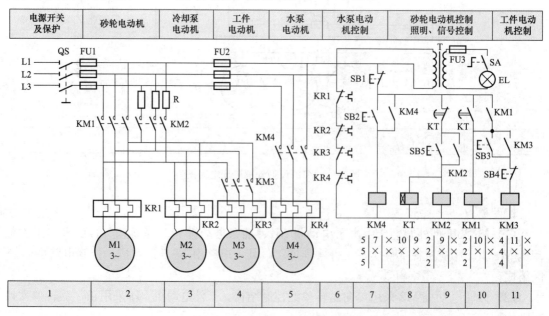

图 5-10 M135 型外圆磨床电路图

162

识图要点：

（1）M135 型外圆磨床由砂轮电动机 M1、冷却泵电动机 M2、工件电动机 M3（M3 为双速电动机，由转换开关控制，图中未画出）、水泵电动机 M4 驱动相应机械部件实现工件磨削加工。其主电路由 1～5 区组成，控制电路由 6～11 区组成。

（2）砂轮电动机 M1 采用串电阻降压启动单元主电路结构，水泵电动机 M4 采用单向运转单元控制结构。

（3）主电路 2～5 区中，冷却泵电动机 M2 和工件电动机 M3 与砂轮电动机 M1 并联后串入接触器 KM1、KM2 主触头，故当接触器 KM1 或 KM2 闭合时，冷却泵电动机 M2 与砂轮电动机 M1 同步启动运转。此时，工件电动机 M3 工作状态由接触器 KM3 主触头进行控制。

（4）控制电路 11 区中，接触器 KM1 辅助动合触头与时间继电器 KT 延时闭合瞬时断开触头并联后串入接触器 KM3 线圈回路，故只有当接触器 KM1 闭合并自锁后，接触器 KM3 才能得电闭合，对工件电动机 M3 进行控制。

（5）控制电路由于电气元件较少，故可将控制电路电气元件直接接在 380V 交流电源上。

M135 型外圆磨床关键电气元件见表 5-6。

表 5-6　　　　　　　　　　　M135 型外圆磨床关键电气元件

序　号	代　号	名　称	功　能
1	KM1	接触器	控制砂轮电动机 M1 全压运行电源通断
2	KM2	接触器	控制砂轮电动机 M1 串电阻启动电源通断
3	KM3	接触器	控制工件电动机 M3 工作电源通断
4	KM4	接触器	控制水泵电动机 M4 工作电源通断
5	KT	时间继电器	控制砂轮电动机 M1 串电阻降压启动时间
6	R	电阻器	砂轮电动机 M1 降压启动电阻
7	SB1	按钮	机床停止按钮
8	SB2	按钮	水泵电动机 M4 启动按钮
9	SB3	按钮	工件电动机 M3 启动按钮
10	SB4	按钮	工件电动机 M3 停止按钮
11	SB5	按钮	砂轮电动机 M1 启动按钮
12	KR1～KR4	热继电器	M1～M4 过载保护

5.3　M1432 型万能外圆磨床电气控制线路识图

5.3.1　M1432 型万能外圆磨床电气识图预备知识

1. M1432 型万能外圆磨床简介

M1432 型万能外圆磨床适用于磨削圆柱形和圆锥形的工件。其工件转动、外圆砂轮、内圆砂轮、油泵和冷却均由独立电动机传动，头架电动机采用永磁直流电机通过电动机调速板实现工件的无级调速。

M1432 型万能外圆磨床主要由床身、头架、工作台、砂轮架、尾架和内圆模具等部分组成。其外形及结构如图 5-11 所示。

该磨床的型号含义：

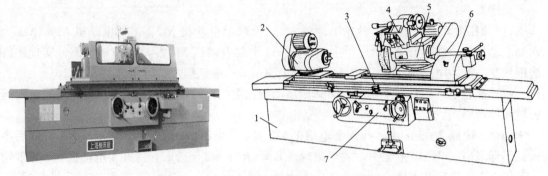

图 5-11　M1432 型万能外圆磨床的外形及结构

1—床身；2—工件头架；3—工作台；4—内圆磨具；5—砂轮架；6—尾架；7—控制箱

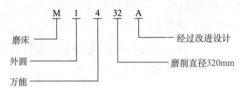

2. M1432 型万能外圆磨床主要运动形式与控制要求

M1432 型万能外圆磨床的主要运动形式及控制要求如下：

（1）用于磨削圆柱形和圆锥形零件的外圆和内孔。

（2）机床的外磨砂轮、内磨砂轮、工件、油泵及冷却泵，均以单独的电动机驱动。

（3）机床的工作台纵向进给，可由液压驱动，也可用手轮摇动。

（4）砂轮架横向快速进退由液压驱动，其进给运动由手轮机构实现。

（5）需设置过载保护、欠电压保护等完善的保护装置。

5.3.2　M1432 型万能外圆磨床电气控制线路识读

M1432 型万能外圆磨床电路图如图 5-12 所示。

5.3.2.1　主电路识读

1. 主电路图区划分

M1432 型万能外圆磨床由液压泵电动机 M1、头架电动机 M2、外圆砂轮电动机 M4、内圆砂轮电动机 M3、冷却泵电动机 M5 驱动相应机械部件实现工件磨削加工。根据机床电气控制系统主电路定义可知，其主电路由图 5-12 中 1～7 区组成，其中 1 区为电源开关，2 区为液压泵电动机 M1 主电路，3 区和 4 区为头架电动机 M2 主电路，5 区为外圆砂轮电动机 M4 主电路，6 区为内圆砂轮电动机 M3 主电路，7 区为冷却泵电动机 M5 主电路。

2. 主电路识图

（1）电源开关及保护部分。在图 5-12 中 1～7 区中，QS 为机床电源开关；熔断器 FU1 实现机床总短路保护；熔断器 FU2 实现液压泵电动机 M1 和头架电动机 M2 短路保护；熔断器 FU3 实现内圆砂轮电动机 M3 及冷却泵电动机 M5 短路保护。

（2）液压泵电动机 M1 主电路。液压泵电动机 M1 主电路由图 5-12 中 2 区对应电气元件组成，属于单向运转单元主电路结构。实际应用时，接触器 KM1 主触头控制液压泵电动机 M1 工作电源通断；热继电器 KR1 为液压泵电动机 M1 过载保护元件。

（3）头架电动机 M2 主电路。头架电动机 M2 主电路由图 5-12 中 3 区、4 区对应电气元

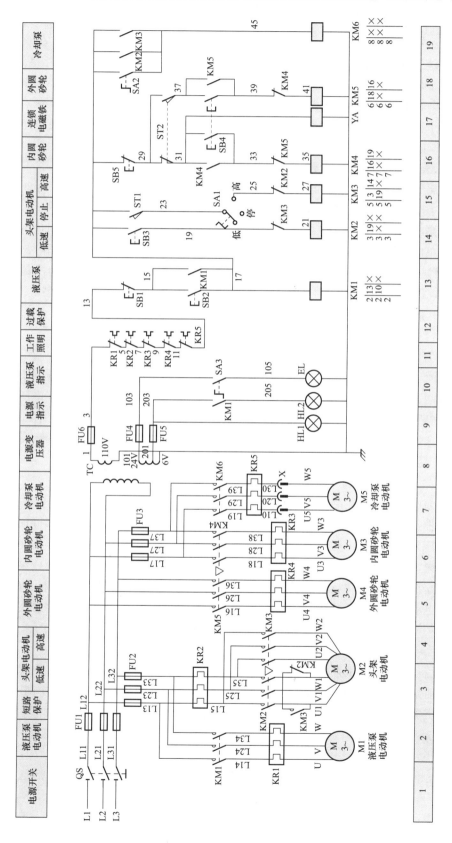

图 5-12 M1432型万能外圆磨床电路图

165

件组成，属于双速电动机单元主电路结构。实际应用时，接触器 KM2、KM3 分别为头架电动机 M2 低速、高速接触器，即当接触器 KM2 主触头闭合时，头架电动机 M2 绕组接成△联结低速运转；当接触器 KM3 主触头闭合时，头架电动机 M2 绕组接成丫丫联结高速运转。热继电器 KR2 为头架电动机 M2 过载保护元件。

（4）外圆砂轮电动机 M4 主电路。外圆砂轮电动机 M4 主电路由图 5-12 中 5 区对应电气元件组成，属于单向运转单元主电路结构。实际应用时，接触器 KM5 主触头控制外圆砂轮电动机 M4 工作电源通断；热继电器 KR4 为外圆砂轮电动机 M4 过载保护元件。

（5）内圆砂轮电动机 M3 主电路。内圆砂轮电动机 M3 主电路由图 5-12 中 6 区对应电气元件组成，也属于单向运转单元主电路结构。实际应用时，接触器 KM4 主触头控制内圆砂轮电动机 M3 工作电源通断；热继电器 KR3 为内圆砂轮电动机 M3 过载保护元件。

（6）冷却泵电动机 M5 主电路。冷却泵电动机 M5 主电路由图 5-12 中 7 区对应电气元件组成，也属于单向运转单元主电路结构。实际应用时，接触器 KM6 主触头控制冷却泵电动机 M5 工作电源通断；热继电器 KR5 为冷却泵电动机 M5 过载保护元件；X 为冷却泵电动机 M5 接插件，即当接触器 KM6 主触头闭合时，若将接插件 X 接通，则冷却泵电动机 M5 得电启动运转；若拔掉接插件 X，则冷却泵电动机 M5 失电停止运转。

5.3.2.2 控制电路识读

M1432 型万能外圆磨床控制电路由图 5-12 中 8～19 区组成，其中 8 区为控制变压器部分。实际应用时，合上隔离开关 QS，380V 交流电源通过熔断器 FU1 加至控制变压器 TC 的一次绕组两端，经降压后输出 110V 交流电压作为控制电路的电源；24V 交流电压为照明灯电路电源，6V 交流电压为信号灯电路电源。此外，12 区中热继电器 KR1～KR5 动断触头串接组成机床过载保护电路，当任意一台电动机过载时，对应热继电器动断触头动作断开，切断控制电路电源，从而实现机床过载保护功能。

1. 液压泵电动机 M1 控制电路

（1）液压泵电动机 M1 控制电路图区划分。由图 5-12 中 2 区可知，液压泵电动机 M1 工作状态由接触器 KM1 主触头进行控制，故可确定图 5-12 中 13 区接触器 KM1 线圈回路的电气元件构成液压泵电动机 M1 控制电路。

（2）液压泵电动机 M1 控制电路识图。由图 5-12 中 13 区控制电路可知，液压泵电动机 M1 控制电路属于单向运转单元控制电路结构。实际应用时，按钮 SB1 为机床停止按钮，SB2 为液压泵电动机 M1 启动按钮；接触器 KM1 在 15 号线与 17 号线间的动合触头实现自锁和控制后级控制电路接通与断开的双重功能，故只有当接触器 KM1 闭合，液压泵电动机 M1 启动运转后，其他电动机才能启动运转。

电路通电后，当需要液压泵电动机 M1 启动运转时，按下其启动按钮 SB2，接触器 KM1 得电闭合并自锁，其主触头闭合接通液压泵电动机 M1 的工作电源，液压泵电动机 M1 启动运转。当需要液压泵电动机 M1 停止运转时，按下其停止按钮 SB1，使接触器 KM1 失电释放即可。

2. 头架电动机 M2 控制电路

（1）头架电动机 M2 控制电路图区划分。由图 5-12 中 3 区、4 区可知，头架电动机 M2 工作状态由接触器 KM2、KM3 主触头进行控制，故可确定图 5-12 中 14 区、15 区接触器 KM2、KM3 线圈回路的电气元件构成头架电动机 M2 控制电路。

（2）头架电动机 M2 控制电路识图。由图 5-12 中 14 区、15 区控制电路可知，头架电动机 M2 控制电路属于双速电动机单元控制电路结构。实际应用时，按钮 SB3 为头架电动机 M2 点动按钮；转换开关 SA1 为头架电动机 M2 高、低速转换开关，其具有"高速"、"低速"、"停止"三挡。

当需要头架电动机 M2 低速运转时，将其高、低速转换开关 SA1 扳至"低速"位置，然后按下液压泵电动机 M2 的启动按钮 SB2，M2 启动运转，供给机床液压系统液压油。扳动砂轮架快速移动操作手柄至"快速"位置，此时液压油通过砂轮架快速移动操作手柄控制的液压阀进入砂轮架快进移动液压缸，驱动砂轮架快进移动。当砂轮架接近工件时，压合 14 区中的行程开关 ST1，ST1 在 14 区中 17 号线与 23 号线间的动合触头被压下闭合，接通接触器 KM2 线圈的电源，KM2 通电闭合，其在 3 区的主触头将头架电动机 M2 的定子绕组接成△联结低速启动运转。当加工完毕后，扳动砂轮架快速移动操作手柄至"快退"位置，此时液压油通过砂轮架快速移动操作手柄控制的液压阀进入砂轮架快退移动油缸，驱动砂轮架快退移动。快退移动至适当位置，将砂轮架快速移动操作手柄扳至"停止"位置，砂轮架停止移动。头架电动机 M2 高速运转控制过程与其低速运转控制过程相同，在此不再赘述，请读者自行分析。

当需要头架电动机 M2 停止运转时，只需将其高、低速转换开关 SA1 扳至"停止"位置，使接触器 KM2 或 KM3 失电释放，则头架电动机 M2 停止高速或低速运行。

3. 外圆砂轮电动机 M4 控制电路

（1）外圆砂轮电动机 M4 控制电路图区划分。由图 5-12 中 5 区可知，外圆砂轮电动机 M4 工作状态由接触器 KM5 主触头进行控制，故可确定图 5-12 中 18 区接触器 KM5 线圈回路的电气元件构成外圆砂轮电动机 M4 控制电路。

（2）外圆砂轮电动机 M4 控制电路识图。由图 5-12 中 18 区控制电路可知，外圆砂轮电动机 M4 控制电路属于单向运转单元控制电路结构。实际应用时，按钮 SB4 为外圆砂轮电动机 M4 启动按钮；行程开关 ST2 在 29 号线与 37 号线间的动合触头为外圆工作状态行程开关，它与 16 区中 ST2 在 29 号线与 31 号线间内圆工作状态控制动断触头联锁，即在任何时候，在内圆砂轮电动机 M3 和外圆砂轮电动机 M4 中只能选择其中一种工作状态；16 区中按钮 SB5 为内、外圆砂轮电动机 M3、M4 停止按钮。

当需要外圆砂轮电动机 M4 启动运转时，将砂轮架上的内圆磨具往上翻，行程开关 ST2 被压下，其在 18 区中 29 号线与 37 号线间的动合触头被压下闭合，为接通接触器 KM5 线圈电源做好准备。按下内、外圆砂轮电动机启动按钮 SB4，接触器 KM5 通电闭合并自锁，其 6 区中的主触头接通外圆砂轮电动机 M4 的电源，M4 启动运转。若按下停止按钮 SB5，则外圆电动机 M4 失电停止运行。

4. 内圆砂轮电动机 M3 控制电路

（1）内圆砂轮电动机 M3 控制电路图区划分。由图 5-12 中 6 区可知，内圆砂轮电动机 M3 工作状态由接触器 KM4 主触头进行控制，故可确定图 5-12 中 16 区接触器 KM4 线圈回路的电气元件构成内圆砂轮电动机 M3 控制电路。

（2）内圆砂轮电动机 M4 控制电路识图。由图 5-12 中 16 区控制电路可知，内圆砂轮电动机 M4 控制电路也属于单向运转单元控制电路结构。实际应用时，按钮 SB4 为内圆砂轮电动机 M4 启动按钮；行程开关 ST2 在 29 号线与 31 号线间的动断触头为内圆工作状态行程开关，它与 18 区中 ST2 在 29 号线与 37 号线间外圆工作状态控制动合触头联锁。同样，16 区中按钮

SB5 为内、外圆砂轮电动机 M3、M4 停止按钮。此外，为了避免内、外砂轮电动机 M3、M4 同时得电启动运转，造成设备损坏等重大安全事故，在图 5-12 中 17 区设置了联锁电磁铁 YA。

当需要内圆砂轮电动机 M3 启动运转时，将砂轮架上的内圆磨具往下翻，行程开关 ST2 被松开复位，其在 16 区中 29 号线与 31 号线间的动断触头复位闭合，为接通接触器 KM4 线圈电源做好准备。按下内、外圆电动机启动按钮 SB4，接触器 KM4 通电闭合并自锁，其 7 区中的主触头接通内圆砂轮电动机 M3 的电源，内圆砂轮电动机 M3 启动运转。若按下停止按钮 SB5，则内圆砂轮电动机 M3 失电停止运行。

5. 冷却泵电动机 M5 控制电路

（1）冷却泵电动机 M5 控制电路图区划分。由图 5-12 中 7 区可知，冷却泵电动机 M5 工作状态由接触器 KM6 主触头进行控制，故可确定图 5-12 中 19 区接触器 KM6 线圈回路的电气元件构成冷却泵电动机 M5 控制电路。

（2）冷却泵电动机 M5 控制电路识图。在图 5-12 中 19 区冷却泵电动机 M5 控制电路中，当接触器 KM2 或接触器 KM3 得电闭合时，19 区中对应辅助动合触头闭合，接通接触器 KM6 线圈回路电源，接触器 KM6 得电吸合，其主触头闭合接通冷却泵电动机 M5 工作电源，M5 得电启动运转，即当头架电动机 M2 高速或低速启动运转时，冷却泵电动机 M5 均会启动运转。此外，当头架电动机 M2 未启动运转时，若修整砂轮，则需要冷却泵电动机 M5 启动运转供给切削液，此时，只需将手动将开关 SA2 扳至接通位置，冷却泵电动机 M5 即可启动运转，供给修整砂轮时的切削液。

5.3.2.3　照明、信号电路识读

M1432 型万能外圆磨床照明、信号电路由图 5-12 中 9～11 区对应电气元件组成。控制变压器 TC 的二次侧分别输出 24V 和 6V 交流电压，作为车床低压照明灯和信号灯的电源。EL 为车床的低压照明灯，由控制开关 SA3 控制；HL1 为机床电源指示灯；HL2 为液压泵电动机 M1 启动运转信号指示灯，由接触器 KM1 辅助动合触头控制；熔断器 FU4、FU5 实现照明灯和信号灯短路保护功能。

5.3.3　类似磨床—MB1332 半自动外圆磨床电气控制线路识读

MB1332 半自动外圆磨床电路图如图 5-13 所示。

5.3.3.1　主电路识读

1. 主电路图区划分

MB1332 半自动外圆磨床由砂轮电动机 M1、冷却泵电动机 M2、磁性分离电动机 M3、油泵电动机 M4 和头架电动机 M5 驱动相应机械部件实现工件磨削加工。根据机床电气控制系统主电路定义可知，其主电路由图 5-13 中 1～8 区组成。其中 1 区为为电源开关及保护；2 区、7 区、8 区为砂轮电动机 M1 主电路；3 区为冷却泵电动机 M2 主电路；4 区为磁性分离电动机 M3 主电路；5 区为油泵电动机 M4 主电路；6 区为头架电动机 M5 主电路。

2. 主电路识图

MB1332 半自动外圆磨床主电路工作原理与 M1432 型万能外圆磨床相似，读者可参照自行分析，此处不再赘述。

5.3.3.2　控制电路识读

MB1332 半自动外圆磨床控制电路工作原理与 M1432 型万能外圆磨床相似，读者可参

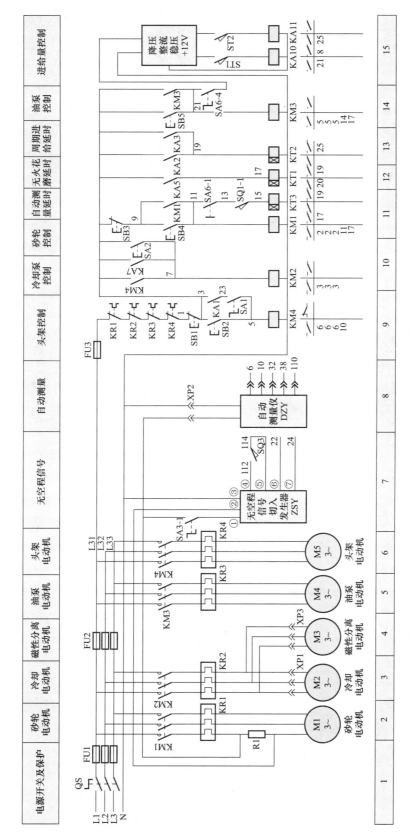

图5-13　MB1332半自动外圆磨床电路图（一）

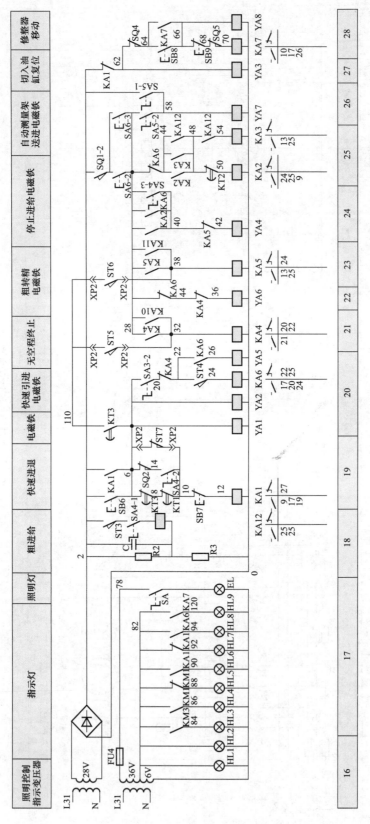

图5-13 MB1332半自动外圆磨床电路图（二）

170

照自行分析，此处不再赘述。

5.4 M7475B 型立轴圆台平面磨床电气控制线路识图

5.4.1 M7475B 型立轴圆台平面磨床电气识图预备知识

1. M7475B 立轴圆台平面磨床简介

M7475B 立轴圆台平面磨床是一种用砂轮端面磨削工件的高效率平面磨床。磨头立柱采用 90°V 形导轨，主要用来粗磨毛坯或磨削一般精度的工件，如果选择适当细粒度的砂轮，也可用于磨削精度较高的工件，如轴承环、活塞环等。

M7475B 立轴圆台平面磨床主要由床身、圆工作台、砂轮架和立柱等部分组成。其结构如图 5-14 所示。

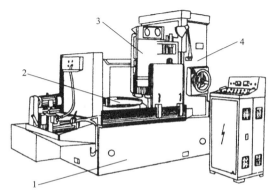

图 5-14　M7475B 立轴圆台平面磨床的结构
1—床身；2—工作台；3—砂轮架；4—立柱

该磨床的型号含义：

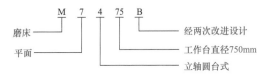

2. M7475B 型立轴圆台平面磨床主要运动形式与控制要求

M7475B 立轴圆台平面磨床采用立式磨头，用砂轮的端面进行磨削加工，用电磁吸盘固定工件。

M7475B 立轴圆台平面磨床的主运动是砂轮电动机 M1 带动砂轮的旋转运动。进给运动是工作台电动机 M2 拖动圆工作台转动。辅助运动是工作台移动电动机 M3 带动工作台的左右移动和磨头升降电动机 M4 带动砂轮架沿立柱导轨的上下移动。其电力拖动的特点及控制要求如下：

（1）磨床的砂轮和工作台分别由单独的电动机拖动，5 台电动机都选用交流异步电动机，并用接触器、继电器控制，属于纯电气控制。

（2）砂轮电动机 M1 只要求单向旋转，但由于容量较大，需采用 Y-△降压启动以限制启动电流。

（3）工作台电动机 M2 选用双速异步电动机来实现工作台的高速和低速旋转，以简化传动机构。工作台低速转动时，电动机定子绕组接成△形，转速为 940r/min；工作台高速旋转时，电动机定子绕组接成丫形，转速为 1440r/min。

（4）电磁吸盘的充磁、退磁采用电子线路控制。为了加工后能将工件取下，要求圆工作台的电磁吸盘在停止充磁后自动退磁。

（5）为保证磨床安全和电源不会短路，该磨床在工作台转动、工作台快转与慢转、工作台左移与右移、磨头上升与下降的控制线路中都设有电气联锁，且在工作台的左、右移动和磨头上升控制中设有限位保护。

5.4.2 M7475B 型立轴圆台平面磨床电气控制线路识读

M7475B 立轴圆台平面磨床电路图如图 5-15 所示。

5.4.2.1 主电路识读

1. 主电路图区划分

M7475B 型立轴圆台平面磨床由砂轮电动机 M1、工作台转动电动机 M2、工作台移动电动机 M3、砂轮升降电动机 M4、冷却泵电动机 M5、自动进给电动机 M6 驱动相应机械部件实现工件磨削加工。根据机床电气控制系统主电路定义可知，其主电路由图 5-15 中 1~12 区组成。其中 1 区和 6 区为电源开关及保护部分，2 区和 3 区为砂轮电动机 M1 主电路，4 区和 5 区为工作台转动电动机 M2 主电路，7 区和 8 区为工作台移动电动机 M3 主电路，9 区和 10 区为砂轮升降电动机 M4 主电路，11 区为冷却泵电动机 M5 主电路，12 区为自动进给电动机 M6 主电路。

2. 主电路识图

（1）电源开关及保护部分。电源开关及保护部分由图 5-15 中 1 区、6 区对应电气元件组成。实际应用时，隔离开关 QS 为机床电源开关，熔断器 FU2 实现工作台移动电动机 M3、砂轮升降电动机 M4、冷却泵电动机 M5、自动进给电动机 M6、控制变压器 TC1 短路保护功能。

（2）砂轮电动机 M1 主电路。由图 5-15 中 2 区、3 区主电路可知，砂轮电动机 M1 主电路属于丫-△减压启动单元主电路结构。实际应用时，接触器 KM1 主触头控制砂轮电动机 M1 工作电源通断，KM2 主触头为砂轮电动机 M1 定子绕组△联结控制触头，KM3 主触头为砂轮电动机 M1 定子绕组丫联结控制触头。即当接触器 KM1 和接触器 KM3 主触头闭合时，砂轮电动机 M1 的定子绕组接成丫联结减压启动；接触器 KM1 和接触器 KM2 主触头闭合时，砂轮电动机 M1 的定子绕组接成△联结全压运行。此外，热继电器 KR1 为砂轮电动机 M1 的过载保护元件；电流互感器 TA 与电流表 A 组成砂轮电动机 M1 在运行时的电流监视器，可监视砂轮电动机 M1 在运行中的电流值。

（3）工作台转动电动机 M2 主电路。由图 5-15 中 4 区、5 区主电路可知，工作台转动电动机 M2 主电路属于双速电动机单元主电路结构。其中接触器 KM4 主触头为工作台转动电动机 M2 定子绕组丫联结低速运转控制触头，KM5 主触头为工作台转动电动机 M2 定子绕组丫丫联结高速运转控制触头；热继电器 KR2 为工作台转动电动机 M2 过载保护元件；熔断器 FU1 实现工作台转动电动机 M2 短路保护功能。

（4）工作台移动电动机 M3 主电路。由图 5-15 中 7 区、8 区主电路可知，工作台移动电动机 M3 主电路属于正、反转单元主电路结构。其中接触器 KM6 主触头闭合时，工作台移动电动机 M3 正向启动运转；接触器 KM7 主触头闭合时，工作台移动电动机 M3 反向启动运转。热继电器 KR3 为工作台移动电动机 M3 过载保护元件。

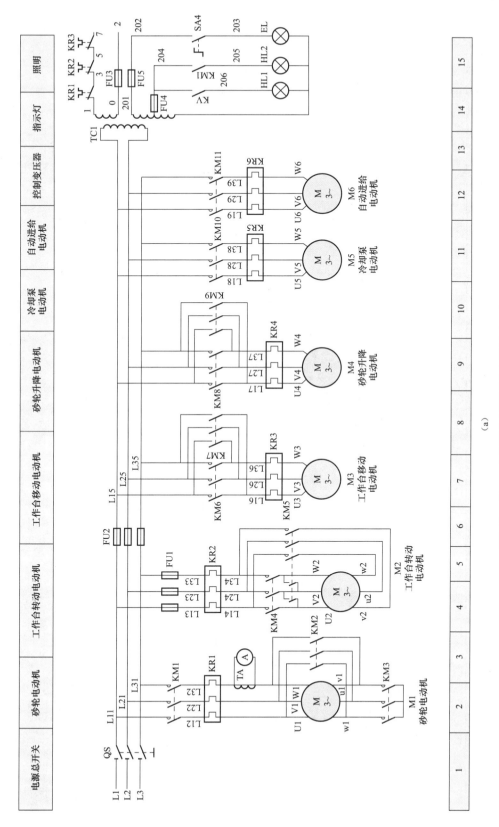

图5-15 M7475B立轴圆台平面磨床电路图（一）

(a)

173

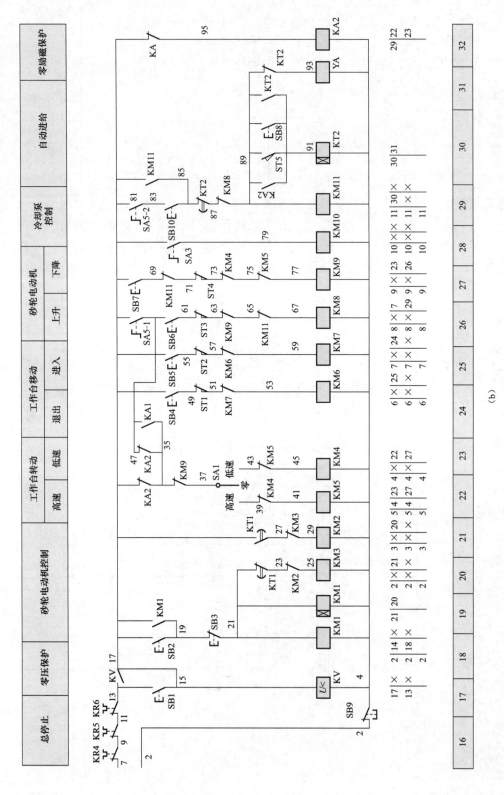

图5-15 M7475B立轴圆台平面磨床电路图（二）

(b)

（5）砂轮升降电动机 M4 主电路。由图 5-15 中 9 区、10 区主电路可知，砂轮升降电动机 M4 主电路也属于正、反转单元主电路结构。其中接触器 KM8 主触头闭合时，砂轮升降电动机 M4 正向启动运转；接触器 KM9 主触头闭合时，砂轮升降电动机 M4 反向启动运转。热继电器 KR4 热元件为砂轮升降电动机 M4 过载保护元件。

（6）冷却泵电动机 M5 主电路。由图 5-15 中 11 区主电路可知，冷却泵电动机 M5 主电路属于单向运转单元主电路结构。其中接触器 KM10 主触头控制冷却泵电动机 M5 工作电源通断；热继电器 KR5 热元件为冷却泵电动机 M5 过载保护元件。

（7）自动进给电动机 M6 主电路。由图 5-15 中 12 区主电路可知，自动进给电动机 M6 主电路也属于单向运转单元主电路结构。其中接触器 KM11 主触头控制自动进给电动机 M6 工作电源通断；热继电器 KR6 热元件为自动进给电动机 M6 过载保护元件。

5.4.2.2　控制电路识读

M7475B 型立轴圆台平面磨床控制电路由图 5-15 中 13～32 区组成，其中 13 区为控制变压器。实际应用时，合上隔离开关 QS，380V 交流电源通过熔断器 FU2 加至控制变压器 TC1 的一次绕组两端，经降压后输出 110V 交流电压作为控制电路的电源，另外，24V 交流电压为照明灯电路电源，6V 交流电压为信号灯电路电源。

1. 机床启动和停止控制电路

机床启动和停止控制电路由图 5-15 中 16 区、17 区对应电气元件组成。其中按钮 SB1 为机床启动按钮；SB9 为机床停止按钮；17 区中 KV 为机床欠电压继电器。此外，在 1 号线与 13 号线间串接了热继电器 KR1～KR6 的动合触头，其中任何一个热继电器的动断触头由于被保护电动机过载运行而断开时，即可切断整个控制电路电源。

当需要机床启动时，按下机床启动按钮 SB1，欠电压继电器 KV 线圈通电闭合，其在 13 线与 17 号线间的动合触头闭合，接通各电动机控制电路的电源并自锁，此时机床各电动机可根据需要进行启动。当需要机床停止工作时，按下机床停止按钮 SB9，切断控制电路供电回路的电源，机床拖动电动机 M1～M6 均停止运转。

值得注意的是，当机床在运行过程中，如果突然停电或因某种原因电压突然降低，会造成机床电磁吸盘吸力不足。此时，17 区中欠电压继电器线圈 KV 也会因电压不足而释放，其在 13 线与 17 号线间的动合触头复位断开，切断控制电路的电源，机床各电动机停止运行，从而起到机床欠电压保护作用。

2. 砂轮电动机 M1 控制电路

（1）砂轮电动机 M1 控制电路图区划分。由图 5-15 中 2 区、3 区主电路可知，砂轮电动机 M1 工作状态由接触器 KM1～KM3 主触头进行控制，故可确定 18～21 区中接触器 KM1～KM3 线圈回路的电气元件构成砂轮电动机 M1 控制电路。

（2）砂轮电动机 M1 控制电路识图。在 18～21 区控制电路中，按钮 SB2 为砂轮电动机 M1 启动按钮；SB3 为砂轮电动机 M1 停止按钮。

当需要砂轮电动机 M1 启动运转时，按下启动按钮 SB2，接触器 KM1、KM3 和时间继电器 KT1 均通电闭合且通过接触器 KM1 自锁触头自锁。此时 1 区中接触器 KM1、KM3 的主触头将砂轮电动机 M1 接成丫联结减压启动。经过设定的时间后，时间继电器 KT1 动作，其在 20 区中的通电延时断开动断触头断开，切断接触器 KM3 线圈的电源，接触器 KM3 失电释放。同时，时间继电器 KT1 在 21 区中的通电延时闭合动合触头闭合，接通接触器

KM2 线圈的电源，接触器 KM2 通电闭合。此时接触器 KM1 和接触器 KM2 的主触头将砂轮电动机 M1 接成△联结全压运行。

当需要砂轮电动机 M1 停止时，按下其停止按钮 SB3，接触器 KM1、KM2 和时间继电器 KT1 均失电释放，砂轮电动机 M1 断电停止运转。

3. 工作台转动电动机 M2 控制电路

（1）工作台转动电动机 M2 控制电路图区划分。由图 5-15 中 4 区、5 区主电路可知，工作台转动电动机 M2 工作状态由接触器 KM4、KM5 主触头进行控制，故可确定 22 区、23 区中接触器 KM4、KM5 线圈回路的电气元件构成工作台转动电动机 M2 控制电路。

（2）工作台转动电动机 M2 控制电路识图。在 22 区、23 区控制电路中，SA1 为工作台转动电动机 M2 高、低速转换开关，具有"高速"、"低速"、"零位"三挡；中间继电器 KA2 在 17 号线与 35 号线间及 47 号线与 35 号线间的动断触头为机床电磁吸盘欠电流或零电流保护触头，即当电磁吸盘 YH 线圈中欠电流或零电流时，流过欠电流继电器 KA 线圈中的电流减小或为零，KA 欠电流或零电流释放，使 KA 在图 5-15 中 32 区 17 号线与 95 号线间的动断触头复位闭合，接通中间继电器 KA2 线圈的电源，中间继电器 KA2 得电闭合，其在 22 区和 23 区 17 号线与 35 号线间及 47 号线与 35 号线间的动断触头断开，切断接触器 KM4 或 KM5 线圈的电源，接触器 KM4 或 KM5 失电释放，切断工作台转动电动机 M2 工作电源，M2 失电停止运转，从而实现机床电磁吸盘欠电流或零电流保护功能。

此外，接触器 KM9 在 35 号线与 37 号线的动断触头和 27 区中接触器 KM4 在 73 号线与 75 号线间的动断触头及接触器 KM5 在 75 号线与 77 号线间的动断触头为工作台转动电动机 M2 与砂轮升降电动机 M4 反转下降的联锁触头，即当工作台转动电动机 M2 启动运转时，砂轮升降电动机 M4 不能反转下降，而当砂轮电动机 M4 反转下降时，工作台电动机 M2 则不能启动运转。

当需要工作台转动电动机 M2 高速运转时，将其高、低速转换开关 SA1 扳至"高速"挡位置，接触器 KM5 通电闭合，其主触头将工作台转动电动机 M2 绕组接成丫丫联结高速运转；当需要工作台转动电动机 M2 低速运转时，将高、低速转换开关 SA1 扳至"低速"挡位置，接触器 KM4 通电闭合，其在 4 区的主触头将工作台转动电动机 M2 绕组接成丫联结低速运转；同理，若将高、低速转换开关 SA1 扳至"零位"挡位置，则工作台转动电动机 M2 停止运转。

4. 工作台移动电动机 M3 控制电路

（1）工作台移动电动机 M3 控制电路图区划分。由图 5-15 中 7 区、8 区主电路可知，工作台移动电动机 M3 工作状态由接触器 KM6、KM7 主触头进行控制，故可确定 24 区、25 区中接触器 KM6、KM7 线圈回路的电气元件构成工作台移动电动机 M3 控制电路。

（2）工作台移动电动机 M3 控制电路识图。在 24 区和 25 区工作台移动电动机 M3 控制电路中，按钮 SB4 为工作台移动电动机 M3 正转点动按钮；行程开关 ST1 为工作台移动电动机 M3 驱动工作台退出移动限位行程开关；按钮 SB5 为工作台移动电动机 M3 反转点动按钮；行程开关 ST2 为工作台移动电动机 M3 驱动工作台进入移动限位行程开关；接触器 KM6、KM7 分别串入对方线圈回路的辅助动断触头互为联锁触头。

当需要工作台移动电动机 M3 带动工作台退出时，按下其正转点动按钮 SB4，接触器 KM6 通电闭合，其主触头接通工作台移动电动机 M3 的正转电源，M3 带动工作台退出，至需要位置时，松开按钮 SB4，M3 停止运转。当需要工作台移动电动机 M3 带动工作台进入时，按下其反转点动按钮 SB5，接触器 KM7 通电闭合，其主触头接通工作台移动电动机 M3 的反转电源，M3 带动工作台进入，至需要位置时，松开按钮 SB5，M3 停止运转。当工作台在退出或进入过程中撞击退出或进入限位行程开关 ST1 或 ST2 时，ST1 或 ST2 串接在 49 号线与 51 号线间或 55 号线与 57 号线间的动断触头断开，切断接触器 KM6 或 KM7 线圈中的电源，使工作台移动电动机 M3 退出或进入停止。

5. 砂轮升降电动机 M4 及自动进给电动机 M6 控制电路

（1）砂轮升降电动机 M4 及自动进给电动机 M6 控制电路图区划分。由图 5-15 中 9 区、10 区主电路可知，砂轮升降电动机 M4 工作状态由接触器 KM8、KM9 主触头进行控制，故可确定 26 区、27 区中接触器 KM8、KM9 线圈回路的电气元件构成砂轮升降电动机 M4 控制电路。由于自动进给电动机 M6 工作状态由接触器 KM11 主触头进行控制，因此其控制电路由 29～31 区对应电气元件组成。

（2）砂轮升降电动机 M4 及自动进给电动机 M6 控制电路识图。在 26 区和 27 区砂轮升降电动机 M3 控制电路和 29～31 区自动进给电动机 M6 控制电路中，SA5 为砂轮升降"手动"控制和"自动"控制转换开关；按钮 SB6 为砂轮升降电动机 M4 正转点动按钮；SB7 为砂轮升降电动机 M4 反转点动按钮；SB10 为自动进给电动机 M6 启动按钮；SB8 为自动进给电动机 M6 停止按钮；31 区中 YA 为机床砂轮自动进给变速齿轮啮合电磁铁；行程开关 ST3、ST4 分别为砂轮上升和下降时的上、下限位行程开关；32 区中中间继电器 KA2 实现砂轮自动进给时电磁吸盘 YH 欠电流或零电流保护功能。砂轮升降电动机 M4 及自动进给电动机 M6 的具体控制过程如下：

1）手动控制。将砂轮升降"手动"控制和"自动"控制转换开关 SA5 扳至"手动"挡，SA5 在 26 区中 17 号线与 47 号线间的触头 SA5-1 闭合。当需要砂轮上升时，按下砂轮升降电动机 M4 的正转点动按钮 SB6，接触器 KM8 通电闭合，其主触头接通砂轮升降电动机 M4 的正转电源，M4 正向启动运转，带动砂轮上升，松开按钮 SB6，接触器 KM8 失电释放，砂轮升降电动机 M4 停止正向运转，砂轮停止上升。当需要砂轮下降时，按下砂轮升降电动机 M4 的反转点动按钮 SB7，接触器 KM9 通电闭合，其主触头接通砂轮升降电动机 M4 的反转电源，M4 反向启动运转，带动砂轮下降，松开按钮 SB7，接触器 KM9 失电释放，砂轮电动机 M4 停止反向运转，砂轮停止下降。当砂轮升降电动机 M4 带动砂轮上升或下降的过程中，撞击行程开关 ST3 或 ST4 时，ST3 或 ST4 的动合触头断开，切断接触器 KM8 或 KM9 线圈的电源，砂轮停止上升或下降。

2）自动控制。将砂轮升降"手动"控制和"自动"控制转换开关 SA5 扳至"自动"挡，SA5 在 29 区中 17 号线与 83 号线间的触头 SA5-2 闭合。按下自动进给电动机 M6 启动按钮 SB10，接触器 KM11 通电闭合并自锁，同时机床砂轮自动进给变速齿轮啮合电磁铁 YA 通电动作，使工作台自动进给齿轮与自动进给电动机 M6 带动的齿轮啮合，通过变速机构带动工作台自动向下工作进给，对加工工件进行磨削加工。当工件达到加工要求后，机械装置自动压下行程开关 ST5，ST5 在 30 区中 87 号线与 89 号线间的动合触头被压下闭合，接通时间继电器 KT2 线圈的电源，KT2 通电闭合，其在 30 区 87 号线与 89 号线间的瞬时动合触头闭合自锁，在 31 区中 87 号线与 91 线间的瞬时动断触头断开，切断机床砂轮自动进给变速齿轮啮合电磁铁 YA 线圈电源，YA 断电释放，工作台自动进给齿轮与变速机构齿轮分离，自动进给停止，此时自动进给电动机 M6 空转。经过设定时间后，时间继电器 KT2 动作，其在 29 区 83 号线与 85 号线间的通电延时断开动断触头断开，切断接触器 KM11 线圈和通电延时时间继电器 KT2 线圈的电源，接触器 KM11 和通电延时时间继电器 KT2 失电释放，自动进给电动机 M6 停转，完成自动进给控制过程。

6. 冷却泵电动机 M5 控制电路

（1）冷却泵电动机 M5 控制电路图区划分。由图 5-15 中 11 区主电路可知，冷却泵电动机 M5 工作状态由接触器 KM10 主触头进行控制，故可确定 28 区中接触器 KM10 线圈回路的电气元件构成冷却泵电动机 M5 控制电路。

（2）冷却泵电动机 M5 控制电路识图。在 28 区控制电路中，由单极开关 SA3 控制接触器 KM10 线圈回路电源通断。即当单极开关 SA3 扳至接通位置时，接触器 KM10 得电吸合，其主触头闭合接通冷却泵电动机 M5 工作电源，M5 得电启动运转；当单极开关 SA3 扳至断开位置时，接触器 KM10 失电释放，其主触头断开切断冷却泵电动机 M5 工作电源，M5 失电停止运转。

7. 电磁吸盘控制电路

M7475B 型立轴圆台平面磨床电磁吸盘充、退磁控制电路图如图 5-16 所示。

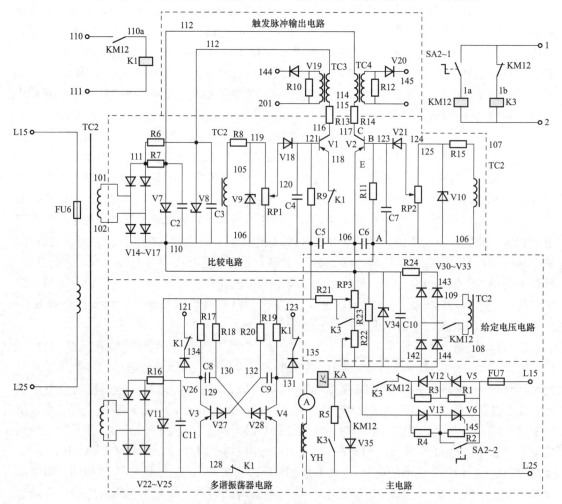

图 5-16　M7475B 型立轴圆台平面磨床电磁吸盘充、退磁控制电路图

由图 5-16 可见，M7475B 型立轴圆台平面磨床电磁吸盘充、退磁控制电路由触发脉冲输出电路、比较电路、给定电压电路、多谐振荡电路组成。其中 SA2 为电磁吸盘充、退磁转换开关，通过扳动 SA2 至不同的位置，可获得可调（在 SA2-1 位置）与不可调（在 SA2-2 位置）的充磁控制。

5.4.2.3　照明、信号电路识读

M7475B 型立轴圆台平面磨床照明、信号电路由图 5-15 中 13～15 区对应电气元件组成。实际应用时，EL 为机床工作照明灯，由控制开关 SA4 控制；HL1 为机床控制电路电源指示灯，由欠电压继电器动合触头控制；HL2 为砂轮电动机 M1 的运转指示灯，由接触器 KM1 的辅助动合触头控制；熔断器 FU3～FU5 实现照明、信号电路短路保护功能。

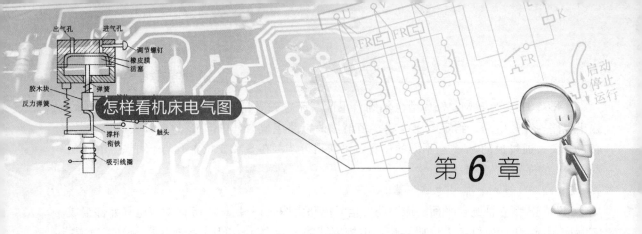

第**6**章

实用钻床电气控制线路识图

钻床是一种用途广泛的孔加工机床。它主要用钻头钻削精度要求不太高的孔，另外还可以进行扩孔、铰孔和攻丝等加工，具有结构简单、加工精度相对较低等特点。其主要类型有台式钻床、立式钻床、摇臂钻床、卧式钻床等。

6.1 Z3050 型摇臂钻床电气控制线路识图

6.1.1 Z3050 型摇臂钻床电气识图预备知识

1. Z3050 型摇臂钻床简介

Z3050 型摇臂钻床是具有广泛用途的万能型钻床，适用于中、大型零件的钻孔、扩孔、铰孔、平面及攻螺纹等加工，且在具有工艺装备的条件下可以进行镗孔。它具有机床精度稳定性好、使用寿命长和保护装置完善等特点。

Z3050 型摇臂钻床的外形及结构如图 6-1 所示，主要由底座、内立柱、外立柱、摇臂、主轴箱、工作台等部分组成。

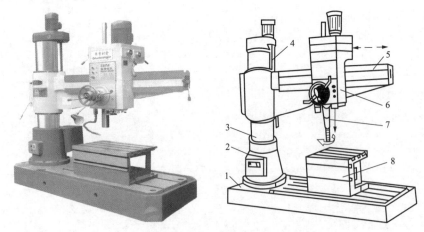

图 6-1 Z3050 型摇臂钻床的外形及结构

1—底座；2—外立柱；3—内立柱；4—摇臂升降丝杠；5—摇臂；6—主轴箱；7—主轴；8—工作台

Z3050 型摇臂钻床型号含义：

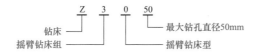

2. Z3050 型摇臂钻床主要运动形式与控制要求

根据 Z3050 型摇臂钻床运动情况及加工需要，共采用 4 台三相笼型异步电动机拖动，即主轴电动机 M1、摇臂电动机 M3、液压泵电动机 M3 和冷却泵电动机 M4。该钻床主要运动形式与控制要求如下：

（1）由于摇臂钻床的相对运动部件较多，故采用多台电动机拖动，以简化传动装置。主轴电动机 M1 承担钻削及进给任务，只要求单向旋转。主轴的正、反转一般通过正反转摩擦离合器实现，主轴转速和进刀量通过变速机构调解。摇臂的升降和立柱的夹紧、放松由电动机 M2、M3 拖动，要求双向旋转。

（2）摇臂的升降要求设置限位保护装置。

（3）摇臂的夹紧与放松由机械和电气联合控制。外立柱和主轴箱的夹紧与放松由电动机配合液压装置完成。

（4）钻削加工时，需要对刀具及工件进行冷却。由电动机 M4 拖动冷却泵输送冷却液。

6.1.2 Z3050 型摇臂钻床电气控制线路识读

Z3050 型摇臂钻床电路图如图 6-2 所示。

6.1.2.1 主电路识读

1. 主电路图区划分

Z3050 型摇臂钻床由冷却泵电动机 M4、主轴电动机 M1、摇臂升降电动机 M2、液压泵电动机 M3 驱动相应机械部件实现工件钻削加工。根据机床电气控制系统主电路定义可知，其主电路由图 6-2 中 1～8 区组成。其中 1 区、4 区为电源开关及保护部分，2 区为冷却泵电动机 M4 主电路，3 区为主轴电动机 M1 主电路，5 区、6 区为摇臂升降电动机 M2 主电路，7 区、8 区为液压泵电动机 M3 主电路。

2. 主电路识图

（1）电源开关及保护部分。电源开关及保护部分由图 6-2 中 1 区、4 区对应电气元件组成。实际应用时，隔离开关 QS1 为机床电源开关；熔断器 FU1 实现冷却泵电动机 M4、主轴电动机 M1 短路保护功能；熔断器 FU2 实现摇臂升降电动机 M2、液压泵电动机 M3 和控制变压器 TC 短路保护功能。

（2）冷却泵电动机 M4 主电路。在图 6-2 中 2 区所示冷却泵电动机 M4 主电路中，转换开关 QS2 控制冷却泵电动机 M4 工作电源通断，即将转换开关 QS2 扳至接通位置时，冷却泵电动机 M4 得电启动运转；当转换开关 QS2 扳至断开位置时，冷却泵电动机 M4 失电停止运转。

（3）主轴电动机 M1 主电路。主轴电动机 M1 主电路由图 6-2 中 3 区对应电气元件组成，属于单向运转单元主电路结构。实际应用时，接触器 KM1 主触头控制主轴电动机 M1 工作电源通断；热继电器 KR1 为主轴电动机 M1 过载保护元件。

（4）摇臂升降电动机 M2 主电路。摇臂升降电动机 M2 主电路由图 6-2 中 5 区、6 区对应电气元件组成，属于正、反转单元主电路结构。实际应用时，接触器 KM2、KM3 主触头

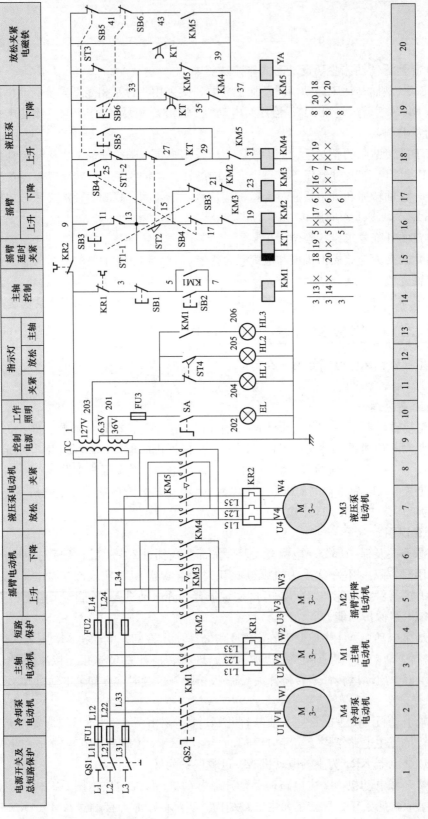

图 6-2　Z3050 型摇臂钻床电路图

182

分别控制摇臂升降电动机 M2 正、反转电源通断。由于摇臂升降电动机 M2 为短时点动工作，故未设置过载保护装置。

（5）液压泵电动机 M3 主电路。液压泵电动机 M3 主电路由图 6-2 中 7 区、8 区对应电气元件组成，也属于正、反转单元主电路结构。实际应用时，接触器 KM4、KM5 主触头分别控制液压泵电动机 M3 正、反转电源通断；热继电器 KM2 实现液压泵电动机 M3 过载保护功能。

6.1.2.2　控制电路识读

Z3050 型摇臂钻床控制电路由图 6-2 中 9～20 区组成。其中 9 区为控制变压器部分，实际应用时，合上隔离开关 QS1，380V 交流电压经熔断器 FU1、FU2 加至控制变压器 TC 的一次绕组上，经降压后输出 127V 交流电压作为控制电路的电源；另外，36V 交流电压为机床工作照明灯电源，6.3V 交流电压为信号灯电源。

1. 主轴电动机 M1 控制电路

（1）主轴电动机 M1 控制电路图区划分。由图 6-2 中 3 区可知，主轴电动机 M1 工作状态由接触器 KM1 主触头进行控制，故其控制电路必包含接触器 KM1 线圈回路部分。由图 6-2 可知，接触器 KM1 线圈在 14 区中，故与 14 区中接触器 KM1 线圈串联并与控制变压器 TC 中 110V 交流电压形成回路的元件即为组成主轴电动机 M1 控制电路的电气元件。

（2）主轴电动机 M1 控制电路识图。在 14 区主轴电动机 M1 控制电路中，按钮 SB1 为主轴电动机 M1 停止按钮；SB2 为主轴电动机 M1 启动按钮；热继电器 KM1 动断触头为主轴电动机 M1 过载保护触头。

当需要主轴电动机 M1 启动运转时，按下其启动按钮 SB2，接触器 KM1 通电闭合并自锁，其 3 区中的主触头闭合接通主轴电动机 M1 电源，主轴电动机 M1 通电启动运转；若按下停止按钮 SB1，则接触器 KM1 失电释放，其主触头处于断开状态，即主轴电动机 M1 失电停止运转。

2. 摇臂升降电动机 M2 控制电路

（1）摇臂升降电动机 M2 控制电路图区划分。摇臂升降控制电路由图 6-2 中 15～20 区对应电气元件组成，其实质是摇臂升降电动机 M2 和液压泵电动机 M3 的联合控制电路。

（2）摇臂升降电动机 M2 控制电路识图。在 15～20 区摇臂升降电动机 M2 控制电路中，16 区中按钮 SB3 为摇臂升降电动机 M2 正向点动按钮；18 区中按钮 SB4 为摇臂升降电动机 M2 反向点动按钮；行程开关 ST1-1、ST1-2 分别为摇臂上、下限位行程开关；行程开关 ST2 为液压泵电动机 M3 和摇臂升降电动机 M2 启动运转转换行程开关；20 区中行程开关 ST3 为摇臂放松夹紧行程开关，在机床未启动时此行程开关的动断触头由机械装置压下断开；接触器 KM3 在 16 区中 17 号线与 19 号线间的辅助动断触头及接触器 KM2 在 17 区中 21 号线与 23 号线间的动断触头为摇臂升降电动机 M2 正、反转联锁触头。

当需要摇臂上升时，按下摇臂上升点动按钮 SB3，SB3 在 17 区中 15 号线与 21 号线间的动断触头断开，切断接触器 KM3 线圈回路的电源；同时 SB3 在 16 区中 9 号线与 11 号线间的动合触头闭合，使时间继电器 KT 得电闭合，KT 在 18 区 27 号线与 29 号线间的瞬时动合触头闭合，在 19 区中 33 号线与 35 号线间的瞬时断开延时闭合触头断开，在 20 区 9 号线与 39 号线间的瞬时闭合延时断开触头闭合。时间继电器 KT 在 18 区 27 号线与 29 号线间的瞬时动合触头闭合，接通了接触器 KM4 线圈的电源，接触器 KM4 得电闭合，其主触头接通液压泵电动机 M3 的正转电源，液压泵电动机 M3 正向启动运转，驱动液压泵供给机床正向液压油。由于时间继电器 KT 在 20 区中 9 号线与 39 号线间的瞬时闭合延时断开触头闭合，接通了电磁铁 YA 线圈的电源，因此电磁铁 YA 与接触器 KM4 同时闭合。正向液压油经二位六通阀进入摇臂松开液压缸，驱动摇臂放松。摇臂放松后，液压缸活塞杆通过弹簧片压下行程开关 ST2，并放松行程开关 ST3，使 ST3 在 20 区中 9 号线与 33 号线间的动断触头复位闭合，为摇臂夹紧做好准备。由于行程开关 ST2 被压下，ST2 在 18 区 13 号线与 27 号线间的动断触头断开，接触器 KM4 失电释放，液压泵电动机 M3 停止正转。ST2 在 16 区中 13 号线与 15 号线间的动合触头闭合，接通了接触器 KM2 线圈的电源，接触器 KM2 通电吸合，其主触头接通了摇臂升降电动机 M2 的正转电源，摇臂升降电动机 M2 带动摇臂上升。当摇臂上升到要求高度时，松开上升点动按钮 SB3，时间继电器 KT、接触器 KM2 均失电释放，摇臂升降电动机 M2 停止正转。由于时间继电器 KT 为断电延时型，故 KT 线圈失电后，时间继电器 KT 在 18 区中 27 号线与 29 号线间的瞬时动合触头断开，在 19 区中 33 号线与 35 号线间的瞬时断开延时闭合触头在时间继电器 KT 线圈断电经过一定时间后复位闭合，在 20 区中 9 线与 39 号线间的瞬时闭合延时断开触头在时间继电器 KT 线圈断电经过一定的时间后复位断开。19 区 KT 瞬时断开延时闭合触头延时复位闭合后接通了接触器 KM5 线圈的电源，接触器 KM5 得电闭合，接触器 KM5 在 20 区中 43 号线与 39 号线与间的动合触头闭合，仍然保持电磁铁 YA 线圈通电吸合，而接触器 KM5 主触头接通液压泵电动机 M3 的反转电源，液压泵电动机 M3 驱动液压泵反转，供给机床反向液压油。反向液压油经二位六通阀进入摇臂夹紧液压缸，驱动摇臂夹紧。摇臂夹紧后，行程开关 ST3 在 20 区中 9 号线与 33 号线间的动断触头断开，接触器 KM5 失电释放，切断电磁铁 YA 线圈电源，行程开关 ST2 复位，为下一次摇臂升降做准备。至此完成摇臂的上升控制过程。

摇臂下降的控制过程与摇臂上升的控制过程相同。当需要摇臂下降时，按下摇臂下降点动按钮 SB4，其他控制过程请读者自行分析。

3. 立柱和主轴箱松开及夹紧控制电路

（1）立柱和主轴箱松开及夹紧控制电路图区划分。立柱和主轴箱松开及夹紧控制电路由图 6-2 中 18～20 区对应电气元件组成。其主要是通过控制液压泵电动机 M3 的正、反转，驱动液压泵供给机床正、反向液压油实现松开及夹紧立柱和主轴箱的功能。

（2）立柱和主轴箱松开及夹紧控制电路识图。在图 6-2 中 18 区～20 区所示立柱和主轴箱松开及夹紧控制电路中，19 区中按钮 SB5 为液压泵电动机 M3 正转点动按钮；按钮 SB6 为液压泵电动机 M3 反转点动按钮。

当需要立柱和主轴箱松开时，按下液压泵电动机 M3 的正转点动按钮 SB5，接触器 KM4 通电闭合，KM4 在 7 区中的主触头接通液压泵电动机 M3 的正转电源，液压泵电动机 M3 正转，驱动液压泵供给机床正向液压油，液压油经二位六通阀进入立柱和主轴箱松开液压缸，松开立柱和主轴箱。当立柱和主轴箱松开后，压下 12 区中行程开关 ST4，12 区中放松指示灯亮。同理，当需要立柱和主轴箱夹紧时，按下液压泵电动机 M3 的反转点动按钮 SB6，接触器 KM5 通电闭合，KM5 在 8 区中的主触头接通液压泵电动机 M3 的反转电源，液压泵电动机 M3 反转，驱动液压泵供给机床反向液压油，液压油经二位六通阀进入立柱和主轴箱夹紧液压缸，夹紧立柱和主轴箱。当立柱和主轴箱夹紧后，放松行程开关 ST4，ST4 在 11 区中 203 号线与 204 号线间的动断触头复位闭合，接通立柱和主轴夹紧信号指示灯

HL1 电源，11 区中夹紧指示灯 HL1 发亮。

6.1.2.3　照明、信号电路识读

Z3050 型摇臂钻照明、信号电路由图 6-2 中 10～13 区对应电气元件组成。实际应用时，控制变压器 TC 二次侧输出的 36、6.3V 交流电压分别为机床工作照明灯和信号灯电源。其中 EL 为机床工作照明灯，由单极开关 SA 控制；HL1 和 HL2 为立柱和主轴夹紧信号灯及放松信号灯，由行程开关 ST4 复合触头控制；HL3 为主轴电动机 M1 的运行信号灯，由接触器 KM1 辅助动合触头控制。

6.1.3　类似钻床—Z3063 型摇臂钻床电气控制线路识读

Z3063 型摇臂钻床适用于在大、中型零件上进行钻孔、扩孔、铰孔、锪平面及攻螺纹等工作，在具有工艺装备的条件下，可以进行镗孔。它具有用途广泛、操作方便、精度可靠、刚性好等特点。Z3063 型摇臂钻床电路图如图 6-3 所示。

识图要点：

（1）Z3063 型摇臂钻床由冷却泵电动机 M4、主轴电动机 M1、摇臂升降电动机 M2、液压泵电动机 M3 驱动相应机械部件实现工件钻孔加工。故其主电路由 1～8 区组成，控制电路由 9～18 区组成。

（2）主轴电动机 M1 采用单向运转单元控制结构；摇臂升降电动机 M2 和液压泵电动机 M3 采用正、反转控制单元结构。

（3）12～16 区为摇臂升降电动机 M2 和液压泵电动机 M3 的联合控制电路。其中 14 区中的 ST1 为摇臂上升时的上限位行程开关，15 区中的 ST3 为摇臂下降时的下限位行程开关，14 区和 15 区中的 ST2 为 M2、M3 启动运转转换行程开关。

（4）控制电路 18 区为机床照明、信号电路。

Z3063 型摇臂钻床关键电气元件见表 6-1。

表 6-1　　　　　　　　　　　Z3063 型摇臂钻床关键电气元件

序　号	代　号	名　称	功　能
1	KM1	接触器	控制主轴电动机 M1 工作电源通断
2	KM2、KM3	接触器	控制摇臂升降电动机 M2 正、反转电源通断
3	KM4、KM5	接触器	控制液压泵电动机 M3 正、反转电源通断
4	SB1	按钮	主轴电动机 M1 停止按钮
5	SB2	按钮	主轴电动机 M1 启动按钮
6	SB3	按钮	摇臂升降电动机 M2 正转点动按钮
7	SB4	按钮	摇臂升降电动机 M2 反转点动按钮
8	SB5	按钮	液压泵电动机 M3 正转点动按钮
9	SB6	按钮	液压泵电动机 M3 反转点动按钮
10	QS2	转换开关	冷却泵电动机 M4 工作电源控制开关
11	KR1、KR2	热继电器	M1、M3 过载保护

6.1.4　类似钻床—Z3040 型立式摇臂钻床电气控制线路识读

Z3040 型立式摇臂钻床是具有广泛用途的另一种万能型钻床，可在中、小型零件上进行钻孔、扩孔、铰孔、刮平面和攻螺纹等作业，有工艺装备时，还可以镗孔。它适合于机械部门成批生产或单件生产。Z3040 型立式摇臂钻床电路图如图 6-4 所示。

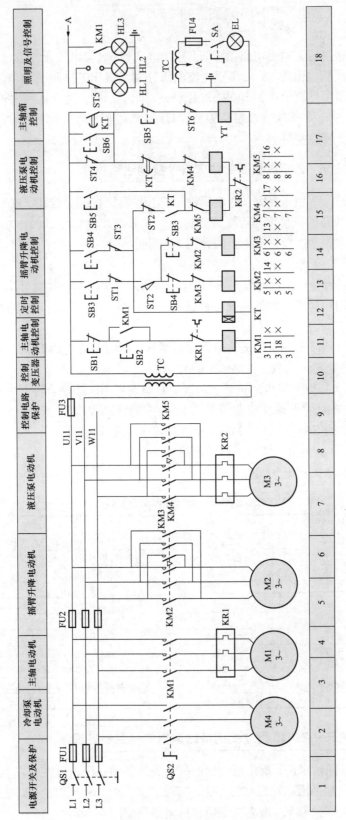

图 6-3 Z3063型摇臂钻床电路图

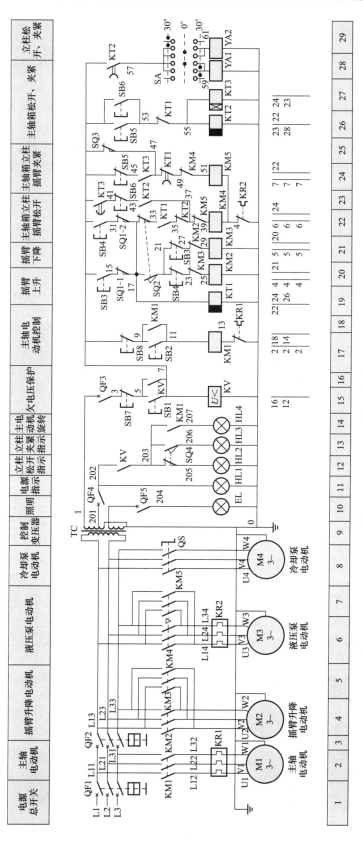

图 6-4　Z3040型立式摇臂钻床电路图

187

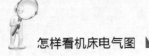

识图要点:

(1) Z3040 型立式摇臂钻床由主轴电动机 M1、摇臂升降电动机 M2、液压泵电动机 M3、冷却泵电动机 M4 驱动相应机械部件实现工件钻孔加工。故其主电路由 1~8 区组成,控制电路由 9~29 区组成。

(2) 主轴电动机 M1 采用单向运转单元控制结构;摇臂升降电动机 M2 和液压泵电动机 M3 采用正、反转点动单元控制结构。

(3) 1 区中断路器 QF1 既为机床电源开关,又为机床电气控制线路和主轴电动机 M1 短路及过载保护元件;3 区中断路器 QF2 为摇臂升降电动机 M2、液压泵电动机 M3、冷却泵电动机 M4 隔离开关和过载及短路保护元件。

(4) 10 区、11 区、15 区中断路器 QF3、QF4、QF5 分别为机床控制电路、机床工作信号指示电路和机床工作照明电路过载及短路保护元件。

Z3040 型立式摇臂钻床关键电气元件见表 6-2。

表 6-2 Z3040 型立式摇臂钻床关键电气元件

序 号	代 号	名 称	功 能
1	KM1	接触器	控制主轴电动机 M1 工作电源通断
2	KM2、KM3	接触器	控制摇臂升降电动机 M2 正、反转电源通断
3	KM4、KM5	接触器	控制液压泵电动机 M3 正、反转电源通断
4	QS	转换开关	控制冷却泵电动机 M4 工作电压通断
5	SB1	按钮	控制电路总启动按钮
6	SB7	按钮	控制电路总停止按钮
7	SB2	按钮	主轴电动机 M1 启动按钮
8	SB3	按钮	摇臂升降电动机 M2 正转点动按钮
9	SB4	按钮	摇臂升降电动机 M2 反转点动按钮
10	SB5	按钮	主轴箱和立柱放松按钮
11	SB6	按钮	主轴箱和立柱夹紧按钮
12	SB8	按钮	主轴电动机 M1 停止按钮
13	KR1、KR2	热继电器	M1、M4 过载保护
14	SQ1-1、SQ1-2	行程开关	摇臂上、下限位行程开关
15	YA1、YA2	电磁阀	主轴箱和立柱放松及夹紧电磁铁
16	SA	转换开关	控制电磁铁 YA1 和 YA2 的工作状态

6.2 Z35 型摇臂钻床电气控制线路识图

6.2.1 Z35 型摇臂钻床电气识图预备知识

1. Z35 型摇臂钻床简介

Z35 型摇臂钻床属于用途广泛的通用钻床。它主要适用于钻孔、扩孔、铰孔、锪平面及攻螺纹等加工。Z35 型摇臂钻床的外形及结构如图 6-5 所示,主要由底座、内立柱、外立柱、摇臂、主轴箱、工作台等部分组成。

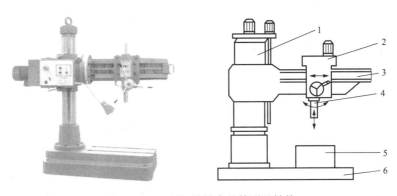

图 6-5 Z35 型摇臂钻床的外形及结构

1—内、外立柱；2—主轴箱；3—摇臂；4—主轴；5—工作台；6—底座

Z35 型摇臂钻床型号含义：

2. Z35 型摇臂钻床主要运动形式与控制要求

根据 Z35 型摇臂钻床运动情况及加工需要，共采用 4 台三相笼型异步电动机拖动，即冷却泵电动机 M1、主轴电动机 M2、摇臂电动机 M3、液压泵电动机 M4。该钻床主要运动形式与控制要求如下：

（1）由于摇臂钻床的相对运动部件较多，故采用多台电动机拖动，以简化传动装置。主轴电动机 M2 承担钻削及进给任务，只要求单向旋转。主轴的正、反转一般通过正反转摩擦离合器实现，主轴转速和进刀量通过变速机构调解。摇臂的升降和立柱的夹紧、放松由电动机 M3、M4 拖动，要求双向旋转。

（2）该钻床的各种工作状态均通过十字开关 SA 进行转换。为防止十字开关手柄停在任何工作位置时，因接通电源而产生误动作，本控制电路设有失电压保护环节。

（3）摇臂的升降要求设置限位保护装置。

（4）摇臂的夹紧与放松由机械和电气联合控制。外立柱和主轴箱的夹紧与放松由电动机配合液压装置完成。

（5）钻削加工时，需要对刀具及工件进行冷却。由电动机 M1 拖动冷却泵输送冷却液。

6.2.2 Z35 型摇臂钻床电气控制线路识读

Z35 型摇臂钻床电路图如图 6-6 所示。

6.2.2.1 主电路识读

1. 主电路图区划分

Z35 型摇臂钻床由冷却泵电动机 M1、主轴电动机 M2、摇臂升降电动机 M3、液压泵电动机 M4 驱动相应机械部件实现工件孔加工。根据机床电气控制系统主电路定义可知，其主电路由图 6-6 中 1 区～8 区组成，其中 1 区为电源开关及保护部分，2 区为冷却泵电动机 M1 主电路，3 区和 4 区为主轴电动机 M2 主电路，5 区和 6 区为摇臂升降电动机 M3 主电路，7 区和 8 区为液压泵电动机 M4 主电路。

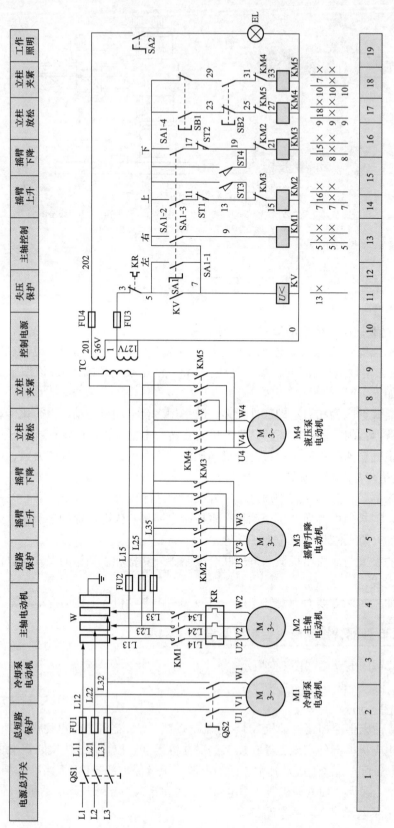

图6-6　Z35型摇臂钻床电路图

190

2. 主电路识图

（1）电源开关及保护部分。电源开关及保护部分由图 6-6 中 1 区隔离开关 QS1 和熔断器 FU1、FU2 组成。实际应用时，QS1 为机床工作电源开关；熔断器 FU1 实现冷却泵电动机 M1 和主轴电动机 M2 短路保护功能；熔断器 FU2 实现摇臂升降电动机 M3 和液压泵电动机 M4 短路保护功能。此外，4 区中 W 为汇流排，由电刷和集电环构成，其作用为主轴电动机 M2、摇臂升降电动机 M3、液压泵电动机 M4 及机床控制电路电源引入元件。

（2）冷却泵电动机 M1 主电路。由图 6-6 中 2 区主电路可知，冷却泵电动机 M1 主电路由转换开关 QS2 控制冷却泵电动机 M1 工作电源通断，即当 QS2 扳至接通位置时，冷却泵电动机 M1 通电启动运转；当 QS2 扳至断开位置时，冷却泵电动机 M1 断电停转。

（3）主轴电动机 M2 主电路。主轴电动机 M2 主电路由图 6-6 中 3 区、4 区对应电气元件组成，属于单向运转单元主电路结构。其中接触器 KM1 主触头控制主轴电动机 M1 工作电源通断；热继电器 KR1 为主轴电动机 M1 过载保护元件。

（4）摇臂升降电动机 M3 主电路。摇臂升降电动机 M3 主电路由图 6-6 中 5 区、6 区对应电气元件组成，属于正、反转单元主电路结构。其中接触器 KM2 主触头控制摇臂升降电动机 M3 正转电源通断，接触器 KM3 主触头控制摇臂升降电动机 M3 反转电源通断。此外，由于摇臂升降电动机 M3 采用短期点动控制，故未设置过载保护装置。

（5）液压泵电动机 M4 主电路。液压泵电动机 M4 主电路由图 6-6 中 7 区、8 区对应电气元件组成，也属于正、反转单元主电路结构。其中接触器 KM4 主触头控制液压泵电动机 M4 正转工作电源通断；接触器 KM5 主触头控制液压泵电动机 M4 反转工作电源通断。由于液压泵电动机 M4 也采用短期点动控制，故也未设置过载保护装置。

6.2.2.2　控制电路识读

Z35 型摇臂钻床控制电路由图 6-6 中 9～19 区组成。其中 9 区为控制变压器部分，实际应用时，合上隔离开关 QS1，380V 交流电源通过熔断器 FU1、FU2 和汇流环 W 加至控制变压器 TC 的一次绕组两端，经降压后输出 127V 交流电压作为控制电路的电源。另外，36V 交流电压为机床工作低压照明电路电源。

由图 6-6 控制电路可知，Z35 型摇臂钻床控制电路由欠电压保护、主轴电动机 M2 控制、摇臂升降电动机 M3 控制、立柱控制和照明等电路组成。其中十字转换开关 SA1 具有"左"、"右"、"上"、"下"、"中间"五挡，当 SA1 扳至"左"挡时，触头 SA1-1 闭合，其他触头断开；当 SA1 扳至"右"挡时，触头 SA1-2 闭合，其他触头断开；当 SA1 扳至"上"挡时，触头 SA1-3 闭合，其他触头断开；当 SA1 扳至"下"挡时，触头 SA1-4 闭合，其他触头断开；当 SA1 扳至"中间"挡时，SA1 的所有触头均断开。

1. 失电压保护电路

失电压保护电路由图 6-6 中 11 区、12 区对应电气元件组成，它的主要作用是当机床在运行过程中突然停电或因某种原因导致电源电压降低，机床不能正常运行时，自动切断机床控制电路电源，从而实现保护机床电路的目的。

具体控制如下：将十字转换开关 SA1 扳至"左"挡，十字开关 SA1 在 5 号线与 13 号线间的触头闭合，其他触头断开，接通欠电压继电器 KV 线圈的电源，KV 通电闭合，KV 在 5 号线与 7 号线间的触头闭合，接通控制电路的电源并自锁，此时控制电路方可启动运行。若突然停电或电源电压降低，则欠电压继电器 KV 在 5 号线与 7 号线间的触头断开，切断控制电路电源，机床不能正常启动运行。

2. 主轴电动机 M2 控制电路

（1）主轴电动机 M2 控制电路图区划分。由图 6-6 中 3 区、4 区主电路可知，主轴电动机 M2 工作状态由接触器 KM1 主触头进行控制，故可确定图 6-6 中 13 区接触器 KM1 线圈回路的电气元件构成主轴电动机 M2 控制电路。

（2）主轴电动机 M2 控制电路识图。在 13 区主轴电动机 M2 控制电路中，十字开关 SA1 触头 SA1-2 控制接触器 KM1 线圈电源的通断。当十字转换开关 SA1 扳至"左"挡，欠电压继电器 KUV 通电闭合并自锁后，将十字转换开关 SA1 扳至"右"挡，触头 SA1-2 闭合，其他触头断开，接通接触器 KM1 线圈电源，接触器 KM1 通电闭合，其在 5 区中的主触头闭合，接通主轴电动机 M2 的电源，主轴电动机 M2 启动运转。将十字转换开关 SA1 扳至"中间"挡时，接触器 KM1 失电释放，主轴电动机 M2 停转。

3. 摇臂升降电动机 M3 控制电路

（1）摇臂升降电动机 M3 控制电路图区划分。由图 6-6 中 5 区、6 区主电路可知，摇臂升降电动机 M3 工作状态由接触器 KM2、KM3 主触头进行控制，故可确定 14～16 区接触器 KM2、KM3 线圈回路的电气元件构成摇臂升降电动机 M3 控制电路。

（2）摇臂升降电动机 M3 控制电路识图。在 14～16 区摇臂升降电动机 M3 控制电路中，行程开关 ST1、ST2 分别为摇臂上、下限位行程开关；ST3 为摇臂下降完毕后的夹紧行程开关；ST4 为摇臂上升完毕后的夹紧行程开关；接触器 KM2、KM3 串接于对方线圈回路的辅助动断触头为摇臂升降电动机 M3 正、反转联锁触头。

当需要摇臂上升时，将十字转换开关 SA1 扳至"上"挡位置，触头 SA1-3 闭合，接通接触器 KM2 线圈的电源，KM2 通电闭合，摇臂升降电动机 M3 正向启动运转，此时由于机械构造方面的原因，摇臂升降电动机 M3 暂时不能立即带动摇臂上升，而是先将夹紧的摇臂松开。在松开摇臂的同时，又由机械装置压下行程开关 ST4，使 ST4 在 7 号线与 19 号线间的动合触头闭合，为摇臂上升完毕后摇臂升降电动机 M3 反转夹紧摇臂做好准备。摇臂夹紧装置放松后，又通过机械齿轮装置的啮合，摇臂升降电动机 M3 带动摇臂开始上升。当摇臂上升到一定高度后，将十字转换开关 SA1 扳至"中间"挡位置，接触器 KM2 失电释放，摇臂升降电动机 M3 停止正转。同时，接触器 KM2 在 16 区中 19 号线与 21 号线间的动断触头复位闭合，由于行程开关 ST4 此时是闭合的，因此接触器 KM3 通电闭合，其主触头接通摇臂升降电动机 M3 的反转电源，摇臂升降电动机 M3 反向启动运转，带动机械装置对摇臂进行夹紧。当摇臂夹紧后，机械装置松开压下的行程开关 ST4，ST4 在 7 号线与 19 号线间的动合触点复位断开，切断接触器 KM3 线圈的电源，接触器 KM3 失电释放，摇臂升降电动机 M3 停止反转，完成摇臂上升控制过程。

摇臂如果在上升过程中上升高度超过上限位的行程，就会撞击行程开关 ST1，ST1 在 11 号线与 13 号线间的动断触头断开，切断接触器 KM2 线圈的电源，接触器 KM2 失电释放，其在 7 区的主触头断开，切断摇臂升降电动机 M3 的正转电源，摇臂停止上升。

摇臂下降的控制过程与摇臂上升的控制过程相同。当需要摇臂下降时，将十字转换开关 SA1 扳至"下"挡位置，其他控制过程请读者自行分析。

4. 液压泵电动机 M4 控制电路

（1）液压泵电动机 M4 控制电路图区划分。由图 6-6 中 7 区、8 区主电路可知，液压泵电动机 M4 工作状态由接触器 KM4、KM5 主触头进行控制，故可确定 17 区、18 区接触器 KM4、KM5 线圈回路的电气元件构成液压泵电动机 M4 控制电路。

（2）液压泵电动机 M4 控制电路识图。液压泵电动机 M4 控制电路由图 6-6 中 17 区、18 区对应电气元件组成，其主要作用为实现机床立柱与外筒的夹紧与放松功能。当需要立柱放松时，按下立柱放松按钮 SB1，接触器 KM4 通电闭合，其在 9 区的主触头接通液压泵电动机 M4 的正转电源，液压泵电动机 M4 正向启动运转，带动液压泵供给机床正向液压油。正向液压油通过液压阀进入机械放松夹紧驱动液压缸，使机械装置动作，对立柱进行放松。松开立柱放松按钮 SB1，接触器 KM4 断电释放，液压泵电动机 M4 停止正转，完成立柱放松控制过程。调整摇臂位置后，按下立柱夹紧按钮 SB2，接触器 KM5 通电闭合，其在 10 区的主触头接通液压泵电动机 M4 的反转电源，液压泵电动机 M4 反向启动运转，带动液压泵供给机床反向液压油。反向液压油通过液压阀进入机械放松夹紧驱动液压缸，使机械装置动作，对立柱进行夹紧。松开立柱夹紧按钮 SB2，接触器 KM5 断电释放，液压泵电动机 M4 停止反转，完成立柱夹紧控制过程。

6.2.2.3　照明电路识读

Z35 型摇臂钻床照明电路由图 6-6 中 19 区熔断器 FU4、单极开关 SA2 和照明灯 EL 组成。实际应用时，从控制变压器 TC 输出的 36V 交流电压经过熔断器 FU4 及单极开关 SA2 加在机床工作照明灯 EL 上。单极开关 SA2 为机床工作照明灯 EL 的电源开关。

6.2.3　类似钻床—Z37 型摇臂钻床电气控制线路识读

Z37 摇臂钻床主要由底座、外立柱、内立柱、主轴箱、摇臂、工作台等部分组成。它适用于单件或批量生产中带有多孔的大型零件的孔加工。Z37 型摇臂钻床电路图如图 6-7 所示。

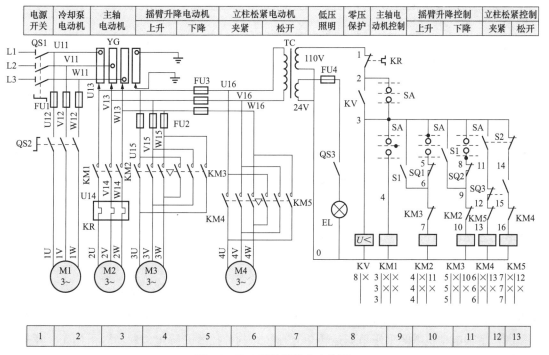

图 6-7　Z37 型摇臂钻床电路图

识图要点：

（1）Z37 型摇臂钻床由冷却泵电动机 M1、主轴电动机 M2、摇臂升降电动机 M3、立柱松紧电动机 M4 驱动相应机械部件实现工件钻孔加工。故其主电路由 1～7 区组成，控制电路由 8～13 区组成。

（2）主轴电动机 M2 采用单向运转单元控制结构；摇臂升降电动机 M3 和立柱松紧电动机 M4 采用正、反转单元控制结构。

（3）十字开关 SA 操作说明见表 6-3。

表 6-3　　　　　　　　　　　　　　十字开关 SA 操作说明

手柄位置	接通微动开关的触头	工作情况
中	均不通	控制电路断电
左	SA（2-3）	KA 得电自锁
右	SA（3-4）	KM1 得电，主轴旋转
上	SA（3-5）	KM2 得电，摇臂上升
下	SA（3-8）	KM3 得电，摇臂下降

（4）8 区控制电路为欠电压保护电路，其作用是当机床在运行过程中突然停电或因某种原因导致电源电压降低，机床不能正常运行时，自动切断机床控制电路电源，从而实现保护机床电路的目的。

Z37 型摇臂钻床关键电气元件见表 6-4。

表 6-4　　　　　　　　　　　　　Z37 型摇臂钻床关键电气元件

序　号	代　号	名　　称	功　　能
1	KM1	接触器	控制主轴电动机 M1 工作电源通断
2	KM2、KM3	接触器	控制摇臂升降电动机 M3 正、反电源通断
3	KM4、KM5	接触器	控制立柱松紧电动机 M4 正、反电源通断
4	SA	十字开关	控制钻床工作状态
5	QS2	转换开关	控制冷却泵电动机 M1 工作电压通断

6.2.4　类似钻床—Z3025 型摇臂钻床电气控制线路识读

Z3025 型摇臂钻床可广泛应用于机械加工中的钻孔、扩孔、铰孔、锪平面及攻螺纹等。它具有工艺先进、性能可靠、操作维修方便、刚度好、精度好等特点。Z3025 型摇臂钻床电路图如图 6-8 所示。

识图要点：

（1）Z3025 型摇臂钻床由冷却泵电动机 M1、主轴电动机 M2、摇臂升降电动机 M3 驱动相应机械部件实现工件钻孔加工。故其主电路由 1～5 区组成，控制电路由 6～11 区组成。

（2）主轴电动机 M2 采用单向运转单元控制结构；摇臂升降电动机 M3 采用正、反转单元控制结构。

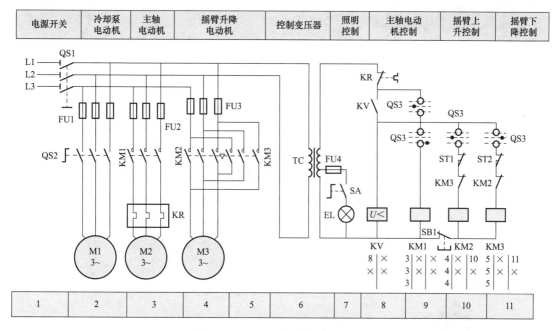

图 6-8 Z3025 型摇臂钻床电路图

（3）8 区控制电路为欠电压保护电路，其作用是当机床在运行过程中突然停电或因某种原因导致电源电压降低，机床不能正常运行时，自动切断机床控制电路电源，从而实现保护机床电路的目的。

Z3025 型摇臂钻床关键电气元件见表 6-5。

表 6-5   Z3025 型摇臂钻床关键电气元件

序 号	代 号	名 称	功 能
1	KM1	接触器	控制主轴电动机 M2 工作电源通断
2	KM2、KM3	接触器	控制摇臂升降电动机 M3 正、反转电源通断
3	QS2	转换开关	控制冷却泵电动机 M1 工作电源通断
4	QS3	十字开关	控制钻床工作状态
5	SB1	按钮	摇臂升降电动机 M3 停止按钮
6	KR	热继电器	M2 过载保护

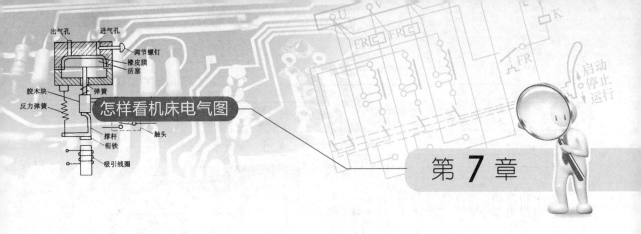

怎样看机床电气图

第 7 章

实用铣床电气控制线路识图

铣床是利用铣刀旋转对工件进行铣削加工的实用型机床，主要用于机械变速箱齿轮、蜗轮、蜗杆及机械曲面等复杂机械零件加工，具有加工范围广、适合批量加工、效率高等特点。其主要类型有卧式铣床、立式铣床、龙门铣床和仿型铣床等。

7.1　X6132 型卧式万能铣床电气控制线路识图

7.1.1　X6132 型卧式万能铣床电气识图预备知识

1. X6132 型卧式万能铣床简介

万能铣床是一种通用的多用途机床，它可以用圆柱铣刀、圆片铣刀、角度铣刀、成型铣刀及端面铣刀等刀具对各种零件进行平面、斜面、螺旋面及成型表面的加工，还可以加装万能铣刀、分度头和圆工作台等机床附件来扩大加工范围。常用的万能铣床有两种，一种是卧式万能铣床，代表产品有 X6132（为 X62W 型卧式万能铣床改进型产品）等，其铣头水平方向放置；另一种是立式万能铣床，代表产品有 X52K 等，其铣头垂直方向放置。

X6132 型卧式万能铣床的外形及结构如图 7-1 所示，主要由底座、床身、悬梁、主轴、刀杆支架、工作台和升降台等部分组成。

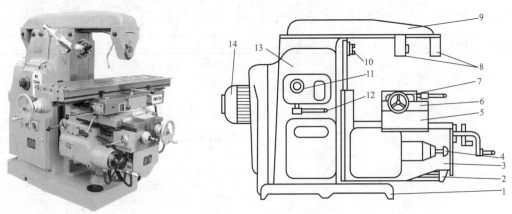

图 7-1　X6132 型卧式万能铣床的外形及结构

1—底座；2—进给电动机；3—升降台；4—进给变速手柄；5—溜板；6—转动工作台；7—工作台；
8—刀杆支架；9—悬梁；10—主轴；11—主轴变速盘；12—主轴变速手柄；13—床身；14—主电动机

X6132 型卧式万能铣床型号含义：

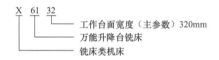

2. X6132 型卧式万能铣床主要运动形式与控制要求

根据 X6132 型卧式万能铣床运动情况及加工需要，共采用 3 台三相笼型异步电动机拖动，即主轴电动机 M1、冷却泵电动机 M2 和进给电动机 M3。该铣床主要运动形式与控制要求如下：

（1）铣削加工有顺铣和逆铣两种加工方式，故要求主轴电动机 M1 能正反转，但考虑到正反转操作并不频繁（批量顺铣或逆铣），因此在铣床床身下侧电器箱上设置一个组合开关，来改变电源相序实现主轴电动机 M1 的正反转。由于主轴传动系统中装有避免振动的惯性轮，使主轴停车困难，故主轴电动机采用电磁离合器制动以实现准确停车。

（2）铣床的工作台要求有"上"、"下"、"前"、"后"、"左"、"右" 6 个方向的进给运动和快速运动，所以也要求进给电动机 M2 能正反转，并通过操纵手柄和机械离合器相配合来实现。进给的快速移动是通过电磁铁和机械挂挡来完成的。为了扩大其加工能力，在工作台上可加装圆形工作台，圆形工作台的回转运动是由进给电动机经传动机构驱动的。

（3）根据加工工艺的要求，该铣床应具有以下电气联锁措施：

1）为防止刀具和铣床的损坏，要求只有主轴旋转后才允许有进给运动和进给方向的快速移动。

2）为了减少工件表面的粗糙度，只有进给停止后主轴才能停止或同时停止。该铣床在电气上采用了主轴和进给同时停止的方式，但由于主轴运动的惯性很大，实际上就保证了进给运动先停止、主轴运动后停止的要求。

3）6 个方向的进给运动中同时只能有一种运动产生，该铣床采用了机械操纵手柄和位置开关相配合的方式来实现 6 个方向的联锁。

4）主轴运动和进给运动采用变速盘来进行速度选择，为保证变速齿轮进入良好啮合状态，两种运动都要求变速后作瞬时点动。

5）当主轴电动机或冷却泵电动机过载时，进给运动必须立即停止，以免损坏刀具和铣床。

6）要求有冷却系统、照明设备及各种保护措施。

7.1.2 X6132 型卧式万能铣床电气控制线路识读

X6132 型卧式万能铣床电路图如图 7-2 所示。

7.1.2.1 主电路识读

1. 主电路图区划分

X6132 型卧式万能铣床由主轴电动机 M1、冷却泵电动机 M2、进给电动机 M3 驱动相应机械部件实现工件铣削加工。根据机床电气控制系统主电路定义可知，其主电路由图 7-2 中 1～5 区组成。其中 1 区为电源开关及保护部分，2 区为主轴电动机 M1 主电路，3 区为冷却泵电动机 M2 主电路，4 区和 5 区为进给电动机 M3 主电路。

怎样看机床电气图

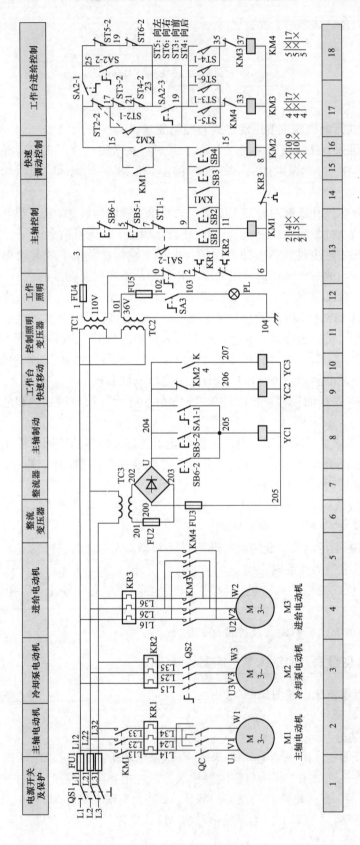

图 7-2　X6132型卧式万能铣床电路图

2. 主电路识图

（1）电源开关及保护部分。电源开关及保护部分由图 7-2 中 1 区隔离开关 QS1 和熔断器 FU1 组成。实际应用时，QS1 为机床工作电源开关；FU1 实现主电路短路保护功能。

（2）主轴电动机 M1 主电路。由图 7-2 中 2 区主电路可知，主轴电动机 M1 主电路属于正、反转控制单元主电路结构。实际应用时，接触器 KM1 主触头控制主轴电动机 M1 正、反转电源通断；倒顺开关 QC 为主轴电动机 M1 的正、反转电源控制开关，具有"正转"、"反转"和"停止"三挡，当 QC 扳至上述三挡位置时，主轴电动机 M1 分别工作于正转、反转和停转三种状态；热继电器 KR1 为主轴电动机 M1 过载保护元件。

（3）冷却泵电动机 M2 主电路。由图 7-2 中 3 区主电路可知，冷却泵电动机 M2 主电路属于单向运转单元主电路结构。实际应用时，转换开关 QS2 控制冷却泵电动机 M2 工作电源通断；热继电器 KR2 为冷却泵电动机 M2 过载保护元件。

（4）进给电动机 M3 主电路。由图 7-2 中 4 区、5 区主电路可知，进给电动机 M3 主电路也属于正、反转控制单元主电路结构。实际应用时，接触器 KM3 主触头控制进给电动机 M3 正转电源的通断；接触器 KM4 主触头控制进给电动机 M3 反转电源的通断；热继电器 KR3 为进给电动机 M3 过载保护元件。

7.1.2.2 控制电路识读

X6132 型卧式万能铣床控制电路由图 7-2 中 6～18 区组成。其中 11 区为控制变压器部分，实际应用时，合上隔离开关 QS1，380V 交流电压经熔断器 FU1 加至控制变压器 TC1 一次侧绕组两端，经降压后输出 110V 交流电压给控制电路供电。此外，机床工作照明电路和主轴制动电路电源由电源变压器 TC2、TC3 单独降压供电。

1. 主轴电动机 M1 控制电路

（1）主轴电动机 M1 控制电路图区划分。由图 7-2 中 2 区主电路可知，主轴电动机 M1 工作状态由接触器 KM1 主触头进行控制，故可确定图 7-2 中 8 区、13 区和 14 区对应电气元件构成主轴电动机 M1 控制电路，具有主轴启动、主轴制动停止、主轴变速冲动和主轴换刀制动等控制功能。

（2）主轴电动机 M1 控制电路识图。在图 7-2 中 8 区、13 区和 14 区主轴电动机 M1 控制电路中，按钮 SB1、SB2 为主轴电动机 M1 两地启动按钮；SB5、SB6 为主轴电动机 M1 两地停止按钮；8 区中 YC1 为主轴电动机 M1 制动电磁离合器；13 区中行程开关 ST1 为主轴电动机 M1 变速冲动行程开关；转换开关 SA1 为主轴电动机 M1 换刀制动开关。具体控制过程如下：

1）主轴电动机 M1 启动控制。主轴电动机 M1 的启动控制也称为主轴启动控制。当需要主轴电动机 M1 启动运行时，按下其两地启动按钮 SB1 或 SB2，接触器 KM1 通电闭合并自锁，KM1 在 2 区中的主触头闭合，接通主轴电动机 M1 的电源。此时若 2 区中倒顺开关 QC 扳至"正转"位置，主轴电动机 M1 则启动正转；若倒顺开关 QC 扳至"反转"位置，主轴电动机 M1 则启动反转。

2）主轴电动机 M1 制动停止控制。主轴电动机 M1 的制动停止控制也称为主轴制动控制。当需要主轴电动机 M1 停止运转时，按下其两地制动停止按钮 SB5 或 SB6，按钮 SB5 或 SB6 串接在 5 号线与 7 号线或 3 号线与 5 号线间的动断触头 SB5-1 或 SB7-2 首先断开，切断接触器 KM1 线圈回路的电源，接触器 KM1 断电释放，其在 2 区的主触头断开，切断主轴电动机 M1 的电源，主轴电动机 M1 失电，但在惯性的作用下，M1 不能立即停转，需要对其进行制动控制。此时，按钮 SB5、SB6 并联在 204 号线与 205 号线间的动合触头 SB5-2 或 SB6-2 闭合，接通主轴电动机 M1 的制动电磁离合器 YC1 线圈的电源，制动电磁离合器 YC1 动作，对主轴电动机 M1 进行制动，使主轴电动机 M1 迅速停止转动。

3）主轴变速冲动控制。主轴变速冲动控制实际上是通过瞬时接通或断开主轴电动机 M1 的电源来实现的。当主轴电动机 M1 在加工过程中需要进行变速操作时，必须通过新的变速齿轮互相啮合而形成新的主轴速度。值得注意的是，在变速的过程中，新的变速齿轮不一定能啮合得很好，所以必须通过对主轴的冲动使得新的变速齿轮啮合好。具体操作如下：先将主轴变速手柄拉出，然后转动主轴变速盘，将主轴的速度调整到当前加工所需要的数值，再将变速手柄推回原处。在手柄推原回原处的同时，手柄瞬时压下 13 区中的行程开关 ST1 后又迅速松开，此时 ST1 在 3 号线与 11 号线间的动合触头瞬时闭合后又迅速断开，接触器 KM1 线圈瞬时通电闭合后又迅速失电释放，接触器 KM1 在 2 区中的主触头瞬时闭合后又迅速断开，使得主轴电动机 M1 瞬时启动运转后又停止下来，即起到主轴变速齿轮瞬时冲动的作用，从而实现主轴变速冲动控制。

4）主轴换刀制动。机床主轴在换刀时，为了保证换刀人员的人身安全，主轴绝对不能启动运转，为了达到这一目的，在 X6132 型卧式万能铣床中采用了主轴换刀时对主轴进行制动控制的方法。当机床需要换刀时，将转换开关 SA1 扳至"换刀"位置，转换开关 SA1 在 13 区中 0 号线与 2 号线间的动合触头 SA1-2 断开，切断控制电路中电源的通路，此时所有电动机均不能启动运行；而转换开关 SA1 在 8 区中 204 号线与 205 号线间的动合触头闭合，接通主轴制动电磁离合器 YC1 线圈的电源，电磁离合器 YC1 通电后开始动作，并对主轴进行制动，使主轴电动机 M1 不能启动运转。机床主轴换刀完毕后，将转换开关 SA1 扳至原位，机床各电动机又可正常启动运行。

2. 进给电动机 M3 控制电路

（1）进给电动机 M3 控制电路图区划分。由图 7-2 中 4 区、5 区主电路可知，进给电动机 M3 工作状态由接触器 KM3、KM4 主触头进行控制，故可确定图 7-2 中 9 区、10 区、15～18 区对应电气元件构成进给电动机 M3 控制电路。该控制电路主要具有工作台进给运动控制、工作台进给变速冲动控制、工作台快速移动控制和圆工作台控制功能。

（2）进给电动机 M3 控制电路识图。在进给电动机 M3 控制电路中，9 区、10 区中 YC2、YC3 为工作台快速进给电磁离合器；15 区、16 区中按钮 SB3、SB4 为两地工作台快速进给点动按钮；转换开关 SA2 为圆工作台转换开关；行程开关 ST2 为工作台进给变速冲动行程开关；行程开关 ST3 为工作台"向前"和"向下"进给行程开关，其触头状态由机械操作手柄位置决定；行程开关 ST4 为工作台"向后"和"向上"进给行程开关，其触头状态同样由机械操作手柄位置决定；行程开关 ST5 为工作台"向左"进给行程开关；行程开关 ST6 为工作台"向右"进给行程开关。具体控制过程如下：

1）进给电动机 M2 带动工作台"上"、"下"、"前"、"后"、"左"、"右" 6 个方向进给运动的控制。工作台"上"、"下"、"前"、"后"、"左"、"右" 6 个方向进给运动的控制由机床上工作台纵向进给运动操作手柄及工作台横向进给运动和垂直进给运动操作手柄进行操作控制。它受控于接触器 KM1 在 15 区中 9 号线与 15 号线间的动合触头，当接触器 KM1 得电闭合，主轴电动机 M1 启动运转时，进给电动机 M3 才能启动运转，带动工作台在"上"、

"下"、"前"、"后"、"左"、"右" 6 个方向进给运动。

2）工作台纵向进给运动。工作台纵向进给运动包括工作台的"向左"、"向右"进给运动，其进给方向由机床工作台纵向操作手柄控制。当工作台纵向操作手柄扳至"向左"位置时，纵向操作手柄通过机械装置压下行程开关 ST5；当工作台纵向操作手柄扳至"向右"位置时，纵向操作手柄通过机械装置压下行程开关 ST6；当工作台纵向操作手柄扳至"中间"位置时，行程开关 ST5、ST6 复位。具体控制过程如下：

a. 当需要工作台"向左"进给运动时，将圆工作台转换开关 SA2 扳至"断开"位置，转换开关 SA2 的触头 SA2-1 和 SA2-3 闭合，触头 SA2-2 断开；然后启动主轴电动机 M1，并将工作台上纵向操作手柄扳至"向左"位置，此时行程开关 ST5 被纵向操作手柄机械装置压下，ST5 的动断触头 ST5-2 断开，动合触头 ST5-1 闭合，接通接触器 KM3 线圈的电源，接触器 KM3 得电闭合，其 4 区的主触头接通进给电动机 M2 的正转电源，进给电动机 M2 正向启动运转，驱动工作台向左运动机械装置带动工作台向左进给运动。当需要工作台停止向左进给时，将工作台纵向操作手柄扳至"中间"位置，行程开关 ST5 松开复位，接触器 KM3 失电释放，进给电动机 M3 停止正转。

b. 当需要工作台"向右"进给运动时，在圆工作台转换开关 SA2 扳至"断开"位置和启动主轴电动机 M1 的基础上，将工作台纵向操作手柄扳至"向右"位置，操作手柄机械装置压下行程开关 ST6，ST6 的动断触头 ST6-2 断开，动合触头 ST7-2 闭合，接通接触器 KM4 线圈的电源，接触器 KM4 得电闭合，其 5 区的主触头接通进给电动机 M2 的反转电源，进给电动机 M3 反向启动运转，驱动工作台向右运动机械装置带动工作台向右进给运动。当需要工作台停止向右进给时，将工作台纵向操作手柄扳至"中间"位置，使行程开关 ST6 松开复位即可。

值得注意的是，X6132 型卧式铣床工作台的左、右进给限位是通过安装在工作台两端的挡铁实现的。当工作台移动至左、右端限位位置时，挡铁撞击工作台纵向操作手柄，使其转换到"中间"挡的位置，工作台就会自动停止向左或向右的进给运动，从而起到工作台向左或向右进给的限位保护作用。

3）工作台横向、垂直进给运动。工作台横向、垂直进给运动包括工作台的"向前"、"向后"和"向上"、"向下"进给运动，其进给方向由机床工作台横向和垂直操作手柄控制。当工作台横向和垂直操作手柄扳至"向前"或"向下"位置时，工作台横向和垂直操作手柄通过机械装置压下行程开关 ST3；当工作台横向和垂直操作手柄扳至"向后"或"向上"位置时，工作台横向和垂直操作手柄通过机械装置压下行程开关 ST4；当工作台横向和垂直操作手柄扳至"中间"位置时，行程开关 ST3、ST4 复位。具体控制过程如下：当需要工作台"向前"进给运动时，将工作台横向和垂直操作手柄扳至"向前"位置，此时行程开关 ST3 被横向和垂直操作手柄机械装置压下，ST3 的动断触头 ST3-2 断开，动合触头 ST3-1 闭合，接通接触器 KM3 线圈的电源，接触器 KM3 得电闭合，其 4 区的主触头接通进给电动机 M2 的正转电源，进给电动机 M2 正向启动运转，驱动工作台向前运动机械装置带动工作台向前进给运动。当需要工作台停止向前进给时，将工作台横向和垂直操作手柄扳至"中间"位置，行程开关 ST3 松开复位，接触器 KM3 失电释放，进给电动机 M3 停止运转。

工作台"向后"、"向上"和"向下"进给运动控制与"向前"进给运动相同，请读者参照上述内容自行分析，此处不再赘述。

4）工作台进给变速冲动控制。工作台进给变速冲动由行程开关 ST2 控制。同主轴变速冲动一样，它也是通过瞬时接通或断开进给电动机 M2 的电源来实现的。在加工过程中，当需要工作台进行变速操作时，必须先将进给变速手柄拉出，然后转动变速盘，将工作台的进给速度调整到当前加工所需要的数值，再将变速手柄推回原处。在手柄推回原处的同时，手柄瞬时压下行程开关 ST2 后又立即松开，此时行程开关 ST2 在 17 区中 15 号线与 17 号线间的动断触头瞬时断开后又复位闭合，在 17 号线与 31 号线间的动合触头瞬时闭合后又立即断开，接触器 KM3 线圈瞬时通电闭合后又立即失电释放，接触器 KM3 在 4 区中的主触头瞬时闭合后又立即断开，使得进给电动机 M3 瞬时启动运转后又停止，以起到工作台变速齿轮瞬时冲动的作用，这有利于工作台新变速齿轮的啮合。

5）工作台快速移动控制。工作台快速移动控制由图 7-2 中 9 区、10 区、15 区、16 区的电路控制。当需要工作台在某个方向快速进给运动时，扳动操作手柄，使其与该进给运动方向相符；按下 14 区或 15 区中分别安装在机床两地的快速进给启动按钮 SB3 或 SB4，16 区中接触器 KM2 线圈通电闭合，其在 9 区中的动断触头断开，电磁离合器 YC2 断电；10 区中的动合触头闭合，电磁离合器 YC3 通电动作，工作台快速进给齿轮啮合，进给电动机 M3 带动工作台向所要求的方向快速进给。

6）圆工作台控制。当需要圆工作台工作时，将转换开关 SA2 扳至"接通"位置，此时转换开关 SA2 的触头 SA2-1 和 SA2-3 断开，触头 SA2-2 闭合，接触器 KM3 线圈通电闭合，KM3 在 4 区中的主触头接通进给电动机 M3 的正向电源，进给电动机 M3 正向启动运转，驱动机床圆工作台工作；但此时"上"、"下"、"前"、"后"、"左"、"右" 6 个方向不能进给。

7.1.2.3　其他控制电路识读

X6132 型卧式万能铣床其他控制电路包括电磁离合器整流电源电路和机床工作照明电路，由图 7-2 中 6 区、7 区和 11 区、12 区对应电气元件组成。6 区和 7 区为电磁离合器整流电源电路，实际应用时，由控制变压器 TC3 供电。380V 交流电压经过控制变压器 TC3 降压和桥式整流器 U 整流后，输出脉动直流电给电磁离合器电路供电。熔断器 FU2 实现整流电路的电源短路保护功能；熔断器 FU3 实现电磁离合器线圈的总短路保护功能。11 区、12 区为机床工作照明电路，实际应用时，由控制变压器 TC2 单独供电，其中熔断器 FU5 实现机床工作照明电路短路保护功能；单极开关 SA3 为照明灯电源开关；EL 为照明灯。

7.1.3　类似铣床—X5032 型立式万能铣床电气控制线路识读

X5032 型立式万能铣床的主轴中心线与工作台面垂直，且能根据加工需要，使主轴向左右倾斜一定角度，以便铣削倾斜面，适用于铣削平面、斜面或沟槽、齿轮等零件。X5032 型立式万能铣床电路图如图 7-3 所示。

识图要点：

（1）X5032 型立式万能铣床由主轴电动机 M1、进给电动机 M2、冷却泵电动机 M3 驱动相应机械部件实现工件铣削加工。故其主电路由 1～6 区组成，控制电路由 7～21 区组成。

（2）主轴电动机 M1 采用正、反转单元控制结构；进给电动机 M3 采用正、反转点动单元控制结构。

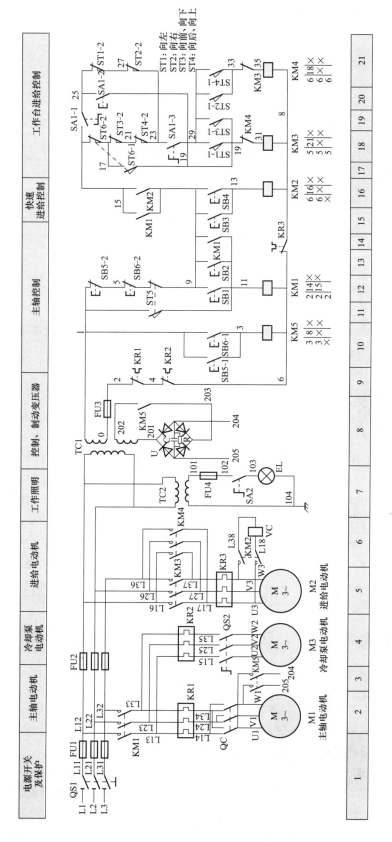

图 7-3　X5032型立式万能铣床电路图

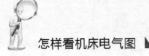

（3）转换开关 SA1 操作说明见表 7-1。

表 7-1　　　　　　　　　　　　　　转换开关 SA1 操作说明

手柄位置	接通微动开关的触头	工作情况
"接通"位置	SA1-1、SA1-3 断开，SA1-2 闭合	圆工作台工作
"断开"位置	SA1-2 断开，SA1-1、SA1-3 闭合	圆工作台不工作

（4）由于冷却泵电动机 M3 与主轴电动机 M1 并联后串接接触器 KM1 主触头，故只有当接触器 KM1 主触头闭合，主轴电动机 M1 启动运转后，冷却泵电动机 M3 才能启动运转。

X5032 型立式万能铣床关键电气元件见表 7-2。

表 7-2　　　　　　　　　　　　X5032 型立式万能铣床关键电气元件

序　号	代　号	名　称	功　能
1	KM1	接触器	控制主轴电动机 M1 工作电源通断
2	KM2	接触器	控制 M2 快速移动电磁离合器 YC 电源通断
3	KM3、KM4	接触器	控制进给电动机 M2 正、反转电源通断
4	KM5	接触器	控制主轴电动机 M1 直流制动电源通断
5	QC	限位型转换开关	控制主轴电动机 M1 正、反转
6	QS2	转换开关	控制冷却泵电动机 M2 工作电源通断
7	SB1、SB2	按钮	主轴电动机 M1 两地启动按钮
8	SB3、SB4	按钮	进给电动机 M2 两地快速点动按钮
9	SB5-1、SB6-1	按钮	主轴电动机 M1 两地制动停止按钮
10	ST1	行程开关	工作台向左进给运动行程开关
11	ST2	行程开关	工作台向右进给运动行程开关
12	ST3	行程开关	工作台向前、向下进给运动行程开关
13	ST4	行程开关	工作台向后、向上进给运动行程开关
14	ST5、ST6	行程开关	进给电动机 M2 变速冲动触头
15	SA1	转换开关	圆工作台控制开关
16	KR1～KR3	热继电器	M1～M3 过载保护

7.2　X8120W 型万能工具铣床电气控制电路识图

7.2.1　X8120W 型万能工具铣床电气识图预备知识

X8120W 型万能工具铣床适用于加工各种刀具、夹具、冲模、压模等中小型模具及其他复杂零件，借助特殊附件能完成圆弧、齿条、齿轮、花键等零件的加工。它具有适用范围广、精度高、操作简便等特点。常用万能工具铣床、铣刀外形如图 7-4 所示。

根据 X8120W 型万能工具铣床运动情况及加工需要，共采用两台三相笼型异步电动机拖动，即主轴电动机 M1 和冷却泵电动机 M2。该铣床主要运动形式与控制要求如下：

（1）万能工具铣床的主运动由一台电动机拖动，即主轴电动机 M1。

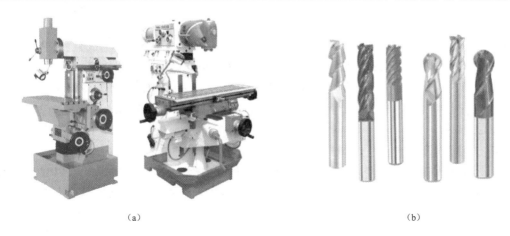

图 7-4　常用万能工具铣床、铣刀外形

(a) 万能工具铣床；(b) 铣刀

（2）由于铣床铣削分为顺铣和逆铣两种加工方式，分别使用顺铣刀和逆铣刀，因此要求主轴电动机 M1 能够正反转，且要求能够双速运转。

（3）冷却泵电动机 M1 只要求单向旋转。

（4）主轴电动机 M1 需设置过载保护、欠电压保护等完善的保护装置。

7.2.2　X8120W 型万能工具铣床电气控制线路识读

X8120W 型万能工具铣床电路图如图 7-5 所示。

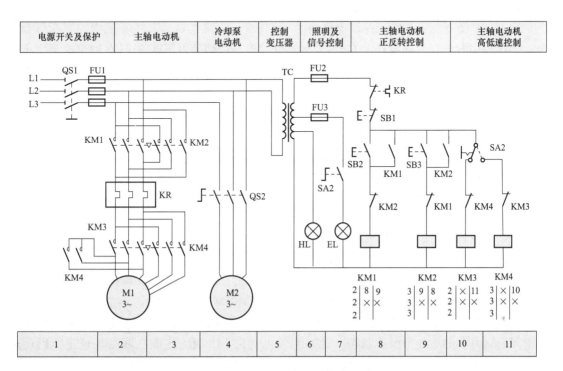

图 7-5　X8120W 型万能工具铣床电路图

205

7.2.2.1 主电路识读

1. 主电路图区划分

X8120W 型万能工具铣床由主轴电动机 M1、冷却泵电动机 M2 驱动相应机械部件实现工件铣削加工。根据机床电气控制系统主电路定义可知，其主电路由图 7-5 中 1～4 区组成。其中 1 区为电源开关及保护部分，2 区和 3 区为主轴电动机 M1 主电路，4 区为冷却泵电动机 M2 主电路。

2. 主电路识图

（1）电源开关及保护部分。电源开关及保护部分由图 7-5 中 1 区隔离开关 QS1 和熔断器 FU1 组成。实际应用时，隔离开关 QS1 为机床电源开关；熔断器 FU1 实现主电路短路保护功能。

（2）主轴电动机 M1 主电路。由图 7-5 中 2 区、3 区主电路可知，主轴电动机 M1 主电路属于正反转双速控制单元主电路结构。实际应用时，主轴电动机 M2 具有低速正向运转、高速正向运转、低速反向运转、高速反向运转四种工作状态。当接触器 KM1、KM3 同时通电闭合时，M2 工作于低速正向运转状态；当接触器 KM1、KM4 同时通电闭合时，M2 工作于高速正向运转状态；当接触器 KM2、KM3 同时通电闭合时，M2 工作于低速反向运转状态；当接触器 KM2、KM4 同时通电闭合时，M2 工作于高速反向运转状态。此外，热继电器 KR 为主轴电动机 M2 过载保护元件。

（3）冷却泵电动机 M2 主电路。在图 7-5 中 4 区冷却泵电动机 M2 主电路中，转换开关 QS2 控制冷却泵电动机 M2 工作电源通断。此外，由于冷却泵电动机 M2 功率较小，故未设置过载保护装置。

7.2.2.2 控制电路识读

X8120W 型万能工具铣床控制电路由图 7-5 中 5～11 区组成。其中 5 区为控制变压器部分，实际应用时，合上隔离开关 QS1，380V 交流电压经熔断器 FU1、FU2 加至控制变压器 TC 一次侧绕组两端，经降压后输出 110V 交流电压给控制电路供电。另外，24V 交流电压为机床工作照明灯电路电源，6V 交流电压为信号灯电路电源。

1. 主轴电动机 M1 控制电路图区划分

由图 7-5 中 2 区、3 区主电路可知，主轴电动机 M1 工作状态由接触器 KM1～KM4 主触头进行控制，故可确定 8～11 区接触器 KM1～KM4 线圈回路的电气元件构成主轴电动机 M1 控制电路。

2. 主轴电动机 M1 控制电路识图

在图 7-5 中 8～11 区主轴电动机 M1 控制电路中，按钮 SB1 为主轴电动机 M1 停止按钮；SB2 为主轴电动机 M1 正转启动按钮；SB3 为主轴电动机 M1 反转启动按钮；转换开关 SA1 为主轴电动机 M1 高、低速转换开关。

当需要主轴电动机 M1 低速正转或高速正转时，按下其正转启动按钮 SB2，接触器 KM1 得电闭合并自锁，其主触头闭合接通主轴电动机 M2 正转电源，为主轴电动机 M2 低速正转或高速正转做好准备。此时若将转换开关 SA1 扳至"低速"挡位置，则接触器 KM3 通电闭合，其主触头处于闭合状态。此时主轴电动机 M1 绕组接成△联结低速正向启动运转。若将转换开关 SA1 扳至"高速"挡位置，则接触器 KM4 通电吸合，其主触头处于闭合状态。此时主轴电动机 M1 绕组接成丫丫联结高速启动运转。

主轴电动机 M1 的低速反转或高速反转控制过程与低速正转或高速正转控制过程相同，请读者自行分析。

7.2.2.3　照明、信号电路识读

照明、信号电路由图 7-5 中 6 区、7 区对应电气元件组成。实际应用时，380V 交流电压经控制变压器 TC 降压后分别输出 24、6V 交流电压给照明电路、信号电路供电。SA2 控制照明灯 EL 供电回路的通断，熔断器 FU3 实现照明电路短路保护功能。

7.3　X52K 型立式升降台铣床电气控制线路识图

7.3.1　X52K 型立式升降台铣床电气识图预备知识

1. X52K 型立式升降台铣床简介

X52K 型立式升降台铣床适用于各种棒状铣刀、圆柱铣刀、角度铣刀及端面铣刀来铣切平面、斜面、沟槽和齿轮等，且在安装分度头后，可以铣切直齿齿轮和绞刀等零件。

X52K 型立式升降台铣床的外形及结构如图 7-6 所示，主要由床身、刀杆、主轴、工作台、升降台、底座等部分组成。

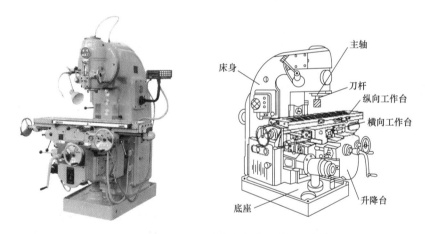

图 7-6　X52K 型立式升降台铣床的外形及结构

2. X52K 型立式升降台铣床主要运动形式与控制要求

根据 X52K 型立式升降台铣床运动情况及加工需要，共采用 3 台三相笼型异步电动机拖动，即主轴电动机 M1、冷却泵电动机 M2 和进给电动机 M3。该铣床主要运动形式与控制要求如下：

（1）X52K 型立式升降台铣床底座、机身、工作台、中滑座、升降滑座、主轴箱等主要构件均采用高强度材料铸造而成，并经人工时效处理，保证机床长期使用的稳定性。

（2）立铣头可在垂直平面内顺、逆回转调整 ±45°，拓展机床的加工范围；主轴轴承为圆锥滚子轴承，承载能力强，且主轴采用能耗制动，制动转矩大，停止迅速、可靠。

（3）工作台 X、Y、Z 向有手动进给、机动进给和机动快进三种，进给速度能满足不同的加工要求；快速进给可使工件迅速到达加工位置，加工方便、快捷，缩短非加工时间。

（4）X、Y、Z 三方向导轨副经超音频淬火、精密磨削及刮研处理，配合强制润滑，提高精度，延长机床的使用寿命。

（5）润滑装置可对纵、横、垂向的丝杆及导轨进行强制润滑，减小机床的磨损，保证机床的高效运转；同时，冷却系统通过调整喷嘴改变冷却液流量的大小，可满足不同的加工需求。

（6）X52K 型立式升降台铣床的主运动由两台电动机拖动，即主轴电动机 M1 和进给电动机 M3。M1、M2 均属于正、反转单元电路结构，且 M1 需设置停机制动装置。

（7）冷却泵电动机 M2 只要求单向旋转，且与主轴电动机 M1 为顺序控制。

（8）主轴电动机 M1 需设置过载保护、欠电压保护等完善的保护装置。

7.3.2　X52K 型立式升降台铣床电气控制线路识读

X52K 型立式升降台铣床电路图如图 7-7 所示。

7.3.2.1　主电路识读

1. 主电路图区划分

X52K 型立式升降台铣床由主轴电动机 M1、冷却泵电动机 M2、进给电动机 M3 驱动相应机械部件实现工件铣削加工。根据机床电气控制系统主电路定义可知，其主电路由图 7-7 中 1～5 区组成，其中 1 区为电源开关及保护部分，2 区为主轴电动机 M1 主电路，3 区为冷却泵电动机 M2 主电路，4 区和 5 区为进给电动机 M3 主电路。

2. 主电路识图

（1）电源开关及保护部分。电源开关及保护部分由图 7-7 中 1 区隔离开关 QS1 和熔断器 FU1、FU2 组成。实际应用时，隔离开关 QS1 为机床电源开关；熔断器 FU1 实现主轴电动机 M1 和冷却泵电动机 M2 短路保护功能；熔断器 FU2 实现进给电动机 M3 和控制变压器 TC1、TC2 短路保护功能。

（2）主轴电动机 M1 主电路。由图 7-7 中 2 区主电路可知，主轴电动机 M1 主电路属于属于正、反转控制单元主电路结构。实际应用时，接触器 KM2 主触头控制主轴电动机 M1 正、反转电源通断；倒顺开关 QC 为主轴电动机 M1 的正、反转电源控制开关，具有"正转"、"反转"和"停止"三挡，当 QC 扳至上述三挡位置时，主轴电动机 M1 分别工作于正转、反转和停转三种状态；热继电器 KR1 为主轴电动机 M1 过载保护元件。此外，当接触器 KM1 主触头闭合时，主轴电动机 M1 实现能耗制动控制。

（3）冷却泵电动机 M2 主电路。在图 7-7 中 3 区冷却泵电动机 M2 主电路中，转换开关 QS2 控制冷却泵电动机 M2 工作电源通断；热继电器 KR2 为冷却泵电动机 M2 过载保护元件。值得注意的是，由于冷却泵电动机 M2 主电路与主轴电动机 M1 主电路并联后串接接触器 KM2 主触头，故只有当接触器 KM2 主触头闭合后，冷却泵电动机 M2 才能由转换开关 QS2 控制启动运转。

（4）进给电动机 M3 主电路。由图 7-7 中 4 区、5 区主电路可知，进给电动机 M3 主电路也属于正、反转控制单元主电路结构。实际应用时，由接触器 KM4 主触头控制进给电动机 M3 正转电源的通断；接触器 KM5 主触头控制进给电动机 M3 反转电源的通断。此外，当接触器 KM3 主触头闭合时，可使工作台快速移动。

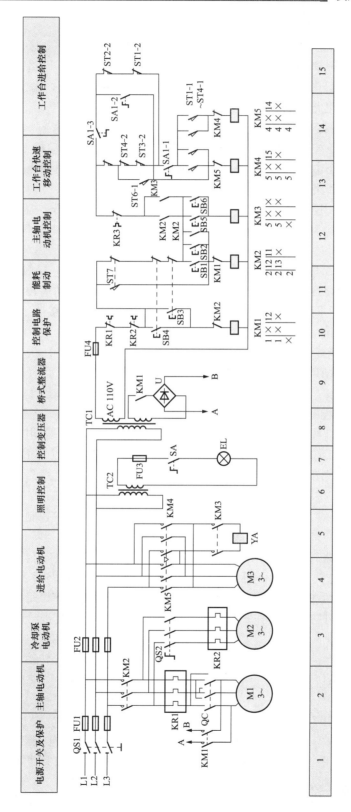

图 7-7　X52K型立式升降台铣床电路图

7.3.2.2 控制电路识读

X52K 型立式升降台铣床控制电路由图 7-7 中 6～15 区组成。其中 8 区为控制变压器部分，实际应用时，合上隔离开关 QS1，380V 交流电压经熔断器 FU1、FU2 加至控制变压器 TC1 一次侧绕组两端，经降压后输出 110V 交流电压给控制电路供电，输出 55V 交流电压给主轴电动机能耗制动电路供电。

1. 主轴电动机 M1 控制电路

（1）主轴电动机 M1 控制电路图区划分。由图 7-7 中 2 区主轴电动机 M1 主电路可知，主轴电动机 M1 工作状态由接触器 KM1、KM2 主触头进行控制，故可确定 11 区和 12 区接触器 KM1、KM2 线圈回路的电气元件构成主轴电动机 M1 控制电路。

（2）主轴电动机 M1 控制电路识图。在 11 区和 12 区主轴电动机 M1 控制电路中，按钮 SB1、SB2 为主轴电动机 M1 两地启动按钮；SB3、SB4 为主轴电动机 M1 两地制动停止按钮。

当需要主轴电动机 M1 启动运转时，按下其启动按钮 SB1 或 SB2，接触器 KM2 得电吸合并自锁，其主触头闭合接通主轴电动机 M1 工作电源，M1 得电启动运转，其运转方向由倒顺开关 QC 进行选定。同时接触器 KM2 在 13 区的动合触头闭合，接通工作台控制电路。按下按钮 SB3 或 SB4，接触器 KM2 失电释放，接触器 KM1 得电吸合，单相桥式整流器 U 供给直流电，M1 进行能耗制动。松开按钮 SB3 或 SB4 时，接触器 KM1 失电释放，主轴电动机 M1 的制动结束，M1 停止转动。变速时，接通行程开关 ST7，可使主轴电动机 M1 冲动。

2. 进给电动机 M3 控制电路

（1）进给电动机 M3 控制电路图区划分。由图 7-7 中 4 区、5 区进给电动机 M3 主电路可知，进给电动机 M3 工作状态由接触器 KM3～KM5 主触头进行控制，故可确定 13～15 区接触器 KM3～KM5 线圈回路的电气元件构成进给电动机 M3 控制电路。

（2）进给电动机 M3 控制电路识图。在 13～15 区进给电动机 M3 控制电路中，按钮 SB5、SB6 为工作台快速移动两地控制按钮；转换开关 SA1 为圆工作台控制开关。

当进行铣削加工时，接触器 KM4 吸合，进给电动机 M2 正向启动运转，工作台可向右、向前或向下进给。接触器 KM5 吸合时，M3 反向启动运转，工作台可向左、向后或向上进给。接触器 KM3 和电磁铁 YA 吸合时，工作台可快速移动，由按钮 SB5、SB6 进行控制。工作台纵向进给由操作手柄压合行程开关 ST3 或 ST4 进行控制，ST1-2 和 ST2-2 串联，ST3-2 和 ST4-2 串联，可防止误操作。行程开关 ST6 短时压合，可使进给电动机 M3 短时冲动。

此外，接通圆工作台控制开关 SA1，接触器 KM4 吸合，圆工作台转动；不使用圆工作台时，断开控制开关 SA1。

7.3.2.3 照明电路识读

照明电路由图 7-7 中 7 区对应电气元件组成。电路通电后，380V 交流电压经熔断器 FU1 加至电源变压器 TC2 一次侧绕组两端，经降压后输出 24V 交流电压给照明电路供电。熔断器 FU3 实现照明电路保护功能，控制开关 KA2 实现照明灯 EL 控制功能。

7.3.3 类似铣床—X53T 型立式铣床电气控制线路识读

X53T 型立式铣床电路图如图 7-8 所示。

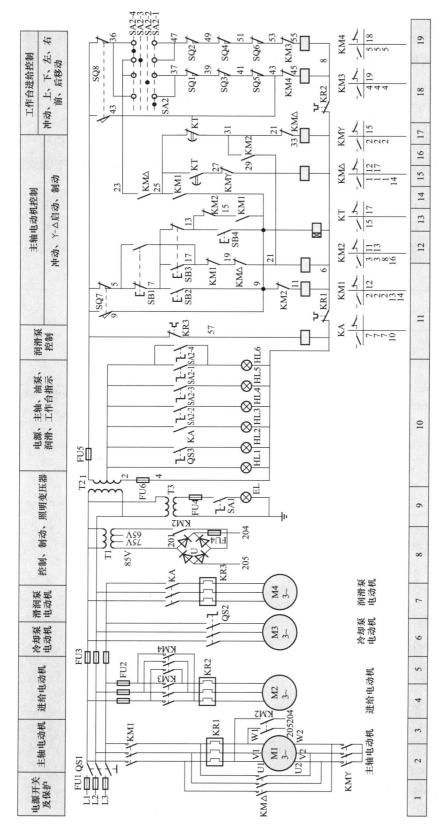

图 7-8 X53T型立式铣床电路图

识图要点：

（1）X53T 型立式铣床由主轴电动机 M1、进给电动机 M2、冷却泵电动机 M3、润滑泵电动机 M4 驱动相应机械部件实现工件镗削加工。故其主电路由 1～7 区组成，控制电路由 8～19 区组成。

（2）主轴电动机 M1 采用丫-△降压启动，能耗制动；进给电动机 M2 可正反向转动；冷却泵电动机 M3、润滑泵电动机 M4 均单向运转。

（3）工作台及台面进给共有六个方向，均是由进给电动机 M2 传动机械机构，由机械操作手柄来控制，操作手柄再带动选向开关 SA2 来完成的。常速进给必须在主轴正常运转后才能进行，快速进给则不受此限制。

（4）合上电源总开关 QS1 与冷却泵电动机控制开关 QS2，润滑泵电动机 M4 与冷却泵电动机 M3 即可运转。当润滑泵过载时，中间继电器 KA 失电，润滑泵停止运行。

X53T 型立式铣床关键电气元件见表 7-3。

表 7-3　　　　　　　　　　　　X53T 型立式铣床关键电气元件

序　号	代　号	名　称	功　　能
1	KM1	接触器	控制主轴电动机 M1 工作电源通断
2	KM2	接触器	控制主轴电动机 M1 制动直流电源通断
3	KM△	接触器	主轴电动机 M1 定子绕组△联结
4	KM丫	接触器	主轴电动机 M1 定子绕组丫联结
5	KM3	接触器	控制进给电动机 M2 正转电源通断
6	KM4	接触器	控制进给电动机 M2 反转电源通断
7	KT	时间继电器	控制主轴电动机 M1 丫-△降压启动时间
8	KA	中间继电器	控制润滑泵电动机 M4 工作电源通断
9	SB1、SB3	按钮	主轴电动机 M1 停止按钮
10	SB2、SB4	按钮	主轴电动机 M1 启动按钮
11	SA2	选向开关	控制工作台与台面进给工作状态
12	FR1～FR3	热继电器	M1、M2、M4 过载保护

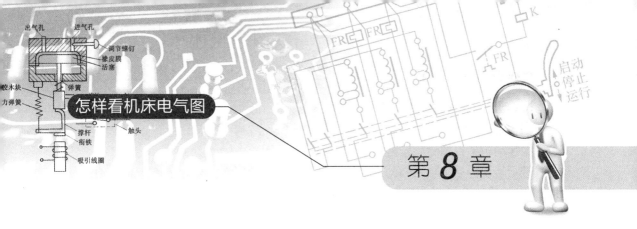

第 8 章

怎样看机床电气图

实用镗床电气控制线路识图

　　镗床是利用镗刀对工件进行镗削的精密加工型机床，主要用于镗削工件上的各种孔和孔系、平面、沟槽，特别适合于对多孔的箱体类零件的加工。它具有加工范围广、加工精度高和功能拓展性好等特点。其主要类型有卧式镗床、坐标镗床、深孔镗床和落地镗床等。

8.1　T68 型卧式镗床电气控制线路识图

8.1.1　T68 型卧式镗床电气识图预备知识

1. T68 型卧式镗床简介

　　T68 型卧式镗床适用于镗孔、钻孔、铰孔及工件端平面加工，主要由床身、主轴箱、主轴部件、工作台和带尾座的后立柱组成，如图 8-1 所示。

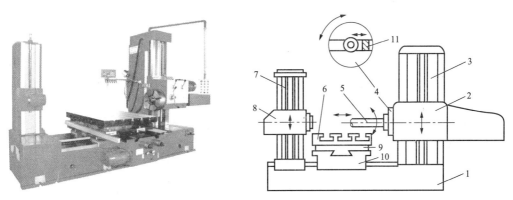

图 8-1　T68 型卧式镗床的外形及结构

1—床身；2—镗头架；3—前立柱；4—平旋盘；5—镗轴；6—工作台；7—后立柱；
8—尾座；9—上溜板；10—下溜板；11—刀具溜板

　　T68 型卧式镗床的型号含义：

2. T68 型卧式镗床主要运动形式与控制要求

（1）T68 型卧式镗床的主要运动形式。

1）主运动包括镗轴的旋转运动与花盘的旋转运动。

2）进给运动包括镗轴的轴向进给、花盘刀具溜板的径向进给、镗头架的垂直进给、工作台的横向进给、工作台的纵向进给。

3）辅助运动包括工作台的旋转、后立柱的水平移动及尾架的垂直移动。

（2）T68 型卧式镗床电力拖动的特点及控制要求。

1）其工艺范围广，调速范围大，控制要求高，电气控制线路较复杂。

2）为适应各种工件加工工艺的要求，主轴应在大范围内调速，多采用交流电动机驱动的滑移齿轮变速系统，由于镗床主拖动要求恒功率拖动，因此采用"△-丫丫"双速电动机。

3）由于采用滑移齿轮变速，为防止顶齿现象，要求主轴系统变速时作低速断续冲动。

4）为适应加工过程中调整的需要，要求主轴可以正、反转点动调整，这是通过主轴电动机低速点动来实现的。同时还要求主轴可以正、反转旋转，这是通过主轴电动机的正、反转来实现的。

5）主轴电动机低速时可以直接启动，在高速时控制电路要保证先接通低速，经延时再接通高速以减小启动电流。

6）主轴要求快速而准确地制动，所以必须采用效果好的停车制动。

7）由于进给部件多，因此快速进给用另一台电动机拖动。

8.1.2 T68 型卧式镗床电气控制线路识读

T68 型卧式镗床电路图如图 8-2 所示。

8.1.2.1 主电路识读

1. 主电路图区划分

T68 型卧式镗床由主轴电动机 M1 和进给电动机 M2 驱动相应机械部件实现工件镗孔等加工。根据机床电气控制系统主电路定义可知，其主电路由图 8-2 中 1～5 区组成，其中 1 区为电源开关及保护部分，2 区和 3 区为主轴电动机 M1 主电路，4 区和 5 区为进给电动机 M2 主电路。

2. 主电路识图

（1）电源开关及保护部分。电源开关及保护部分由图 8-2 中 1 区隔离开关 QS 和熔断器 FU1、FU2 组成。实际应用时，隔离开关 QS 为机床电源开关；熔断器 FU1 实现主轴电动机 M1 短路保护功能；熔断器 FU2 实现进给电动机 M2 和控制变压器 TC 短路保护功能。

（2）主轴电动机 M1 主电路。由图 8-2 中 2 区、3 区主电路可知，主轴电动机 M1 主电路属于正、反转双速控制单元主电路结构。实际应用时，主轴电动机 M1 具有低速正向运转、高速正向运转、低速反向运转、高速反向运转、串电阻正向点动运转和串电阻反向点动运转 6 种工作状态。主轴电动机 M1 工作状态与接触器 KM1～KM5 关系见表 8-1。

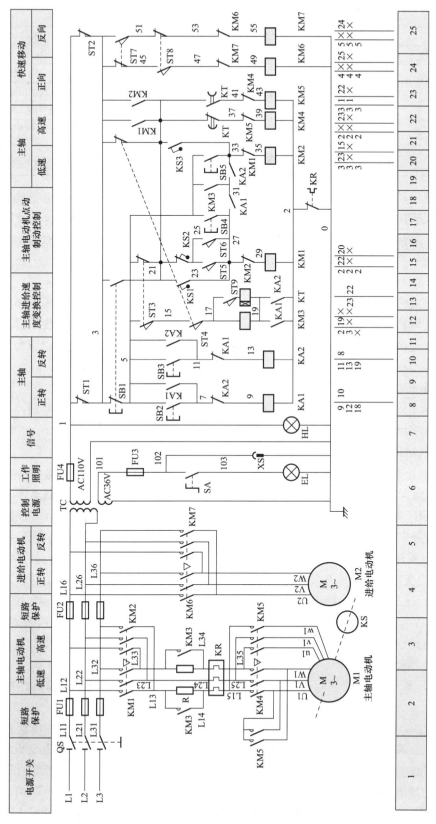

图 8-2 T68型卧式镗床电路图

表 8-1   主轴电动机 M1 工作状态与接触器 KM1～KM5 关系

KM1～KM5 工作状态					M1 工作状态
KM1	KM2	KM3	KM4	KM5	
闭合	断开	闭合	闭合	断开	低速正向运转
闭合	断开	闭合	断开	闭合	高速正向运转
断开	闭合	闭合	闭合	断开	低速反向运转
断开	闭合	闭合	断开	闭合	高速反向运转
闭合	断开	断开	闭合	断开	串电阻正向点动运转
断开	闭合	断开	闭合	断开	串电阻反向点动运转

（3）步进电动机 M2 主电路。由图 8-2 中 4 区和 5 区主电路可知，步进电动机 M2 主电路属于正、反转单元主电路结构。实际应用时，接触器 KM6、KM7 主电路分别控制步进电动机 M2 正、反转工作电源通断。此外，由于步进电动机 M2 采用短期点动控制，故未设置过载保护装置。

8.1.2.2　控制电路识读

T68 型卧式镗床控制电路由图 8-2 中 6～25 区组成。其中 6 区为控制变压器部分，实际应用时，合上隔离开关 QS，380V 交流电压经熔断器 FU1、FU2 加至控制变压器 TC 一次侧绕组两端，经降压后输出 110V 交流电压给控制电路供电，另外 36V 交流电压为照明电路供电。

1. 主轴电动机 M1 控制电路

（1）主轴电动机 M1 控制电路图区划分。由图 8-2 中 3 区和 4 区主电路可知，主轴电动机 M1 工作状态由接触器 KM1～KM5 主触头进行控制，故可确定图 8-2 中 8～23 区对应接触器 KM1～KM5 线圈回路电气元件构成主轴电动机 M1 控制电路。

（2）主轴电动机 M1 控制电路识图。在 8～23 区主轴电动机 M1 控制电路中，按钮 SB2、SB3 分别为主轴电动机 M1 正、反转启动按钮；按钮 SB1 为主轴电动机 M1 制动停止按钮；按钮 SB4 为主轴电动机 M1 正转点动按钮；按钮 SB5 为主轴电动机 M1 反转点动按钮；行程开关 ST3、ST4 分别为主轴变速行程开关和进给变速行程开关；行程开关 ST9 为高低速转换行程开关，其工作状态由主轴电动机 M1 的高、低速变速手柄进行控制；行程开关 ST5 为进给变速冲动行程开关；行程开关 ST6 为主轴电动机 M1 变速冲动行程开关；行程开关 ST8、ST7 分别为进给正、反向快速移动行程开关；行程开关 ST1、ST2 互为联锁保护行程开关，它们的作用是为了防止在工作台或主轴箱自动快速进给时误将主轴进给手柄扳至自动快速进给的操作；14 区中速度继电器动合触头 KS1 为主轴电动机反转制动触头；15 区中速度继电器动合触头 KS2 为主轴变速和进给冲动时的速度限制触头；21 区中的速度继电器动合触头 KS2 为主轴电动机 M1 的正转制动触头。主轴电动机 M1 的具体控制过程如下：

1）主轴电动机 M1 的正、反转高低速控制。主轴电动机 M1 正、反转高低速控制包括高速正转控制、高速反转控制、低速正转控制和低速反转控制。此处以主轴电动机 M1 高速正转控制为例进行介绍，其他三种控制请读者参照主轴电动机 M1 高速正转控制自行分析。

当需要主轴电动机 M1 高速正转时，将机床高、低速变速手柄扳至"高速"挡，行程开关 ST9 被手柄压合，其在 13 区中的动合触头闭合。然后按下 8 区中主轴电动机 M1 的正转启动按钮 SB2，中间继电器 KA1 通电闭合且自锁。由于此时 12 区中行程开关 ST3、ST4 的动合触头在正常情况下处于压合状态，故接触器 KM3 和时间继电器 KT 通电闭合。其中接触器 KM3 在 2 区的主触头闭合，短接限流电阻 R；KM3 在 19 区的动合触头闭合，接触器 KM1 通电闭合，KM1 在 2 区中的主触头接通主轴电动机 M1 的正转电源；同时，KM1 的辅助动断触头断开，切断接触器 KM2 线圈回路的电源通路；KM1 的辅助动合触头闭合，使接触器 KM4 通电闭合，KM4 的辅助动断触头断开，切断接触器 KM5 线圈回路的电源通路；同时 KM4 在 2 区中的主触头闭合，与接触器 KM1 的主触头将主轴电动机 M1 绕组接成△联结并低速正转启动。经过一段时间后，时间继电器 KT 在 22 区中的通电延时断开动断触头断开，切断接触器 KM4 线圈电源，KM4 失电释放，其主触头断开。而时间继电器 KT 在 23 区中的通电延时闭合动合触头闭合，接通接触器 KM5 线圈的电源，KM5 通电闭合，其在 2 区和 3 区中的主触头闭合，与接触器 KM1 的主触头将主轴电动机 M1 绕组接成丫丫联结并高速正转运行。

2）主轴电动机 M1 的正、反转停车制动控制。当主轴电动机 M1 处于正向高速或低速运转，且正转速度达到 120r/min 时，速度继电器 KS 速度限制触头 KS2 闭合，为接触器 KM1 释放时接通接触器 KM2 线圈电源使主轴电动机 M1 停车进行正转反接制动做好了准备。

当需要主轴电动机 M1 正向运转制动停止时，按下主轴电动机 M1 的制动停止按钮 SB1，SB1 在 8 区中的动断触头首先断开，切断中间继电器 KA1 线圈的电源，KA1 失电释放，KA1 在 12 区的动合触头复位断开，使接触器 KM3 和时间继电器 KT 失电释放，KT 在 22 区中的通电延时断开触头复位闭合。而中间继电器 KA1 在 18 区中的动合触头复位断开，切断接触器 KM1 线圈的电源，KM1 失电释放，其主触头断开主轴电动机 M1 的正转电源。接触器 KM1 在 20 区中的动合触头复位闭合，为主轴电动机 M1 正转反接制动做好了准备。继而 SB1 在 14 区中的动合触头被压下闭合，接通接触器 KM2 线圈的电源，KM2 通电闭合并自锁，KM2 在 3 区中的主触头闭合，与接触器 KM4 主触头将主轴电动机 M1 绕组接成△联结并串电阻 R 反向启动运转，主轴电动机 M1 的正转速度迅速下降。当主轴电动机 M1 的正转速度下降至 100r/min 时，速度继电器 KS 的速度限制触头 KS2 复位断开，接触器 KM2、KM4 失电释放，完成主轴电动机 M1 正转反接制动控制过程。

主轴电动机 M1 的反转停车制动控制与主轴电动机 M1 的正转停车制动控制相同，请读者自行分析，在此不再赘述。

3）主轴电动机 M1 的点动控制。主轴电动机 M1 的点动控制包括正转点动控制和反转点动控制。当需要主轴电动机 M1 正转点动时，按下 17 区中的正转点动按钮 SB4，接触器 KM1 通电闭合，KM1 在 22 区中的动合触头闭合，接通接触器 KM4 线圈的电源，KM4 通电闭合。接触器 KM1 与接触器 KM4 的主触头将主轴电动机 M1 的绕组接成△联结且串联电阻 R 正向低速点动运转。松开按钮 SB4，主轴电动机 M1 停止正转。同理，当需要主轴电动机 M1 反转点动时，按下或松开 20 区中反转点动按钮 SB5，即可实现主轴电动机 M1 反转点动控制。

2. 进给电动机 M2 控制电路

（1）进给电动机 M2 控制电路图区划分。由图 8-2 中 4 区、5 区主电路可知，进给电动机 M2 工作状态由接触器 KM6、KM7 主触头进行控制，故可确定图 8-2 中 24 区、25 区接触器 KM6、KM7 线圈回路构成进给电动机 M2 控制电路。进给电动机 M2 可进行正、反转控制和进给变速控制。

（2）进给电动机 M2 控制电路识图。在进给电动机 M1 控制电路中，行程开关 ST7 实现进给电动机 M2 正转控制；行程开关 ST8 实现进给电动机 M2 反转控制。此外，行程开关 ST7、ST8 工作状态由快速进给操作手柄进行控制。进给电动机 M2 具体控制过程如下所述。

1）进给电动机 M2 正、反转控制。进给电动机 M2 由快速进给操作手柄控制的行程开关 ST7 和 ST8 控制其正转和反转。当操作手柄扳至"正向"位置时，行程开关 ST8 被压合，接触器 KM6 通电闭合，其在 4 区的主触头接通进给电动机 M2 的正转电源，M2 正向启动运转。当操作手柄扳至"反向"位置时，行程开关 ST7 被压合，接触器 KM7 通电闭合，其在 5 区的主触头接通进给电动机 M2 的反转电源，M2 反向启动运转。将操作手柄扳至"中间"位置时，进给电动机 M2 停转。

2）进给变速控制。进给变速控制的原理与主轴变速的原理相同，它是通过将进给变速手柄拉出，选择合适的转速进行变速的。下面以主轴电动机 M1 运行于反转状态，速度继电器在 14 区中的动合触头 KS 闭合为例，予以介绍。

当需要进给变速时，将进给变速手柄拉出，此时行程开关 ST4 复位，接触器 KM2～KM4 均失电释放。此时接触器 KM1 得电闭合，接通接触器 KM4 线圈电源，主轴电动机 M1 串电阻 R 反转反接制动。主轴电动机 M1 反转速度迅速下降，当速度降至 100r/min 时，速度继电器 KS 在 14 区中动合触头 KS1 断开，主轴电动机 M1 停转。此时转动进给变速操作盘，选择新的速度后，将进给变速手柄压回原位。在压回原位的过程中，若因齿轮不能啮合，卡住手柄不能压下去时，进给变速冲动开关 ST5 被压合，接触器 KM1 得电闭合，接通接触器 KM4 线圈电源，主轴电动机 M1 低速串电阻正转启动。当转速达到 120r/min 时，速度继电器 KS 在 15 区中的动断触头 KS2 断开，主轴电动机 M1 又停转。当转速减至 100r/min 时，速度继电器 KS 在 15 区中的动断触头 KS2 又复位闭合，主轴电动机 M1 又正转启动。如果反复，直到新的进给变速齿轮啮合好为止。此时进给变速手柄压回原位，行程开关 ST5 松开，变速冲动电路被切断，行程开关 ST4 被重新压下，接触器 KM2、KM3 和 KM5 线圈得电，主轴电动机 M1 反转启动，从而完成进给变速控制功能。

8.1.2.3　照明、信号电路识读

T68 型卧式镗床照明、信号电路由图 8-2 中 6 区和 7 区对应电气元件组成。实际应用时，控制变压器 TC 输出的 36V 交流电压为照明电路电源。其中 EL 为机床工作低压照明灯，由单极开关 SA 控制；EL 为机床电源信号灯；熔断器 FU3 实现照明电路短路保护功能；HL 为控制电路电源信号指示灯，直接接于 110V 交流电源上。当机床正常工作时，HL 点亮；当机床停止工作时，HL 熄灭。

8.1.3　类似镗床—T617 型卧式镗床电气控制线路识读

T617 型卧式镗床电路图如图 8-3 所示。

识图要点：

（1）T617 型卧式镗床由主轴电动机 M1、快速移动电动机 M2 驱动相应机械部件实现工件镗削加工。故其主电路由 1～5 区组成，控制电路由 6～14 区组成。

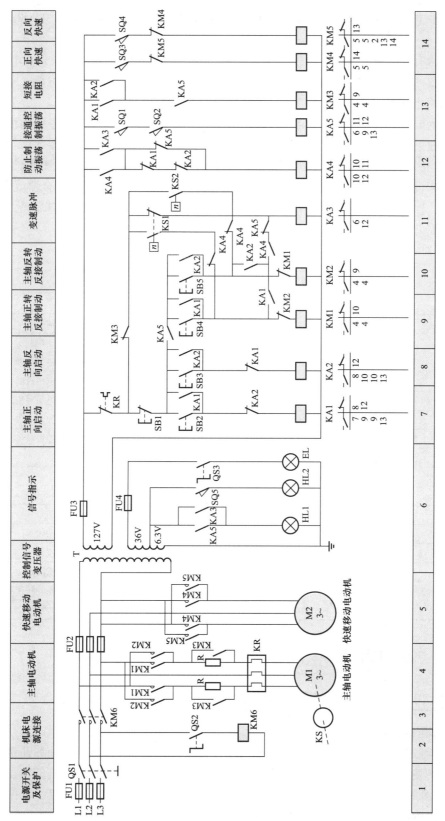

图 8-3 T617型卧式镗床电路图

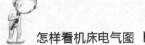
（2）主轴电动机 M1 采用串电阻降压启动，主轴电动机 M1 和进给电动机 M2 均可正、反向转动。

（3）机床有两个电源开关，其中电源开关 QS1 安装在配电箱里，可在检修电气设备时断开机床电源；电源开关 QS2 安装在按钮操作台上，控制接触器 KM6 工作电源通断，也可以作为紧急停止开关。

（4）合上电源开关以后，还应当把主轴和进给机构的两个调速手柄放在左面的正常工作位置，与调速手柄联动的行程开关 SQ1 和 SQ2 的动断触头闭合，中间继电器 KA5 动作后，信号灯 HL1 亮，表示控制线路可以开始工作。否则，整个控制线路不能投入工作。

（5）机床设置有进给过载保护装置。当进给应力超过允许值时，保险离合器就会移动，使进给停止。保险离合器移动时使行车开关 SQ5 的触头闭合，红色信号灯 HL2 亮。这时主轴电动机 M1 仍继续旋转。

T617 型卧式镗床关键电气元件见表 8-2。

表 8-2　　　　　　　　　　　**T617 型卧式镗床关键电气元件**

序　号	代　号	名　称	功　能
1	KM1	接触器	主轴电动机 M1 正转反接制动控制
2	KM2	接触器	主轴电动机 M1 反转反接制动控制
3	KM3	接触器	控制主轴电动机 M1 全压运行电源通断
4	KM4	接触器	控制快速移动电动机 M2 正转电源通断
5	KM5	接触器	控制快速移动电动机 M2 反转电源通断
6	KA1	中间继电器	主轴电动机 M1 正向启动控制
7	KA2	中间继电器	主轴电动机 M1 反向启动控制
8	KA3	中间继电器	变速脉冲控制
9	KA4	中间继电器	防止振动振荡控制
10	KA5	中间继电器	主轴电动机 M1 串电阻降压启动控制
11	SB1	按钮	主轴电动机 M1 停止按钮
12	SB2	按钮	主轴电动机 M1 正转启动按钮
13	SB3	按钮	主轴电动机 M1 反转启动按钮
14	SB4	按钮	主轴电动机 M1 正转反接制动点动按钮
15	SB5	按钮	主轴电动机 M1 反转反接制动点动按钮
16	KR	热继电器	M1 过载保护

8.2　T610 型卧式镗床电气控制线路识图

8.2.1　T610 型卧式镗床电气识图预备知识

1. T610 型卧式镗床简介

T610 型卧式镗床属于复杂应用型机床。其主要功能是镗削工件上各种孔和孔系，特别适合于多孔的箱体类零件的加工。它具有加工精度高、性能稳定和生产效率高等特点。

T610 型卧式镗床主要由床身、前立柱、主轴箱、镗头架、主轴、平旋盘、工作台和后立柱等部分组成，其外形及结构如图 8-4 所示。

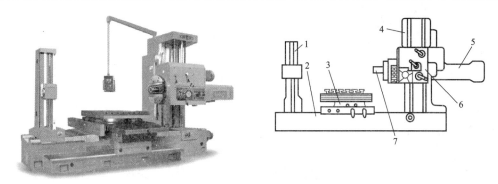

图 8-4　T610 型卧式镗床的外形及结构

1—后立柱；2—床身；3—工作台；4—前立柱；5—主轴箱；6—镗头架；7—镗轴

T610 型卧式镗床型号含义：

2. T610 型卧式镗床主要运动形式与控制要求

（1）T610 型卧式镗床的主要运动形式。

1）主运动包括镗轴或平旋盘的旋转运动。

2）进给运动包括主轴和平旋盘的轴向进给、镗头架的垂直进给以及工作台的横向和纵向进给。

3）辅助运动包括工作台的旋转、后立柱的水平移动及尾架的垂直移动。

（2）T610 型卧式镗床电力拖动的特点及控制要求。

1）其工艺范围广，调速范围大，控制要求高，电气控制线路较复杂。

2）主轴旋转、平旋盘旋转、工作台转动及尾架的升降用电动机拖动。主轴和平旋盘刀架进给、镗头架进给、工作台的纵向和横向进给都用液压拖动，各进给部件的夹紧也采用液压装置。液体系统采用电磁阀控制。因此镗床的控制电路可分为两大部分：一部分用继电器、接触器控制电动机的启动、停止和制动；另一部分用继电器和电磁铁控制进给机构的液压装置。

3）主轴电动机需要正反转并采用丫-△降压启动。主轴和平旋盘用机械方法调速。主轴有三挡转速，用电动机 M6 拖动钢球无级变速器作无级调速。当调速达到变速器的上下速度极限时，电动机 M6 能自动停车。

4）主轴电动机必须在液压泵和润滑泵电动机启动后才能启动运行。

5）主轴要求能快速准确制动，故采用电磁离合器制动。

6）工作台旋转电动机能正反转，停车时采用能耗制动。

7）尾架的升降用单独电动机拖动，要求能正反转。

8）各进给部件都具有四种进给方式，即快速进给点动、工作进给、工作进给点动及微调点动。

8.2.2　T610 型卧式镗床电气控制线路识读

T610 型卧式镗床电路图如图 8-5 所示。

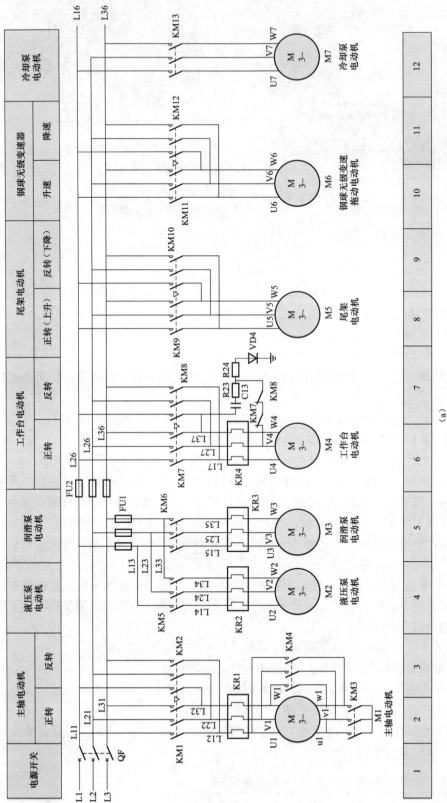

图 8-5　T610型卧式镗床电路图（一）

(a)

222

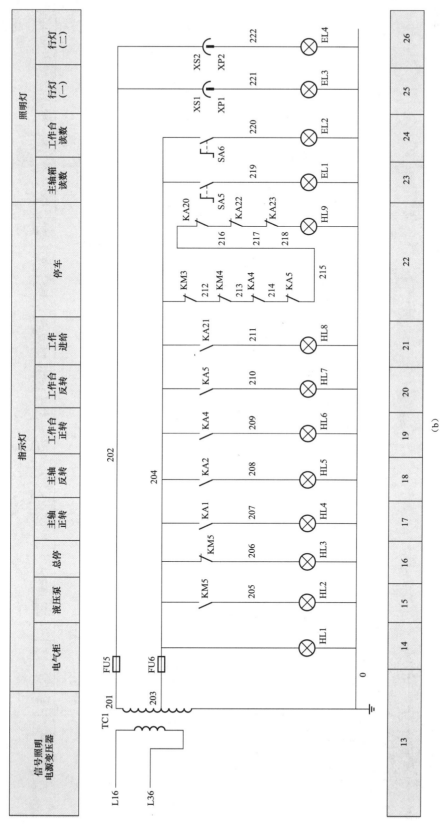

图 8-5 T610型卧式镗床电路图 (二)

(b)

223

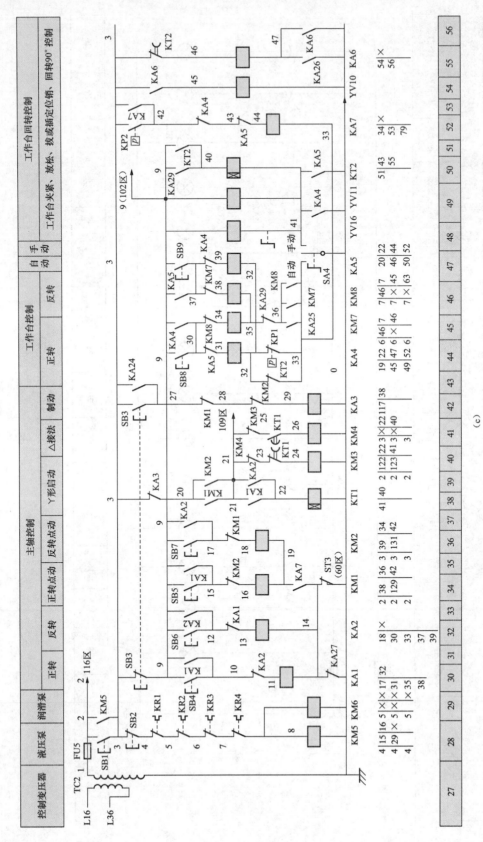

图 8-5　T610型卧式镗床电路图（三）

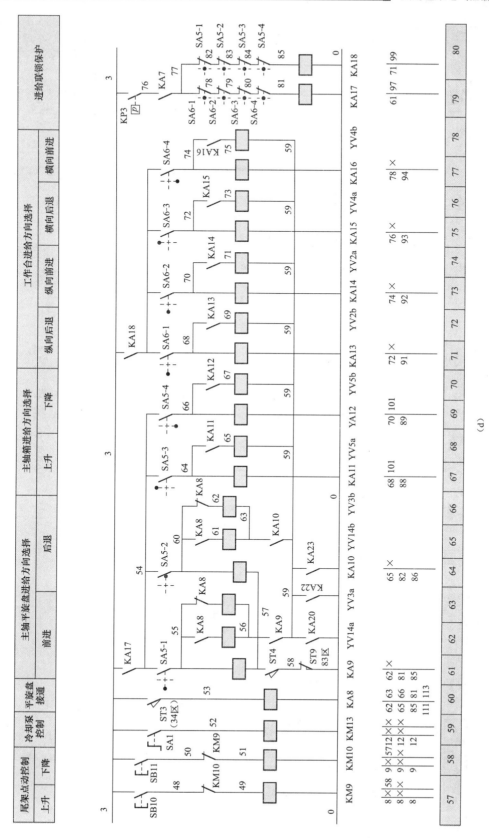

图 8-5 T610型卧式镗床电路图（四）

(d)

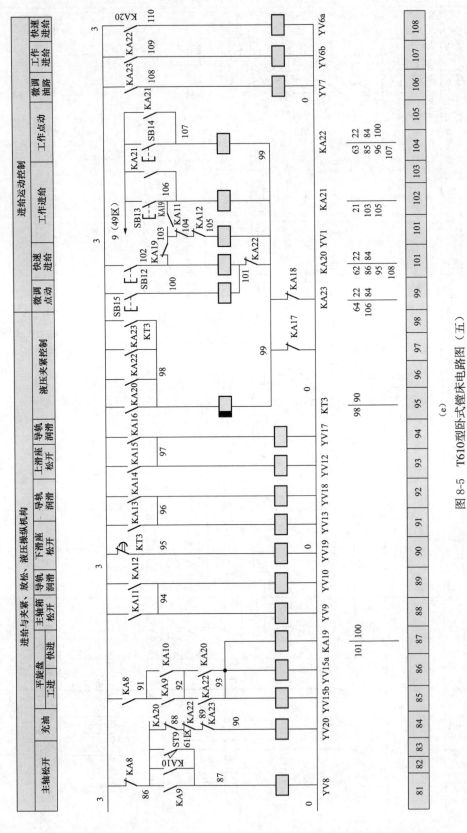

图 8-5　T610型卧式镗床电路图（五）

（e）

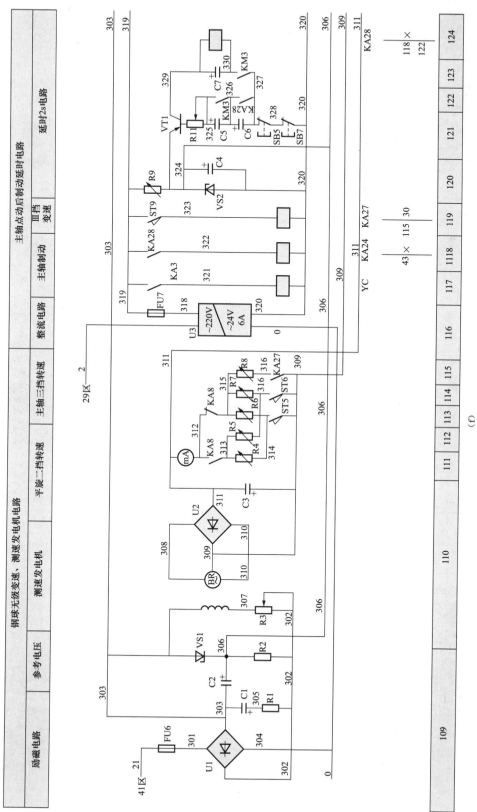

图 8-5 T610型卧式镗床电路图 (六)

(f)

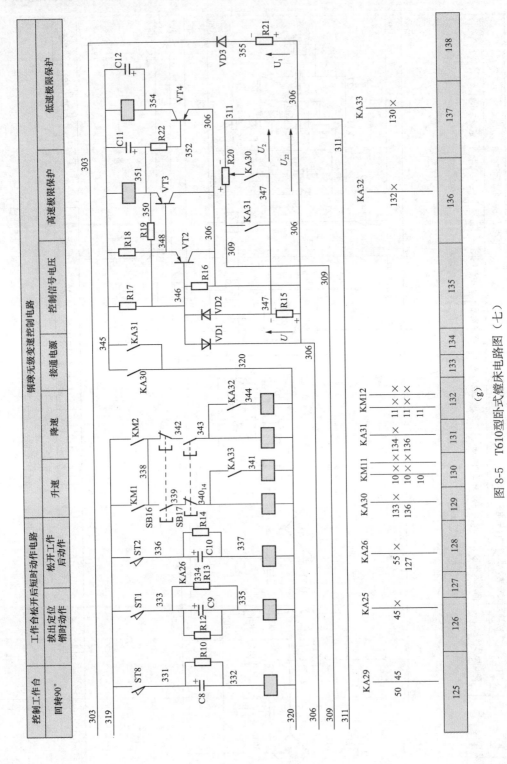

图 8-5 T610型卧式镗床电路图 (七)

(g)

8.2.2.1　主电路识读

1. 主电路图区划分

T610 型卧式镗床由主轴电动机 M1、液压泵电动机 M2、润滑泵电动机 M3、工作台电动机 M4、尾架电动机 M5、钢球无级变速拖动电动机 M6、冷却泵电动机 M7 驱动相应机械部件实现工件镗孔等加工。根据机床电气控制系统主电路定义可知，其主电路由图 8-5 中 1～12 区组成。其中 1 区、5 区为电源开关及保护部分，2 区和 3 区为主轴电动机 M1 主电路，4 区为液压泵电动机 M2 主电路，5 区为润滑泵电动机 M3 主电路，6 区和 7 区为工作台电动机 M4 主电路，8 区和 9 区为尾架电动机 M5 主电路，10 区和 11 区为钢球无级变速拖动电动机 M6 主电路，12 区为冷却泵电动机 M7 主电路。

2. 主电路识图

（1）电源开关及保护部分。电源开关及保护部分由图 8-5 中 1 区断路器 QF 和 5 区熔断器 FU2 组成。实际应用时，断路器 QF 实现机床电源开关及主轴电动机 M1 短路保护双重功能；熔断器 FU2 实现工作台电动机 M4、尾架电动机 M5、钢球无级变速拖动电动机 M6 和冷却泵电动机 M7 短路保护功能。

（2）主轴电动机 M1 主电路。由图 8-5 中 2 区、3 区主电路可知，主轴电动机 M1 主电路属于正、反转Y-△减压启动单元主电路结构。实际应用时，接触器 KM3 分别与接触器 KM1 和 KM2 构成主轴电动机 M1 的正、反转Y联结启动电路；接触器 KM4 则与接触器 KM1 和 KM2 分别构成主轴电动机 M1 的正、反转△联结全压运行电路。热继电器 KR1 为主轴电动机 M1 过载保护元件。

（3）液压泵电动机 M2、润滑泵电动机 M3 主电路。由图 8-5 中 4 区、5 区主电路可知，液压泵电动机 M2、润滑泵电动机 M3 主电路均属于单向运转单元主电路结构。实际应用时，接触器 KM5、KM6 主触头分别控制液压泵电动机 M2、润滑泵电动机 M3 工作电源通断；热继电器 KR2、KR3 分别为液压泵电动机 M2、润滑泵电动机 M3 过载保护元件。此外，熔断器 FU1 实现液压泵电动机 M2 和润滑泵电动机 M3 短路保护功能。

（4）工作台电动机 M4 主电路。由图 8-5 中 6 区、7 区主电路可知，工作台电动机 M2 主电路属于正、反转单元主电路结构。实际应用时，接触器 KM7、KM8 主触头分别控制工作台电动机 M4 正、反转工作电源通断；热继电器 KR4 为工作台电动机 M4 过载保护元件。此外，电阻 R23 和二极管 VD4 构成工作台电动机 M4 停车能耗制动装置；电阻 R23 和电容器 C13 构成工作台电动机 M4 停车时绕组自感电动机的吸收装置。

（5）尾架电动机 M5、钢球无级变速拖动电动机 M6 主电路。由图 8-5 中 8～11 区主电路可知，尾架电动机 M5、钢球无级变速拖动电动机 M6 主电路均属于正、反转点动控制单元主电路结构。实际应用时，接触器 KM9、KM10 主触头分别控制尾架电动机 M5 正、反转点动工作电源通断；接触器 KM11、KM12 主触头分别控制钢球无级变速拖动电动机 M6 正、反转点动工作电源通断。由于尾架电动机 M5 和钢球无级变速拖动电动机 M6 均采用短期点动控制，故未设置过载保护装置。

（6）冷却泵电动机 M7 主电路。由图 8-5 中 12 区主电路可知，冷却泵电动机 M7 主电路属于单向运转点动控制单元主电路结构。实际应用时，接触器 KM13 主触头控制冷却泵电动机 M7 工作电源通断。由于冷却泵电动机 M7 采用短期点动控制，故未设置过载保护装置。

8.2.2.2　控制电路识读

T610 型卧式镗床控制电路由图 8-5 中 13～138 区组成。其中 27 区为控制变压器部分，实际应用时，合上断路器 QF，380V 交流电压经 FU2 加至控制变压器 TC2 一次侧绕组两端，经降压后输出 110V 交流电压给控制电路供电。另外，机床工作照明电路及信号电路由控制变压器 TC1 单独供电。

值得注意的是，T610 型卧式镗床在工作时，有很多运动是液压传动的，且机床在加工过程中需要处于良好的润滑状态，故机床在对工件加工前必须先启动液压泵电动机 M2 和润滑泵电动机 M3，待液压泵电动机 M2 和润滑泵电动机 M3 启动运转后，机床的液压和润滑处于正常状态下时，其他拖动电动机才能启动运转。

1. 液压泵电动机 M2、润滑泵电动机 M3 控制电路

（1）液压泵电动机 M2、润滑泵电动机 M3 控制电路图区划分。由图 8-5 中 4 区、5 区主电路可知，液压泵电动机 M2 和润滑泵电动机 M3 工作状态分别由接触器 KM5、KM6 主触头进行控制，故可确定图 8-5 中 28 区、29 区接触器 KM5、KM6 线圈回路电气元件构成液压泵电动机 M2、润滑泵电动机 M3 控制电路。

（2）液压泵电动机 M2、润滑泵电动机 M3 控制电路识图。在图 8-5 中 28 区、29 区液压泵电动机 M2、润滑泵电动机 M3 控制电路中，按钮 SB1 为液压泵电动机 M2 和润滑泵电动机 M3 启动按钮；按钮 SB2 为液压泵电动机 M2 和润滑泵电动机 M3 停止按钮；热继电器 KR1、KR2、KR3、KR4 的动断触头为机床各拖动电动机过载保护元件。

当需要机床启动运转时，按下 28 区液压泵电动机 M2 和润滑泵电动机 M3 启动按钮 SB1，接触器 KM5、KM6 线圈通电吸合，接触器 KM5、KM6 在 4 区和 5 区中的主触头闭合，接通液压泵电动机 M2 和润滑泵电动机 M3 工作电源，液压泵电动机 M2 和润滑泵电动机 M3 均得电启动运转。同时，29 区中接触器 KM5 的辅助动合触头闭合，接通 2 号线与 3 号线，为其他电动机拖动系统及液压驱动系统的启动控制做好了准备。当需要机床停止运转时，按下 28 区按钮 SB2 即可。

机床在运行中，如主轴电动机 M1、液压泵电动机 M2、润滑泵电动机 M3、工作台电动机 M4 中任意一台电动机过载时，对应热继电器相应的动断触头断开，切断接触器 KM5、KM6 线圈回路电源，接触器 KM5、KM6 均失电释放，即接触器 KM5 在 29 区中的辅助动合触头复位断开，从而实现机床自动停止运转控制。

此外，在图 8-5 中 13～138 区所示控制电路中，34 区、52 区、61 区、71 区、79 区、80 区对应控制电路构成机床启动准备控制电路。

液压泵电动机 M2 和润滑泵电动机 M3 启动运转后，当机床中的液压油具有一定压力时，压力继电器 KP2 动作，52 区中的 KP2 动合触头闭合，79 区中的 KP2 动断触头断开，为主轴电动机 M1 的正转点动和反转点动做好了准备，并当压力继电器 KP3 动作时，接通中间继电器 KA17 和 KA18 线圈的电源，为主轴平旋盘进给、主轴箱进给及工作台进给做准备。

2. 主轴电动机 M1 控制电路

（1）主轴电动机 M1 控制电路图区划分。由图 8-5 中 2 区、3 区主电路可知，主轴电动机 M1 工作状态由接触器 KM1～KM4 主触头进行控制，故可确定图 8-5 中 17 区、18 区、30～40 区、116～124 区对应电气元件构成主轴电动机 M1 控制电路。

（2）主轴电动机 M1 控制电路识图。在图 8-5 中 17 区、18 区、30～40 区、116～124 区主轴电动机 M1 控制线路中，17 区 HL4 为主轴电动机 M1 正转指示信号灯；18 区 HL5 为主轴电动机 M1 反转指示信号灯；30 区中按钮 SB4 为主轴电动机 M1 正转丫-△降压启动按钮；32 区中按钮 SB6 为主轴电动机 M1 反转丫-△降压启动按钮；30 区和 42 区中按钮 SB3 为主轴电动机 M1 停止制动按钮；34 区中按钮 SB5 为主轴电动机 M1 正转点动按钮；36 区中按钮 SB7 为主轴电动机 M1 反转点动按钮；116 区中变流器 U3 为主轴电动机 M1 点动和制动延时电路电源变压器；117 区中 YC 为主轴电动机 M1 制动电磁铁；120～123 区为晶体管延时电路。

此外，在主轴电动机 M1 启动前，应将平旋盘通断手柄扳至断开位置，此时行程开关 ST3 在 60 区中的动合触头复位断开，ST3 在 34 区中的动断触头复位闭合。同时，主轴选速手柄应扳至主轴当前需要转速位置挡上，即行程开关 ST5 在 113 区中动合触头、行程开关 ST6 在 114 区中动合触头或行程开关 ST7 在 119 区中动合触头闭合。主轴电动机 M1 具体控制过程如下所述。

1）主轴电动机 M1 正、反转丫-△降压启动控制。按下 30 区中的按钮 SB4，中间继电器 KA1 线圈通电吸合并自锁，KA1 在 17 区中 204 号线与 207 号线间的动合触头、31 区中 9 号线与 10 号线间的动合触头、35 区中 9 号线与 15 号线间的动合触头、38 区中 21 号线与 22 号线间的动合触头闭合。继而接通信号指示灯 HL4 的电源，HL4 发亮，表示主轴电动机 M1 正在正向旋转，并为接通时间继电器 KT1 线圈电源做好了准备。同时，接触器 KM1 通电吸合，切断接触器 KM2 线圈的电源通路及中间继电器 KA3 线圈的电源通路，并接通主轴电动机 M1 的正转电源，为主轴钢球无级变速做好准备；然后 38 区中的时间继电器 KT1 和 40 区中的接触器 KM3 通电吸合，主轴电动机 M1 绕组接成丫联结正向降压启动。经过设定时间后，时间继电器 KT1 动作，切断接触器 KM3 线圈的电源，接触器 KM3 失电释放。接通接触器 KM4 线圈的电源，接触器 KM4 通电闭合，主轴电动机 M1 的绕组接成△联结正向全压运行。

主轴电动机 M1 的反向丫-△降压启动控制过程与正向丫-△降压启动控制过程相同，请读者自行分析。

2）主轴电动机 M1 点动启动、制动停止控制。当需要主轴电动机 M1 点动正转时，按下其正转点动按钮 SB5，接触器 KM1 和 KM3 通电闭合，主轴电动机 M1 的绕组接成丫联结降压启动运转。同时，KM3 在 122 区和 123 区中 325 号线与 326 号线间的动合触头及 326 号与 327 号线间的动合触头闭合短接电容器 C5、C6，消除电容器 C5、C6 上的残余电量，为主轴电动机 M1 点动停止制动做准备。松开主轴电动机 M1 的正转点动按钮 SB5，接触器 KM1 和 KM3 失电释放，其动合、动断触头复位，主轴电动机 M1 断电，但在惯性的作用下主轴继续旋转。此时按钮 SB5 的动断触头也复位闭合，通过晶体管电路控制，使中间继电器 KA28 和中间继电器 KA24 相继通电闭合，使中间继电器 K3 通电闭合，并切断时间继电器 KT1 线圈、接触器 KM3 线圈、接触器 KM4 线圈的电源通路。此时，KA3 动合触头闭合接通主轴电动机 M1 的制动电磁铁 YC 的电源，制动电磁铁 YC 动作，对主轴进行制动，使主轴电动机 M1 迅速停车。

主轴电动机 M1 点动反转启动、停止制动控制过程与主轴电动机 M1 点动正转启动、停止制动控制过程相同，请读者自行分析。

3. 平旋盘的控制

平旋盘也是由主轴电动机 M1 拖动工作的。与平旋盘控制有关的电路有 30 区电路、34 区电路、60 区电路、111 区电路、112 区电路、115 区电路、119 区电路。其中 30 区中间继电器 KA27 在 14 号线与 0 号线间的动断触头为平旋盘误入三挡速度时的保护触头；34 区中行程开关 ST3 实现主轴或平旋盘进给转换控制功能；111 区和 112 区中电阻器 R4 和 R5 分别调整平旋盘两挡转速。

当使用平旋盘时，应将平旋盘操作手柄扳至接通位置，此时操作手柄压下行程开关 ST3。ST3 在 34 区中的动断触头断开，使中间继电器 KA1、KA2 及接触器 KM1、KM2 只能通过中间继电器 KA27 在 30 区中的动断触头通电吸合。同时，ST3 在 60 区中的动合触头闭合，接通中间继电器 KA8 线圈的电源，KA8 通电闭合，为平旋盘进给做好准备。

主轴的速度调节和平旋盘的速度调节由速度操作手柄进行控制。其中主轴有三挡速度（即当 113 区、114 区、119 区中的行程开关 ST5、ST6、ST7 闭合时有三挡不同的主轴速度）；平旋盘则只有两挡速度（即当 113 区、114 区中的行程开关 ST5、ST6 闭合时平旋盘有两挡不同的速度）。在 119 区电路中，当速度操作手柄误操作将速度扳到三挡位置时，中间继电器 K27 闭合，其在 30 区中 14 号线与 0 号线间的动断触点断开，切断接触器 KM1、KM2 及中间继电器 KA1、KA2 线圈的电源，主轴电动机 M1 不能启动运转，或已启动运行的则停止运行。

4. 主轴及平旋盘的调速控制

主轴及平旋盘的调速是通过电动机 M6 拖动钢球无级变速器实现的。当电动机 M6 拖动钢球无级变速器正转时，变速器的转速上升，反之则变速器的转速下降。实际应用时，当变速器的转速为 3000r/min 时，测速发电机 BR 发出的电压约为 50V，此时有关元件应立即动作，切断钢球变速拖动电动机 M6 的正转电源，使变速器的转速不再上升。当变速器的转速为 500r/min 时，测速发电机 BR 发出的电压约为 8.3V，有关元件也应立即动作，切断钢球拖动电动机 M6 的反转电源，使变速器的转速不再下降。

变速器的转轴与交流测速发电机 BR 同轴相连，当变速器转换升高时，交流测速发电机 BR 所发出的电压就升高；当变速器转速降低时，交流测速发电机 BR 所发出的电压就降低。利用测速发电机 BR 发出的电压经整流、滤波后与电路中的参考电压进行比较后其差值电压控制着钢球无级变速电子控制电路，从而很容易控制钢球拖动电动机 M6 在达到变速器的两个极限速度挡时停止。

与主轴及平旋盘调速控制有关的电路有 109～115 区电路、129～138 区电路。其中 109 区电路为测速发电机 BR 的励磁电路和参考电压电路；110 区电路为测速发电机 BR 电路；111～115 区电路为主轴和平旋盘速度调整电路；113～138 区电路为钢球无级变速电子控制电路。129 区中按钮 SB16 为钢球无级变速升速启动按钮；131 区中按钮 SB17 为钢球无级变速降速启动按钮。主轴及平旋盘的调速具体控制如下：

（1）主轴升速控制。当需要主轴升速时，按下 129 区中的钢球无级变速升速启动按钮 SB16，中间继电器 KA30 通电闭合，接通钢球无级变速电子控制电路的电源及从 110 区中交流测速发电机 BR 发出的电压经整流、滤波后由 309 号线和 311 号线输出加在电阻器 R20 上经中间抽头分压后的部分电压 U_2。该电压 U_2 与 R21 两端的参考电压进行比较，并在电阻 R15 上产生一个控制电压 U。当参考电压 U_1 高于 U_2 时，开关二极管 VD2 处于截止状态，此时控制电压 U 对钢球无级变速电子控制电路不起作用。此时，接触器 KM11 通电吸合，钢球变速拖动电动机 M6 正向启动运转拖动钢球无级变速器升速。当升到所需转速时，松开按钮 SB6，中间继电器 KA30 失电释放，其动合触头复位断开，接触器 KM11 失电释放，钢球变速拖动电动机 M6 停止正转，完成升速控制过程。

当按下钢球无级变速升速启动按钮 SB16 一直不松开，参考电压 U_1 低于 U_2 时，开关二极管 VD1、VD2 处于导通状态，控制电压 U 对钢球无级变速电子控制电路进行控制。此时接触器 KM11 失电释放，钢球变速拖动电动机 M6 停止正转，从而自动完成主轴升速控制。

（2）主轴降速控制。当需要主轴降速时，按下 131 区中的钢球无级变速降速启动按钮 SB17，中间继电器 KA31 通电吸合，接通钢球无级变速电子控制电路的电源及从 110 区中交流测速发电机 BR 发出的电压经整流滤波后由 309 号线和 311 号线输出加在电阻器 R20 上的电压 U_{22}。该电压 U_{22} 与电阻 R21 两端的参考电压 U_1 经过电阻 R15 后反极性串联进行比较，并在电阻 R15 上产生一个控制电压 U。实际应用时，在控制电压 U 的控制下可完成降速控制功能，具体控制过程请读者参照主轴升速控制过程自行分析。

（3）平旋盘的调速控制。平旋盘的调速控制原理与主轴的调速控制原理相同，不同之处是在平旋盘调速时，应将平旋盘操作手柄扳至接通位置。具体调速控制过程请读者参照主轴调速控制过程自行分析。

5. 进给控制

T610 型卧式镗床的进给控制包括主轴进给、平旋盘刀架进给、工作台进给及主轴箱的进给控制等。实际应用时，各种进给运动均由控制电路控制对应电磁阀的动作，即液压系统对各种进给运动的驱动进行控制。

与各进给控制有关的电路有 61～80 区电路、99～105 区电路。其中 61～69 区及 80 区中 SA5 为十字主令开关，其主要作用是选择主轴或平旋盘及主轴箱进给方向，具有上、下、左、右四个挡位；71～79 区中 SA6 也为十字主令开关，其主要作用是选择工作台进给方向，也具有上、下、左、右四个挡位。100 区中按钮 SB12 为各种进给的点动快速进给按钮；102 区中按钮 SB13 为各种进给的工作进给按钮；104 区中按钮 SB14 为各种进给的点动工作进给按钮；99 区中按钮 SB15 为各种进给的微调点动按钮。十字主令开关 SA5、SA6 位置作用说明见表 8-3。

表 8-3   十字主令开关 SA5、SA6 位置作用说明

开关	SA5		SA6	
手柄位置	动作触头	作　用	动作触头	作　用
左	SA5-1	主轴（或平旋盘）进	SA6-1	工作台纵向退
右	SA5-2	主轴（或平旋盘）退	SA6-2	工作台纵向进
上	SA5-3	主轴箱升	SA6-3	工作台横向退
下	SA5-4	主轴箱降	SA6-4	工作台横向进

（1）主轴向前进给控制。

1）初始条件。平旋盘通断操作手柄扳至"断开"位置；液压泵电动机 M2 和润滑泵电动机 M3 已启动且运转正常；压力继电器 KP2（52 区）、KP3（79 区）的动合触点已闭合；中间继电器 K7（52 区）、K17（79 区）、K18（80 区）通电闭合。

2）操作。将十字开关 SA5 扳至"左边"挡位置，中间继电器 KA18 失电释放，而中间继电器 KA17 通电吸合。

3）松开主轴夹紧装置。当机床使用自动进给时，行程开关 ST4 在 61 区中的动合触点闭合，使中间继电器 KA9 通电闭合，为电磁阀 YV3a 线圈的通电做好了准备。KA9 在 81 区中的动合触头闭合，接通电磁阀 YV8 线圈的电源，YV8 动作，接通主轴松开油路，使主轴夹紧装置松开。

4）主轴快速进给控制。当需要主轴快速进给时，按下 100 区中的点动快速进给按钮 SB12，中间继电器 KA20 线圈和电磁阀 YV1 线圈通电。电磁阀 YV1 动作，关闭低压油泄放阀，使液压系统能推动进给机构快速进给。中间继电器 K20 动作，使电磁阀 YV3a 通电动作，主轴选择前进进给方向。KA20 接通快速进给电磁阀 YV6a 线圈的电源，电磁阀 YV6a 动作。电磁阀 YV3a 和电磁阀 YV6a 动作的组合使机床压力油按预定的方向进入主轴油缸，驱动主轴快速前进。松开点动快速进给按钮 SB12，中间继电器 K20 失电释放，电磁阀 YV1、YV3a、YV6a 先后失电释放，完成主轴快速进给控制过程。

5）主轴工作进给控制。当需要主轴工作进给时，按下 102 区中的工作进给按钮 SB13，中间继电器 K21 通电吸合并自锁，接通工作进给指示信号灯电源，工作进给指示灯亮，显示主轴正在工作进给，同时接通中间继电器 KA22 线圈的电源，继而接通电磁阀 YV3a 和 YV6b 的电源，电磁阀 YV3a 和 YV6b 动作，主轴以工作进给的速度移动。当需要停止主轴工作进给时，按下 30 区中的主轴停止按钮，或将十字开关 SA5 扳至中间位置，主轴停止工作进给。

6）主轴点动工作进给控制。当需要主轴点动工作进给时，按下 104 区中的主轴点动工作进给按钮 SB14，中间继电器 KA22 通电闭合，继而接通了电磁阀 YV3a 和 YV6b 的电源，电磁阀 YV3a 和 YV6b 动作，使高压油按选择好的方向进入主轴油箱，主轴以工作进给的速度移动。松开主轴点动工作进给按钮 SB14，中间继电器 K22 失电释放，继而电磁阀 YV3a 和 YV6b 失电，主轴停止进给。

7）主轴进给量微调控制。当主轴需要对进给量进行微调控制时，按下 99 区中的主轴微调点动按钮 SB15，中间继电器 KA23 通电闭合，继而接通电磁阀 YV3a 和 YV7 的电源，YV3a 和 YV7 通电动作，使主轴以微小的移动量进给。松开主轴微调点动按钮 SB15，主轴停止微调量进给。

（2）平旋盘进给控制。平旋盘的进给控制与主轴的进给控制相同，它也有点动快速进给、工作进给、点动工作进给、点动微调进给控制，同样由按钮 SB12、SB13、SB14、SB15 分别控制。当需要对平旋盘进行控制时，只需将平旋盘通断操作手柄扳至接通位置，其他操作与主轴进给控制相同。

（3）主轴后退运动控制。主轴后退运动控制与主轴进给控制相同，也具有点动快速进给、工作进给、点动工作进给、点动微调进给控制，同样由按钮 SB12、SB13、SB14、SB15 分别控制。当需要对主轴进行后退运动控制时，应将平旋盘通断操作手柄扳至断开位置，并将十字开关 SA5 扳至右边位置挡，其他操作与主轴的进给控制相同。

（4）主轴箱的进给控制。主轴箱可上升或下降进给。将十字开关 SA5 扳至"上边"位置时，主轴箱上升进给；将十字开关 SA5 扳至"下边"位置时，主轴箱下降进给。具体控制如下：

1) 主轴箱上升进给控制。将十字开关 SA5 扳至"上边"位置时，67 区中的 SA5-3 动合触点闭合，SA5 其他动合触点断开；80 区中的 SA5-3 动断触点断开，SA5 其他动断触点闭合。中间继电器 KA17、KA11 相继闭合，接通电磁阀 YV9、YV10 的电源。电磁阀 YV9 动作，驱动主轴箱夹紧机构松开；电磁阀 YV10 动作，供给润滑油对导轨进行润滑。KA11 在 68 区中的动合触头闭合，接通主轴箱向上进给电磁阀 YV5a 的电源，主轴箱被选择为向上进给。然后分别按下按钮 SB12、SB13、SB14、SB15，则可分别进行主轴箱上升的点动快速进给、工作进给、点动工作进给及点动微调进给控制。

2) 主轴箱下降进给控制。将十字开关 SA5 扳至"下边"位置时，69 区中的 SA5-4 动合触点闭合，SA5 其他动合触点断开；80 区中的 SA5-4 动断触点断开，SA5 其他动断触点闭合。中间继电器 KA17、KA12 相继闭合。KA12 在 89 区中的动合触头闭合，接通电磁阀 YV9、YV10 的电源，电磁阀 YV9、YV10 动作，驱动主轴箱夹紧机构松开及对导轨进行润滑。KA12 在 70 区中的动合触头闭合，接通主轴箱向下进给电磁阀 YV5b 的电源，主轴箱被选择为下降进给。然后分别按下按钮 SB12、SB13、SB14、SB15，则可分别进行主轴箱下降的点动快速进给、工作进给、点动工作进给及点动微调进给控制。

(5) 工作台的进给控制。工作台的进给控制分为纵向后退、纵向前进、横向后退和横向前进方向进给。具体控制如下：

1) 工作台纵向后退进给控制。将十字开关 SA6 扳至"左边"位置挡，71 区中的 SA6-1 动合触点闭合，SA6 其他动合触点断开；79 区中的 SA6-1 动断触点断开，SA6 其他动断触点闭合。中间继电器 KA17 失电释放，中间继电器 KA18 得电闭合。KA18 在 71 区中的动合触头闭合，接通中间继电器 KA13 的电源，中间继电器 K13 通电闭合。KA13 在 91 区中的动合触头闭合，接通电磁阀 YV13、YV18 的电源，电磁阀 YV13、YV18 动作，驱动下滑座夹紧机构松开及供给导轨润滑油。KA13 在 72 区中的动合触头闭合，接通工作台纵向后退进给电磁阀 YV2b 的电源，工作台被选择为纵向后退进给。然后分别按下按钮 SB12、SB13、SB14、SB15，则可分别进行工作台纵向后退运动的点动快速进给、工作进给、点动工作进给及点动微调进给控制。

2) 工作台纵向前进进给控制。工作台纵向前进进给控制的原理与工作台纵向后退进给控制原理相同，在对工作台进行纵向前进进给控制时，须将十字开关 SA6 扳至"右边"挡位置。具体控制过程请读者自行分析。

3) 工作台横向后退进给控制。当需要工作台横向后退进给时，将十字开关 SA6 扳至"上边"位置挡，75 区中的 SA6-3 动合触点闭合，SA6 其他动合触点断开；79 区中的 SA6-3 动断触点断开，SA6 其他动断触点闭合。中间继电器 KA17 失电释放，中间继电器 KA18 得电闭合。KA18 在 71 区中的动合触头闭合，中间继电器 KA15 得电吸合。KA15 在 93 区中的动合触头闭合，接通电磁阀 YV12、YV17 的电源，电磁阀 YV12、YV17 动作，驱动上滑座夹紧机构松开及供给导轨润滑油。KA15 在 76 区中的动合触头闭合，接通工作台横向后退进给电磁阀 YV4b 的电源，工作台被选择为横向后退进给。然后分别按下按钮 SB12、SB13、SB14、SB15，则可分别进行工作台纵向后退运动的点动快速进给、工作进给、点动工作进给及点动微调进给控制。

4) 工作台横向前进进给控制。工作台横向前进进给控制的原理与工作台横向后退进给控制原理相同，在对工作台进行横向前进进给控制时，须将十字开关 SA6 扳至"下边"挡位置。具体控制过程请读者自行分析。

6. 工作台回转控制

T610 型卧式镗床的工作台回转控制由工作台电动机 M4 拖动，工作台的夹紧、放松和回转 90°的定位由液压系统控制。

与工作台回转控制有关的电路有 43～56 区电路、125～128 区电路。其中 47 区、48 区中 SA4 为工作台回转控制自动及手动转换开关；44 区中按钮 SB8 为工作台正向回转启动按钮；47 区中按钮 SB9 为工作台反向回转启动按钮。

（1）工作台自动回转控制。将 47 区中的工作台回转自动及手动转换开关 SA4 扳至"自动"挡，按下 44 区中的工作台正向回转启动按钮 SB8，中间继电器 KA4 通电闭合并自锁。KA4 在 49 区中的动合触头闭合，接通电磁阀 YV16 和 YV11 的电源，电磁阀 YV16 和 YV11 通电动作。同时，KA4 在 52 区中的动断触头断开，切断中间继电器 KA7 线圈的电源，中间继电器 KA7 失电释放，KA7 在 79 区中的动合触头复位断开，切断中间继电器 KA17、KA18 线圈的电源，使工作台在回转时其他进给不能进行。

48 区中电磁阀 YV16 动作，接通工作台压力导轨油路，给工作台压力导轨充液压油。49 区中电磁阀 YV11 动作，接通工作台夹紧机构的放松油路，使夹紧机构松开。工作台夹紧机构松开后，机械装置压下行程开关 ST2，ST2 在 128 区中的动合触点被压下闭合，中间继电器 KA26 在电容器 C10 的瞬时充电电流作用下短时通电闭合，接通中间继电器 KA6 线圈的电源，中间继电器 K6 通电闭合并自锁。同时接通电磁阀 YV10 的电源，YV10 通电动作，将定位销拔出并使传动机构的蜗轮与蜗杆啮合。

在拔出定位销的过程中，机械装置压下行程开关 ST1，ST1 在 126 区中的动合触点被压下闭合，短时接通中间继电器 KA25 线圈的电源，中间继电器 KA25 短时闭合，接通接触器 KM7 线圈电源。接触器 KM7 通电闭合并自锁，其在 6 区中的主触头接通工作台电动机 M4 的正转电源。工作台电动机 M4 拖动工作台正向回转。

当工作台回转到 90°时，压合行程开关 ST8，ST8 在 125 区中的动合触点闭合，短时接通中间继电器 KA29 线圈的电源，中间继电器 KA29 通电闭合，其在 45 区中的动断触头断开，切断接触器 KM7 线圈电源通路，接触器 KM7 失电释放，工作台电动机 M4 断电停止正转，完成正向回转。同时中间继电器 KA29 在 50 区中的动合触点闭合，接通通电延时时间继电器 KT2 线圈的电源。时间继电器 KT2 通电闭合并自锁，为中间继电器 KA4 断电做好了准备。

KT2 在 55 区中的延时断开动断触点在经过通电延时一定时间后断开，切断中间继电器 KA6 线圈的电源，中间继电器 KA6 失电释放，其在 54 区中的动合触头复位断开，电磁阀 YV10 断电，传动机构的蜗轮与蜗杆分离，定位销插入销座，压力继电器 KP1 动作，KP1 在 44 区中的动断触头断开，中间继电器 KA4 断电释放，时间继电器 KT2、电磁阀 YV11 及 YV16 失电，工作台夹紧，完成工作台自动回转的控制。

（2）工作台电动机 M4 的停车制动控制。工作台电动机 M4 的停车制动控制电路位处 7 区，其电路结构比较简单，它采用了电容式能耗制动线路。当工作台电动机 M4 停车时，接触器 KM7 或 KM8 失电释放，在 7 区中接触器 KM7 或 KM8 的动断触点复位闭合，电容器 C13 通过电阻 R23 对工作台回转电动机 M4 绕组放电产生直流电流，从而产生制动力矩对工作台电动机 M4 进行能耗制动，工作台回转电动机 M4 迅速停止转动。

（3）工作台手动回转控制。将 48 区中的工作台回转自动及手动转换开关 SA4 扳至"手动"挡，则可对工作台进行手动回转控制。此时电磁阀 YV16、YV11 通电动作。电磁阀 YV11 使工作台松开；电磁阀 YV16 使压力导轨充油。工作台松开后，压下 128 区中的行程开关 ST2，ST2 的动合触点被压下闭合，继而中间继电器 K26、K6 及电磁阀 YV10 先后通电动作，并将定位销拔出，此时即可用手轮操作工作台微量回转，实现工作台手动回转控制。

7. 尾架电动机 M5、冷却泵电动机 M7 控制电路

（1）尾架电动机 M5 的控制。尾架电动机 M5 控制电路处于 57 区和 58 区，属于点动控制电路。当按下尾架电动机 M5 的正转点动按钮 SB10 时，尾架电动机 M5 正向启动运转，尾架上升；当按下尾架电动机 M5 的反转点动按钮 SB11 时，尾架电动机 M5 反向启动运转，尾架下降。

（2）冷却泵电动机 M7 的控制。冷却泵电动机 M7 控制电路处于 59 区，它由单极开关 SA1 控制接触器 KM13 线圈电源的通断。即当单极开关 SA1 闭合时，冷却泵电动机 M7 通电运转；当单极开关 SA1 断开时，冷却泵电动机 M7 停转。

8.2.2.3　照明、信号电路识读

T610 型卧式镗床照明、信号电路由图 8-5 中 13～26 区对应电气元件组成。其中 13 区为机床工作照明和信号灯控制变压器电路；14～22 区为机床工作信号灯电路；23～26 区为机床工作照明灯电路。

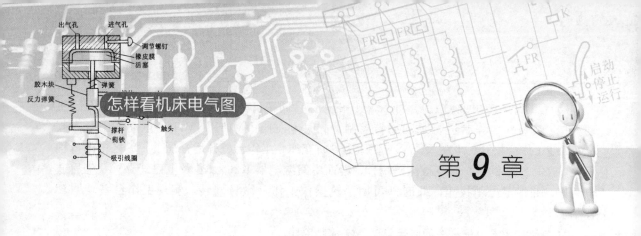

实用刨、插、拉床电气控制线路识图

刨、插、拉三类机床的主运动均为直线运动，故统称为直线运动机床。刨床主要用于加工平面、斜面、沟槽等领域。插床实质上是一种立式刨床，主要用于加工工件内表面，如方孔、长方孔、多边形孔和键槽等领域。拉床是用拉刀加工工件各种内、外成形表面的机床，常用于加工各种内、外成型表面。主要类型有牛头刨床、龙门刨床、单臂刨床、卧式拉床、立式拉床等。

9.1 B690 型液压牛头刨床电气控制线路识图

9.1.1 B690 型液压牛头刨床电气识图预备知识

1. B690 型液压牛头刨床简介

B690 型液压牛头刨床主要适用于平面和成型面等加工，若装上特殊虎钳或分度头，还可加工轴类和长方体零件的端面和等分槽等。它主要由床身、底座、工作台、刀架、滑板和滑枕组成，如图 9-1 所示。

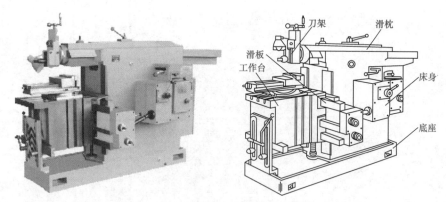

图 9-1　B690 型液压牛头刨床的外形及结构

B690 型液压牛头刨床的型号含义：

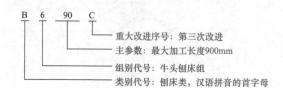

B 6 90 C

重大改进序号：第三次改进
主参数：最大加工长度900mm
组别代号：牛头刨床组
类别代号：刨床类，汉语拼音的首字母

2. B690 型液压牛头刨床主要运动形式与控制要求

B690 型液压牛头刨床的主要运动形式与控制要求如下：

（1）床身主要用来支撑和连接机床各部件。其顶面的燕尾形导轨供滑枕作往复运动。床身内部有齿轮变速机构和摆杆机构，供改变滑枕的往复运动速度和行程长度。

（2）滑枕主要用来带动刨刀作往复直线运动（即主运动），前端装有刀架。其内部装有丝杆螺母传动装置，可用于改变滑枕的往复行程位置。

（3）刀架主要用来夹持刨刀。松开刀架上的手柄，可以加工斜面以及燕尾形零件。抬刀板可以绕刀座的轴转动，使刨刀回程时，可绕轴自由上抬，减小刀具与工件的摩擦。

（4）工作台主要用来安装工件。台面上有 T 形槽，可穿入螺栓头装夹工件或夹具。工作台可随横梁上下调整，也可随横梁作横向间歇移动，这个移动即为进给运动。

（5）电力控制系统由主轴电动机 M1 和工作台快速移动电动机 M2 拖动，其中 M1 采用单向运转单元电路结构，M2 采用单向点动单元电路结构。

（6）主轴电动机 M1 需设置过载保护、欠电压保护等完善的保护措施。

9.1.2　B690 型液压牛头刨床电气控制线路识读

B690 型液压牛头刨床电路图如图 9-2 所示。

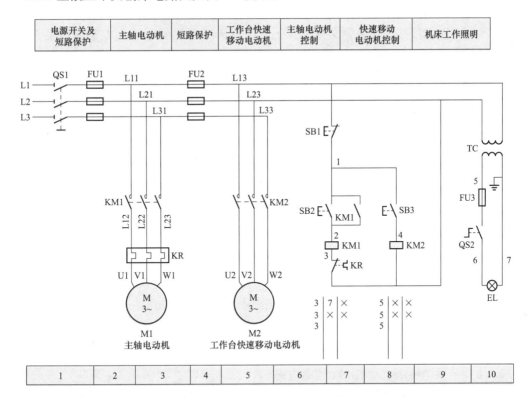

图 9-2　B690 型液压牛头刨床电路图

9.1.2.1　主电路识读

1. 主电路图区划分

B690 型液压牛头刨床由主轴电动机 M1 和工作台快速移动电动机 M2 驱动相应机械部

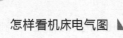

件实现工件刨削加工。根据机床电气控制系统主电路定义可知，其主电路由图 9-2 中 1～5 区组成，其中 1 区、4 区为电源开关及保护部分，2 区、3 区为主轴电动机 M1 主电路，5 区为工作台快速移动电动机 M2 主电路。

2. 主电路识图

（1）电源开关及保护部分。电源开关及保护部分由图 9-2 中 1 区隔离开关 QS1、熔断器 FU1 和 4 区熔断器 FU2 组成。实际应用时，隔离开关 QS1 为机床电源开关；熔断器 FU1 实现主轴电动机 M1 短路保护功能；熔断器 FU2 实现工作台快速移动电动机 M2、机床控制电路短路保护功能。

（2）主轴电动机 M1 主电路。由图 9-2 中 2 区、3 区主电路可知，主轴电动机 M1 主电路属于单向运转主电路结构。实际应用时，接触器 KM1 主触头控制主轴电动机 M1 工作电源通断；热继电器 KR1 为主轴电动机 M1 过载保护元件。

（3）工作台快速移动电动机 M2 主电路。由图 9-2 中 5 区主电路可知，工作台快速移动电动机 M2 主电路属于单向运转点动控制主电路结构。实际应用时，接触器 KM2 主触头控制工作台快速移动电动机 M2 工作电源通断。此外，由于工作台快速移动电动机 M2 采用短期点动控制，故未设置过载保护装置。

9.1.2.2 控制电路识读

B690 型液压牛头刨床控制电路由图 9-2 中 6～10 区组成。由于控制电路电气元件较少，故可将控制电路直接接在 380V 交流电源上，而机床工作照明电路由控制变压器 TC 单独供电。

1. 主轴电动机 M1 控制电路

（1）主轴电动机 M1 控制电路图区划分。由图 9-2 中 2 区、3 区主电路可知，主轴电动机 M1 工作状态由接触器 KM1 主触头进行控制，故可确定图 9-2 中 6 区、7 区接触器 KM1 线圈回路电气元件构成主轴电动机 M1 控制电路。

（2）主轴电动机 M1 控制电路识图。在 6 区、7 区主轴电动机 M1 控制电路中，按钮 SB1 为机床总停止按钮，按钮 SB2 为主轴电动机 M1 启动按钮。其工作原理如下：

1）启动：

$$按下SB2 \longrightarrow KM1线圈得电 \longrightarrow \begin{cases} KM1主触头闭合 \longrightarrow 电动机M1启动连续运转 \\ KM1自锁触头闭合 \end{cases}$$

2）停止：

$$按下SB1 \longrightarrow KM1线圈失电 \longrightarrow \begin{cases} KM1主触头分断 \longrightarrow 电动机M1失电停转 \\ KM1自锁触头分断 \end{cases}$$

按钮 SB1 为机床总停止按钮，按下 SB1 时，快速移动电动机 M2 也失电停转。

2. 工作台快速移动电动机 M2 控制电路

（1）工作台快速移动电动机 M2 控制电路图区划分。由图 9-2 中 5 区主电路可知，工作台快速移动电动机 M2 工作状态由接触器 KM2 控制，故可确定图 9-2 中 8 区接触器 KM2 线圈回路电气元件构成工作台快速移动电动机 M2 控制电路。

（2）工作台快速移动电动机 M2 控制电路识图。在 8 区工作台快速移动电动机 M2 控制电路中，按钮 SB3 为工作台快速移动电动机 M2 点动按钮。其工作原理如下：

1）启动：按下 SB3→KM2 线圈得电→KM2 主触头闭合→电动机 M2 启动运转。

2）停止：松开 SB3→KM2 线圈失电→KM2 主触头分断→电动机 M2 失电停转。

注意：工作台快速移动电动机 M2 还受按钮 SB1 控制，即只有当主轴电动机 M1 停止按钮处于闭合状态时，工作台快速移动电动机 M2 才能启动运转。

9.1.2.3　照明电路识读

B690 型液压牛头刨床工作照明电路由图 9-2 中 9 区和 10 区对应电气元件组成。其中控制变压器 TC 一次侧电压为 380V，二次侧电压为 36V，工作照明灯 EL 受照明灯控制开关 SA 控制。熔断器 FU3 实现照明电路短路保护功能。

9.2　B2012A 型龙门刨床电气控制线路识图

9.2.1　B2012A 型龙门刨床识图预备知识

1. B2012A 型龙门刨床简介

B2012A 型龙门刨床是一种适用于大件加工如机床床身、底座等的大型金属刨削机床。它能同时夹持多个工件和多面多刀进行各种平面、斜面、沟槽的加工，故广泛应用在冶金、机械、运输、国防等领域的各种设备上。

B2012A 型龙门刨床主要由床身、工作台、横梁、顶梁、立柱、立刀架、侧刀架等部分组成，如图 9-3 所示。它因有一个龙门式的框架而得名。

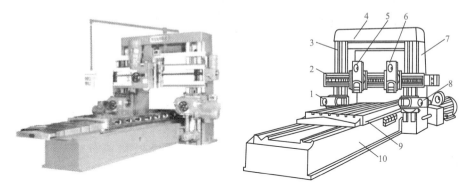

图 9-3　B2012A 型龙门刨床的外形及结构

1、8—侧刀架；2—横梁；3、7—主柱；4—顶梁；5、6—立刀架；9—工作台；10—床身

B2012A 型龙门刨床的型号含义：

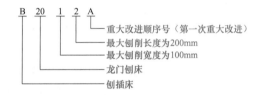

2. B2012A 型龙门刨床主要运动形式与控制要求

（1）B2012A 型龙门刨床的主要运动形式。

1）龙门刨床在加工时，床身水平导轨上的工作台带动工件作直线运动，实现主运动。

2）装在横梁上的立刀架可沿横梁导轨作间歇的横向进给运动，以刨削工件的水平平面。

3）刀架上的滑板（溜板）可使刨刀上、下移动，作切入运动或刨削竖直平面。溜板还能绕水平轴调整至一定的角度位置，以加工倾斜平面。

4）装在立柱上的侧刀架可沿立柱导轨在上、下方向间歇进给，以刨削工件的竖直平面。

5）横梁还可沿立柱导轨升降至一定位置，以根据工件高度调整刀具的位置。

（2）B2012A 型龙门刨床电力拖动的特点及控制要求。龙门刨床加工的工件质量不同，用的刀具不同，所需要的速度也不同，加上 B2012A 型龙门刨床是刨磨联合机床，所以要求工艺范围广、调速范围大、控制要求高，因而电气控制线路较复杂。

1）该机床采用以电动机扩大机作励磁调节器的直流发动机—电动机系统，并加两级机械调速（变速比 2：1），从而保证了工作台调速范围达到 20：1（最高速 90r/min，最低速 4.5r/min）。在低速挡和高速挡的范围内，能实现工作台的无级调速。

2）为了提高加工精度，要求工作台的速度不因切削负荷的变化而波动过大，即系统的机械特性应具有一定的硬度（静差度为 10%）。同时，系统的机械特性应具有陡峭的下垂特性，即当电动机短路或超过额定转矩时，工作台拖动电动机的转速应快速下降，以至停止时发动机、电动机、机械部分免于损坏。

3）垂直刀架电动机 M5、右侧刀架电动机 M6、左侧刀架电动机 M7、横梁升降电动机 M8、横梁放松夹紧电动机 M9 均采用正、反转单元电路结构。

9.2.2　B2012A 型龙门刨床电气控制线路识读

B2012A 型龙门刨床电路图如图 9-4 所示。

9.2.2.1　主电路识读

1. 主电路图区划分

B2012A 型龙门刨床由交流机组拖动控制系统和直流发电—拖动系统组成，其中交流机组拖动控制系统由拖动直流发电机 G、励磁机 GE 用交流电动机 M1、电机放大用电动机 M2、通风用电动机 M3、润滑泵电动机 M4、垂直刀架电动机 M5、右侧刀架电动机 M6、左侧刀架电动机 M7、横梁升降电动机 M8、横梁放松夹紧电动机 M9 驱动相应机械部件实现工件刨削加工；直流发电—拖动系统由电机放大机 AG、直流发电机 G、励磁发电机 GE、直流电动机 M 及相关控制电路组成。根据机床电气控制系统主电路定义可知，B2012A 型龙门刨床主电路由图 9-4 中 1～31 区组成。

2. 主电路识图

（1）交流机组拖动系统主电路。B2012A 型龙门刨床交流机组拖动系统主电路由图 9-4 中 16～31 区组成，其中 16 区为电源开关及保护部分；17 区和 18 区为拖动直流发电机 G、励磁机 GE 用交流电动机 M1 主电路；19 区为电机放大用电动机 M2 主电路；20 区为通风用电动机 M3 主电路；21 区为润滑泵电动机 M4 主电路；22 区和 23 区为垂直刀架电动机 M5 主电路；24 区和 25 区为右侧刀架电动机 M6 主电路；26 区和 27 区为左侧刀架电动机 M7 主电路；28 区和 29 区为横梁升降电动机 M8 主电路；30 区和 31 区为横梁放松夹紧电动机 M9 主电路。

（2）拖动直流发电机 G、励磁发电机 GE 用交流电动机 M1 主电路。由图 9-4 中 17 区和 18 区主电路可知，拖动直流发电机 G、励磁机 GE 用交流电动机 M1 主电路属于Ｙ-△降压启

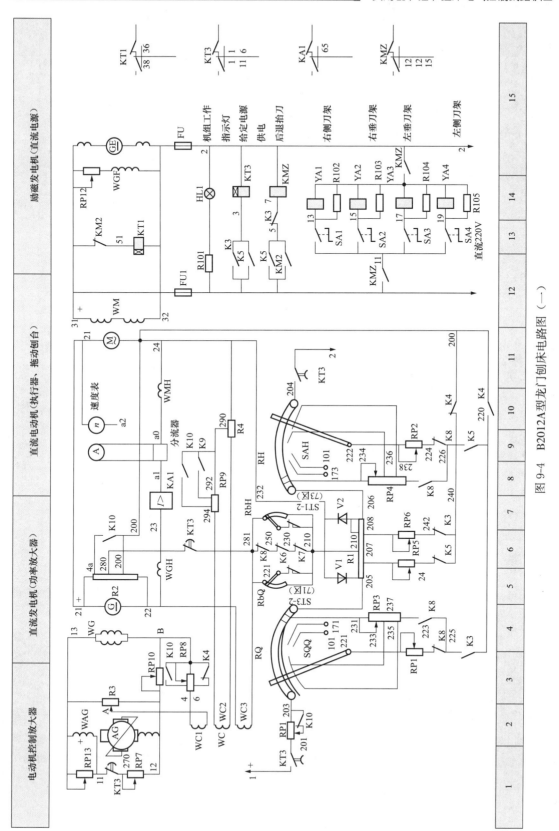

图 9-4 B2012A型龙门刨床电路图（一）

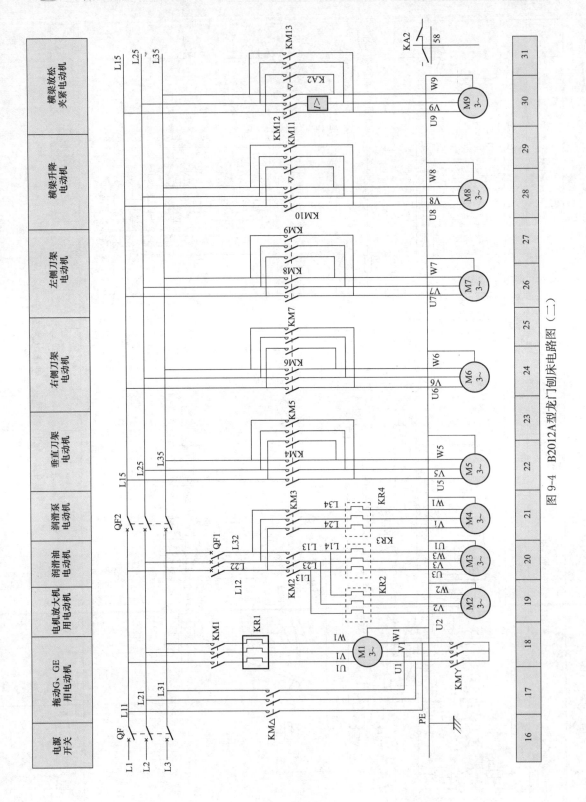

图 9-4　B2012A型龙门刨床电路图（二）

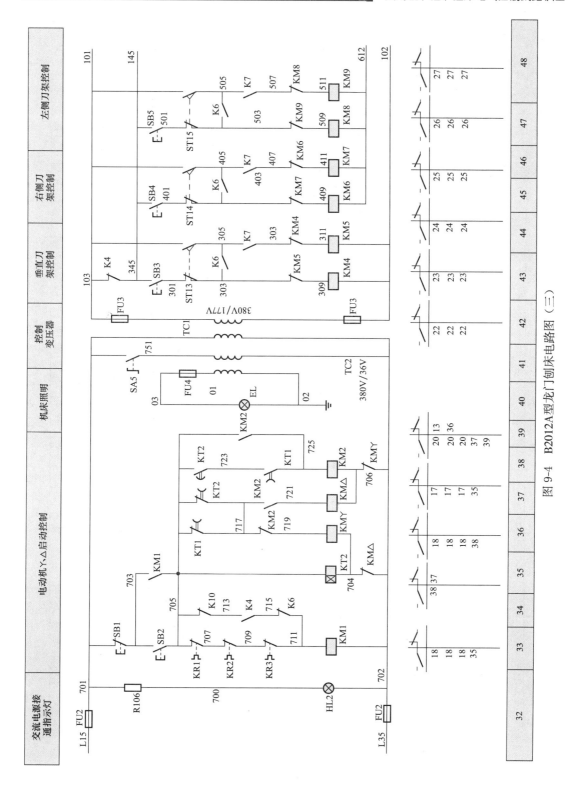

图 9-4 B2012A型龙门刨床电路图（三）

图 9-4 B2012A 型龙门刨床电路图（四）

246

动单元主电路结构。实际应用时，接触器 KM1 主触头控制交流电动机 M1 工作电源通断；接触器 KM丫、KM△主触头分别为交流电动机 M1 定子绕组丫联结降压启动和△联结全压运行控制触头；热继电器 KR1 热元件为交流电动机 M1 过载保护元件。

（3）电机放大用电动机 M2、通风用电动机 M3、润滑泵电动机 M4 主电路。由图 9-4 中 19～21 区主电路可知，电机放大用电动机 M2、通风用电动机 M3、润滑泵电动机 M4 主电路均属于单向运转单元主电路结构。实际应用时，断路器 QF1 实现这交流电动机 M2、M3、M4 电源开关及短路保护功能；接触器 KM2 主触头控制电机放大用电动机 M2 和通风用电动机 M3 工作电源通断；接触器 KM3 主触头控制润滑泵电动机 M4 工作电源通断；热继电器 KR2、KR3、KR4 热元件分别为交流电动机 M2、M3、M4 过载保护元件。

（4）垂直刀架电动机 M5、右侧刀架电动机 M6、Z 左侧刀架电动机 M7、横梁升降电动机 M8、横梁放松夹紧电动机 M9 主电路。由图 9-4 中 22 区和 23 区、24 区和 25 区、26 区和 27 区、28 区和 29 区、30 区和 31 区主电路可知，垂直刀架电动机 M5、右侧刀架电动机 M6、Z 左侧刀架电动机 M7、横梁升降电动机 M8、横梁放松夹紧电动机 M9 主电路均属于正、反转点动控制单元主电路结构。实际应用时，断路器 QF2 实现交流电动机 M5～M9 电源开关及保护功能；接触器 KM4、KM6、KM8、KM10、KM12 主触头分别控制交流电动机 M5～M9 正转工作电源通断；接触器 KM5、KM7、KM9、KM11、KM13 分别控制交流电动机 M5～M9 反转工作电源通断；过电流继电器 KOC2 实现横梁夹紧时信息传递功能，即当横梁夹紧时，横梁放松夹紧电动机 M9 仍然运转，但其定子绕组电流急剧上升，当上升至过电流继电器 KOC2 线圈吸合电流时，过电流继电器 KOC2 吸合，其触头动作，切断横梁放松升降电动机 M9 控制回路电源，M9 断电停转。

3. 直流发电—拖动系统

直流发电—拖动系统由图 9-4 中 1 区、2 区、4 区、5 区、11 区、12 区、15 区组成，其中 1 区、2 区为电机放大机 AG 主电路；4 区和 5 区为直流发电机 G 主电路；11 区和 12 区为直流电动机 M 主电路；15 区为励磁发电机 GE 主电路。

1）电机放大机 AG 主电路。电机放大机 AG 由交流电动机 M2 拖动，其主要作用是根据机床刨台各种运动的需要，通过控制绕组 WC 的各个控制量调节其向直流发电机 G 励磁绕组供电的输出电压，从而调节直流发电机 G 发出电压的高低。

在图 9-4 中 1 区、2 区电机放大机 AG 主电路中，绕组 WS1 为电机放大机 AG 电枢串励绕组；绕组 WC 为电机放大机 AG 控制绕组，其中 WC1 为电机放大机 AG 桥形稳定控制绕组，WC2 为电机放大机 AG 电流正反馈绕组，WC3 为电机放大机 AG 给定电压、电压负反馈和电流截止负反馈综合控制绕组。

2）直流发电机 G 主电路。直流发电机 G 由交流电动机 M1 拖动，其主要作用是提供直流电动机 M 所需要的直流电压，满足直流电动机 M 拖动刨台运动的需要。

在图 9-4 中 4 区、5 区直流发电机 G 主电路中，绕组 WE1 为直流发电机 G 励磁绕组，其励磁电压由电机放大机 AG 提供。值得注意的是，直流发电机 G 励磁绕组 WE1 两端的励磁电压不仅与电机放大机 AG 提供的电压大小有关，而且与 3 区中电位器 RP10 的阻值有关，即调节电位器 RP10 的大小，可改变直流发电机 G 励磁绕组两端直流电压的大小，从而改变直流发电机 G 输出电压的大小。

3）励磁发电机 GE 主电路。励磁发电机 GE 也由交流电动机 M1 拖动，其主要作用是由交流电动机 M1 拖动，输出直流电压为直流电动机 M 励磁绕组供给励磁电源。

在图 9-4 中 15 区励磁发电机 GE 主电路中，绕组 WE 为励磁发电机 GE 励磁绕组。

4）直流电动机 M 主电路。直流电动机 M 的主要作用是拖动刨台往返交替作直线运动，对工件进行切削加工。在图 9-4 中 11 区和 12 区直流电动机 M 主电路中，绕组 WS3 为直流电动机 M 励磁绕组。

9.2.2.2　控制电路识读

B2012A 型龙门刨床控制电路主要分为主拖动机组控制电路、横梁控制电路、工作台控制电路、刀架控制电路等，由图 9-4 中 32～77 区组成。其中主拖动机组电动机 M1 控制电路由于电气元件较少，故可直接接在 380V 交流电源上；42 区为控制变压器电路，实际应用时，闭合断路器 QF，380V 交流电压经断路器 QF2 加至控制变压器 TC1 一次侧绕组两端，经降压后输出 127V 交流电压给刀架控制电路、横梁及工作台控制电路供电。此外，机床照明电路电源由控制变压器 TC2 提供。

1. 主拖动机组电动机 M1 控制电路

（1）主拖动机组电动机 M1 控制电路图区划分。由图 9-4 中 17 区和 18 区主电路可知，主拖动机组电动机 M1 工作状态由接触器 KM1、KMY、KM△ 主触头进行控制，故可确定图 9-4 中 33～39 区接触器 KM1、KMY、KM△ 线圈回路电气元件构成主拖动机组电动机 M1 控制电路。

（2）主拖动机组电动机 M1 控制电路识图。在图 9-4 中 33～39 区主拖动机组电动机 M1 控制电路中，按钮 SB2 为交流电动机 M1 启动按钮，按钮 SB1 为交流电动机 M1 停止按钮。

当需要主拖动电动机 M1 拖动直流发电机 G 和励磁发电机 GE 工作时，按下其启动按钮 SB2，接触器 KM1、KMY 和时间继电器 KT2 均得电闭合并通过接触器 KM1 自锁触头自锁，此时主拖动交流电动机 M1 的定子绕组接成 Y 联结降压启动，被拖动的励磁发电机 GE 利用剩磁开始发电。

当主拖动电动机 M1 转速上升至接近额定转速时，15 区中的励磁发电机 GE 输出的电压随之升高接近额定值。此时，13 区中时间继电器 KT1 吸合，KT1 在 36 区中的动断触头断开，而在 38 区中的动合触头闭合，为切断接触器 KMY 线圈电源和接通接触器 KM2 和 KM△ 线圈电源做好准备。

经过设定时间后，时间继电器 KT2 动作，其在 37 区中的延时断开动断触头断开，切断接触器 KMY 线圈回路的电源，KMY 失电释放；同时 KT2 在 38 区中的延时闭合动合触头闭合，接通接触器 KM2 线圈的电源，KM2 得电闭合并自锁，其主触头闭合接通交流电动机 M2、M3 的电源，M2、M3 分别拖动电机放大机 AG 和通风机工作。同时，接触器 KM2 在 36 区中的动合触头闭合，接通接触器 KM△ 线圈的电源，KM△ 通电闭合。此时主拖动电动机 M1 的定子绕组接成 △ 联结全压运行，拖动直流发电机 G 和励磁发电机 GE 全速运行，从而完成主拖动电动机 M1 的启动控制过程。

2. 横梁控制电路

（1）横梁控制电路图区划分。横梁控制电路主要为横梁上升控制和横梁下降控制。在横梁上升与下降控制过程中，首先要松开夹紧在立柱上的横梁，然后再使横梁上升或下降，最后再夹紧。而横梁在下降控制过程中，当横梁下降到所需位置时，需要作短暂回升，其目的是为了消除丝杆和螺母间的间隙，保证横梁对工作台的平行度不超过允许误差范围。

由图 9-4 中 28 区和 29 区、30 区和 31 区主电路可知，横梁升降电动机 M8 和横梁放松夹紧电动机 M9 工作状态分别由接触器 KM10、KM11 和接触器 KM12、KM13 主触头进行控制，故可确定图 9-4 中 49～62 区对应接触器 KM10～KM13 线圈回路电气元件构成横梁控制电路。

（2）横梁控制电路识图。在图 9-4 中 28～31 区横梁主电路中，50 区中按钮 SB6 为横梁上升启动按钮；51 区中按钮 SB7 为横梁下降启动按钮；53 区中行程开关 ST7 为横梁上升的上限位保护行程开关，它安装在右立柱上，当横梁上升至极限位置时，其动合触头断开；55 区中行程开关 ST8、ST9 为横梁下降的下限位保护行程开关，分别安装在横梁上，当横梁下降至接近左侧或右侧刀架上时，ST8 或 ST9 动断触头断开；52 区和 59 区中行程开关 ST10 为横梁放松及上升和下降动作行程开关，当横梁夹紧时，行程开关 ST10 在 52 区中的动合触头断开，在 59 区中的动断触头闭合，为横梁放松做准备；当横梁完全放松时，行程开关 ST10 在 52 区中的动合触头闭合，为横梁上升和下降做准备，而在 59 区中的动断触头断开。

值得注意的是，横梁的上升和下降控制应在工作台停止运转的情况下进行，故横梁控制受控于 43 区中 101 号线与 345 号线间的中间继电器 KA4 的动断触头，即只有在中间继电器 KA4 未通电闭合的情况下，才能进行横梁的上升和下降运动。

当需要横梁上升时，按下其启动按钮 SB6，由于 43 区中 101 号线与 345 号线间的中间继电器 KA4 的动断触头闭合，故 49 区中的中间继电器 KA2 通电闭合。KA2 在 52 区和 56 区中的动合触头闭合，为接通横梁上升或下降控制接触器 KM10 或 KM11 线圈的电源做准备。KM2 在 59 区中 621 号线与 623 号线间的动合触头闭合，接通接触器 KM13 线圈的电源，KM13 通电闭合并自锁。此时交流电动机 M9 通电反转，使横梁放松。

当横梁放松后，行程开关 ST10 在 59 区中 101 号线与 621 号线间的动断触头断开，切断接触器 KM13 线圈的电源，KM13 失电释放，横梁放松夹紧电动机 M9 停止反转。而行程开关 ST10 在 52 区中 101 号线与 601 号线间的动合触头闭合，接通接触器 KM10 线圈的电源，KM10 通电闭合，此时由于按钮 SB6 在 54 区中 608 号线与 102 号线间的动断触头被压下断开，故接触器 KM11 不会通电闭合。此时横梁升降电动机 M8 正向运转，带动横梁上升。当横梁上升到要求高度时，松开横梁上升启动按钮 SB6，中间继电器 KA2 失电释放，其动合触头复位断开，接触器 KM10 失电释放，横梁停止上升。KA2 在 58 区中动断触头复位闭合，此时由于 52 区中行程开关 ST10 动合触头处于闭合状态，故接触器 KM12 通电闭合并自锁，横梁放松夹紧电动机 M9 正向启动运转，使横梁夹紧。当横梁夹紧至一定程度时，52 区中行程开关 ST10 动合触头复位断开，59 区中行程开关 ST10 动断触头复位闭合，为下一次横梁升降控制做好准备。但由于接触器 KM12 继续通电闭合，电动机 M9 继续正转，随着横梁进一步夹紧，流过电动机 M9 的电流增大。当电流值达到 30 区中过电流继电器 KOC2 线圈的吸合电流时，KOC2 吸合动作，其 58 区中 101 号线与 617 号线间的动断触头断开，切断接触器 KM12 线圈的电源，KM12 失电释放，横梁放松夹紧电动机 M9 停止正转，完成横梁上升控制过程。横梁下降控制过程与上升控制过程基本相似，请读者参照上述分析方法自行分析。

3. 工作台自动循环控制电路

工作台自动循环控制包括慢速切入控制、工作台工进速度前进控制、工作台前进减速运动控制、工作台后退返回控制和工作台返回结束、转入前进慢速控制等控制功能。安装在龙门刨床工作台侧面上的 4 个撞块，按一定的规律撞击安装在机床床身上的 4 个行程开关 ST1～ST4，使行程开关 ST1～ST4 的触头按照一定的规律闭合或断开，控制工作台按预定运动的要求进行运动，从而实现工作台自动循环控制。其具体控制过程请读者参阅相关书籍自行分析。

4. 工作台步进、步退控制电路

工作台的步进、步退控制主要用于在加工工件时调整机床工作台的位置。当需要工作台步进时，按下工作台步进启动按钮 SB8，中间继电器 KA3 通电闭合。KA3 在 12 区中 1 号线与 3 号线间的动合触头闭合，使时间继电器 KT3 通电闭合，KT3 在 1 区中 270 号线与 11 号线间的动断触头及 6 区中 280 号线与 281 号线间的动断触头断开，切断电机放大机的欠补偿回路和发电机 G 的自动消磁回路。同时，KT3 在 1 区中 1 号线与 201 号线间动合触头及 11 区中 2 号线与 204 号线间的动合触头闭合，接通电机放大机 AG 控制绕组 WC3 的励磁回路。此时加在电机放大机 AG 控制绕组上的给定电压为 R1 上 207 号线与 210 号线两点之间的电位差。由图 9-4 可知，207 号线与两点间的电位差较小，又加上有电位器 RP5 的调节，所以加在电机放大机 AG 控制绕组 WC3 上的给定电压可以调得很小，故工作台在步进时的速度较低，这样有利于调整工作台的位置。

松开工作台步进启动按钮 SB8，中间继电器 KA3 失电释放，KA3 在 12 区中动合触头复位断开，使时间继电器 KT3 失电。由于 KT3 为断电延时继电器，因此在按钮 SB8 松开约 0.9s 时，其延时断开触头断开，切断电机放大机 AG 控制绕组 WC3 的给定电压电源。而 KT3 在 1 区中 11 号线与 270 号线间延时闭合触头及 6 区中 280 号线与 281 号线间的延时闭合触头闭合，接通电机放大机 AG 的欠补偿回路和发电机 G 的自动消磁回路，工作台迅速制动停止步进控制。工作台步退控制过程与步进控制过程基本相似，请读者参照上述分析方法自行分析。

5. 刀架控制电路

B2012A 型龙门刨床设置有左侧刀架、右侧刀架和垂直刀架，分别由交流电动机 M7、M6、M5 拖动，各刀架的自动进刀控制和快速移动控制由装在刀架进刀箱上的机械手柄进行控制。

（1）自动进刀控制。当需要自动进刀时，扳动刀架进刀箱上的机械手柄，使得 43～48 区中的行程开关 ST13～ST15 动作。行程开关 ST13 在 43 区中 301 号线与 303 号线间的动断触头断开，44 区中 101 号线与 305 号线间的动合触头闭合；行程开关 ST14 在 45 区中 401 号线与 403 号线间的动断触头断开，46 区中 101 号线与 405 号线间的动合触头闭合；行程开关 ST15 在 47 区中 501 号线与 503 号线间的动断触头断开，48 区中 101 号线与 505 号线间的动合触头闭合。选择 13 区中转换开关 SA1～SA4，将所需的刀架抬刀转换开关扳至接通位置。

启动机床时，工作台按照工作行程前进，刀具切入工件，对工件进行加工。当刀具按正常行程离开工件时，工作台上的撞块 B 撞击床身上的行程开关 ST12，ST2 的触头 ST2-2 闭合，ST2-1 断开。其中 ST2-2 闭合使中间继电器 KA7 通电闭合，其动合触头均闭合，接触器 KM5、KM7、KM9 通电吸合，垂直刀架电动机 M5、右侧刀架电动机 M6 和左侧刀架电动机 M7 均通电反转，拖动拨叉盘反转，使拨叉盘复位，为下次进刀做好准备。ST2-1 断开使中间继电器 KA3 失电释放。KA3 在 67 区中 123 号线与 125 号线间的动断触头复位闭合，使中间继电器 KA5 通电吸合。KA5 在 12 区中 1 号线与 5 号线间的动合触头闭合，使直流接触器 KMZ 通电闭合并自锁，同时其动合触头闭合，接通所需抬刀电磁铁线圈电源通路，刀架自动抬起。此时工作台前进制动并迅速返回。

当工作台以较高速度返回时，工作台上的撞块 B 撞击行程开关 ST2，ST2 的触头 ST2-1 闭合，ST2-2 断开。其中 ST2-2 断开使中间继电器 KA7 失电释放，其动合触头复位断开，切断接触器 KM5、KM7、KM9 线圈电源，使相应拖动刀架电动机停止反转。同时接触器 KM5、KM7、KM9 的动合、动断触头复位。

在工作台返回行程末端，工作台上撞块 D 撞击行程开关 ST4，ST4 的触头 ST4-1 断开，ST4-2 闭合。其中 ST4-1 断开使中间继电器 KA5 失电释放。KA5 在 63 区中 113 号线与 115 号线间的动断触头复位闭合，中间继电器 KA3 通电闭合。KA3 在 13 区中 5 号线与 7 号线间的动断触头断开，切断直流接触器 KMZ 线圈电源，KMZ 失电释放，抬刀电磁铁失电释放，刀架放下。ST4-2 闭合使中间继电器 KA6 通电闭合，其动合触头均闭合，接触器 KM4、KM6、KM8 均通电吸合，拖动电动机 M5、M6、M7 正转，带动垂直刀架拨叉盘、右侧刀架拨叉盘和左侧刀架拨叉盘旋转，完成三个刀架的进刀。如此循环，直到工作台停止。

（2）刀架快速移动控制。刀架的快速移动主要用于调整机床刀架位置。当需要对某刀架进行调整时，选择机械手柄，使相应刀架的行程开关 ST13、ST14 或 ST15 压下接通，并按下 43 区、45 区、47 区中刀架快速启动按钮 SB3、SB4 或 SB5，相应的刀架即可实现快速移动，具体控制过程请读者自行分析。

9.3　B540 型液压插床电气控制线路识图

9.3.1　B540 型液压插床电气识图预备知识

1. B540 型液压插床简介

B540 型液压插床适用于单件或小批生产中加工内孔键槽或花键孔，也能加工方孔和多边形孔。与机械传动方式比较，其具有调速范围宽、重量轻、惯性小和使用寿命长等特点。

B540 型液压插床主要由床身、工作台、刀架、滑枕等组成，如图 9-5 所示。

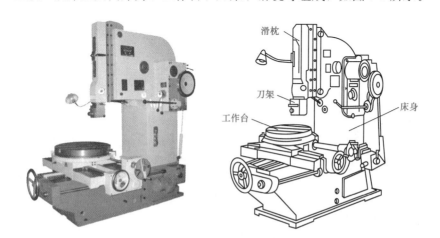

图 9-5　B540 型液压插床的外形及结构

2. B540 型液压插床主要运动形式与控制要求

B540 型液压插床主要运动形式与控制要求如下：

（1）B540 型液压插床主要用来加工键槽。加工时工作台上的工件做纵向、横向或旋转运动，插刀做上下往复运动，切削工件。

（2）进行加工时，插刀往复运动为主运动，工件的间歇移动或间歇转动为进给运动。

（3）电力控制系统与 B690 型液压牛头刨床类似，由主轴电动机 M1 和工作台快速移动电动机 M2 拖动。其中 M1 采用单向运转单元电路结构，M2 采用单向点动单元电路结构。

（4）主轴电动机 M1 需设置过载保护、欠电压保护等完善的保护措施。

9.3.2　B540 型液压插床电气控制线路识读

B540 型液压插床电路图如图 9-6 所示。

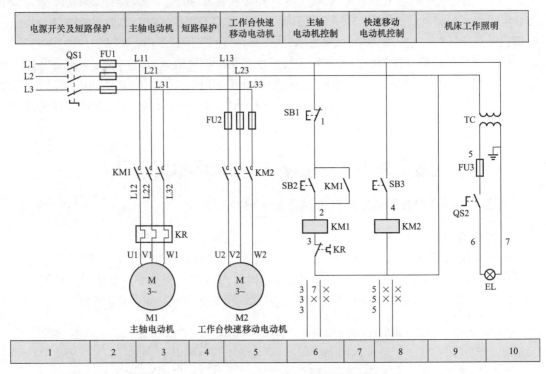

图 9-6　B540 型液压插床电路图

9.3.2.1　主电路识读

1. 主电路图区划分

B540 型液压插床由主轴电动机 M1、工作台快速移动电动机 M2 驱动相应机械部件实现工件插削加工。根据机床电气控制系统主电路定义可知，其主电路由图 9-6 中 1～5 区组成，其中 1 区、2 区为电源开关及保护部分，3 区为液压泵电动机 M1 主电路，5 区为工作台快速移动电动机 M2 主电路。

2. 主电路识图

（1）电源开关及保护部分。电源开关及保护部分由图 9-6 中 1 区、2 区隔离开关 QS1、熔断器 FU1 组成。实际应用时，QS1 为机床工作电源开关，FU1 实现机床主电路及控制电路短路保护功能。

（2）主轴电动机 M1 主电路。主轴电动机 M1 主电路由图 9-6 中 3 区对应电气元件组成，属于单向运转单元主电路结构。其中接触器 KM1 主触头控制主轴电动机 M1 工作电源通断；热继电器 KR 为主轴电动机 M1 过载保护元件。

（3）工作台快速移动电动机 M2 主电路。工作台快速移动电动机 M2 主电路由图 9-6 中 5 区对应电气元件组成，也属于单向运转单元主电路结构。实际应用时，接触器 KM2 主触头控制工作台快速移动电动机 M2 工作电源通断，熔断器 FU2 实现工作台快速移动电动机 M2 短路保护功能。此外，由于工作台快速移动电动机 M2 采用短期点动控制，故未设置过载保护装置。

9.3.2.2　控制电路识读

B540 型液压插床控制电路由图 9-6 中 6～10 区组成。由于控制电路电气元件较少，故可将控制电路直接接入 380V 交流电压。机床工作照明电路由控制变压器 TC 单独降压供电。

1. 主轴电动机 M1 控制电路

（1）主轴电动机 M1 控制电路图区划分。由图 9-6 中 3 区主电路可知，主轴电动机 M1 工作状态由接触器 KM1 主触头进行控制，故可确定图 9-6 中 6 区、7 区接触器 KM1 线圈回路的电气元件构成主轴电动机 M1 控制电路。

（2）主轴电动机 M1 控制电路识图。在图 9-6 中 6 区、7 区主轴电动机 M1 控制电路中，SB1 为主轴电动机 M1 停止按钮，SB2 为主轴电动机 M1 启动按钮，热继电器 KR 动断触头实现主轴电动机 M1 过载保护功能。此外，接触器 KM1 辅助动合触头实现自锁功能。其工作原理如下：

1）启动：

```
按下SB2 → KM1线圈得电 ┬→ KM1主触头闭合 ─→ 电动机M1启动连续运转
                      └→ KM1自锁触头闭合
```

2）停止：

```
按下SB1 → KM1线圈失电 ┬→ KM1主触头分断 ─→ 电动机M1失电停转
                      └→ KM1自锁触头分断
```

2. 工作台快速移动电动机 M2 控制电路

（1）工作台快速移动电动机 M2 控制电路图区划分。由图 9-6 中 5 区主电路可知，工作台快速移动电动机 M2 工作状态由接触器 KM2 主触头进行控制，故可确定图 9-6 中 8 区接触器 KM2 线圈回路的电气元件构成工作台快速移动电动机 M2 控制电路。

（2）工作台快速移动电动机 M2 控制电路识图。工作台快速移动电动机 M2 控制电路由图 9-6 中 8 区对应电气元件组成，属于典型的点动控制电路。其工作原理如下：

1）启动：按下 SB3→KM2 线圈得电→KM2 主触头闭合→电动机 M2 启动运转。

2）停止：松开 SB3→KM2 线圈失电→KM2 主触头分断→电动机 M2 失电停转。

9.3.2.3　照明电路识读

B540 型液压插床工作照明电路由图 9-6 中 9 区、10 区对应电气元件组成。其中控制变压器 TC 一次侧电压为 380V，二次侧电压为 36V，工作照明灯 EL 受照明灯控制开关 SA 控制。

9.3.3　类似插床—B7430 型液压插床电气控制线路识读

B540 型液压插床电气控制线路类似的插床有 B7430 型液压插床等。此处由于篇幅有限，在进行该插床电气控制线路识图时，只指出其识图要点及关键元件，具体的识图分析请读者参照 B540 型液压插床电路图识图方法进行。B7430 型液压插床电路图如图 9-7 所示。

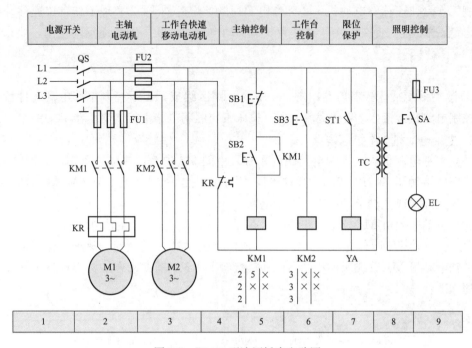

图 9-7　B7430 型液压插床电路图

识图要点：

（1）B7430 型插床由主轴电动机 M1、工作台快速移动电动机 M2 驱动相应机械部件实现工件插削加工。故其主电路由图 9-7 中 1～3 区组成，控制电路由图 9-7 中 4～9 区组成。

（2）主轴电动机 M1 采用单向运转单元控制结构；工作台快速移动电动机 M2 采用单向点动单元控制结构。

（3）控制电路中 7 区为限位保护电路。主轴电动机 M1 启动运转后，当限位行程开关 ST1 被压合时，ST1 动合触头闭合，380V 交流电压经行程开关 ST1 加至电磁铁 YA 线圈两端，电磁铁工作，使主轴电动机 M1 停止运转，从而实现限位保护功能。

（4）控制电路中 8 区、9 区为机床照明电路，由控制变压器 TC 单独降压供电。

B7430 型液压插床关键电气元件见表 9-1。

表 9-1　　　　　　　　　　**B7430 型液压插床关键电气元件**

序　号	代　号	名　称	功　能
1	KM1	接触器	控制主轴电动机 M1 工作电源通断
2	KM2	接触器	控制工作台快速移动点动 M2 工作电源通断
3	SB1	按钮	主轴电动机 M1 停止按钮

序　号	代　号	名　称	功　能
4	SB2	按钮	主轴电动机 M1 启动按钮
5	SB3	按钮	工作台快速移动电动机 M2 点动按钮
6	KR	热继电器	主轴电动机 M1 过载保护

9.4　L710 型立式拉床电气控制线路识图

9.4.1　L710 型立式拉床电气识图预备知识

1. L710 型立式拉床简介

L710 型立式拉床是利用拉刀加工工件各种内外成型表面的机床，主要用于加工工件通孔、平面及成型表面。它具有加工精度较高（IT6 级或更高）、表面粗糙度较好（$Ra<0.62\mu m$）、生产效率较高等特点，但由于拉刀结构复杂，仅适用于大批量生产。常见立式拉床、拉刀外形如图 9-8 所示。

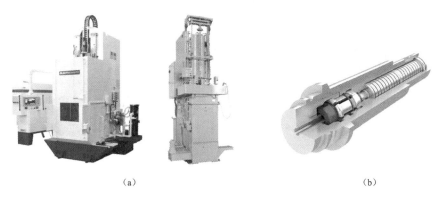

（a）　　　　　　　　　　　　　　　　　　　　　　　　　　（b）

图 9-8　常见立式拉床、拉刀外形
（a）立式拉床；（b）拉刀

2. L710 型立式拉床主要运动形式与控制要求

L710 型立式拉床主要运动形式与控制要求如下：

（1）主运动是指拉刀随滑枕垂直方向的往复直线运动。

（2）进给运动是指工件在纵向、横向以及圆周方向的间歇运动。

（3）电力控制系统由主轴电动机 M1 进行拖动。

（4）主轴电动机 M1、冷却泵电动机 M2 均采用单向运转单元电路结构。

（5）M1、M2 需设置过载保护、欠电压保护等完善的保护装置。

9.4.2　L710 型立式拉床电气控制线路识读

L710 型立式拉床电路图如图 9-9 所示。

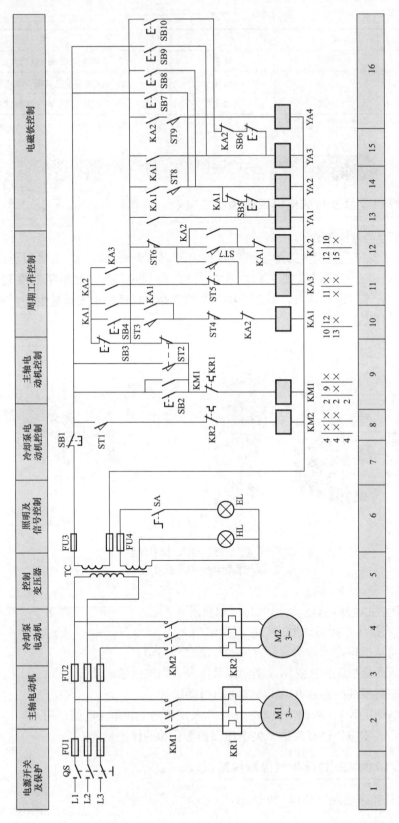

图 9-9　L710型立式拉床电路图

9.4.2.1　主电路识读

1. 主电路图区划分

L710 型立式拉床由主轴电动机 M1、冷却泵电动机 M2 驱动相应机械部件实现工件拉削加工。根据机床电气控制系统主电路定义可知，其主电路由图 9-9 中 1～4 区组成，其中 1 区、3 区为电源开关及保护部分，2 区为主轴电动机 M1 主电路，4 区为冷却泵电动机 M2 主电路。

2. 主电路识图

（1）电源开关及保护部分。电源开关及保护部分由图 9-9 中 1 区、3 区对应电气元件组成。实际应用时，隔离开关 QS 为机床电源开关；熔断器 FU1 实现主轴电动机 M1 短路保护功能；熔断器 FU2 实现冷却泵电动机 M2 和控制变压器 TC 短路保护功能。

（2）主轴电动机 M1 主电路。主轴电动机 M1 主电路由图 9-9 中 2 区对应电气元件组成，属于单向运转单元主电路结构。实际应用时，接触器 KM1 主触头控制主轴电动机 M1 工作电源通断；热继电器 KR1 为主轴电动机 M1 过载保护元件。

（3）冷却泵电动机 M2 主电路。冷却泵电动机 M2 主电路由图 9-9 中 4 区对应电气元件组成，也属于单向运转单元主电路结构。实际应用时，接触器 KM2 主触头控制冷却泵电动机 M2 工作电源通断；热继电器 KR12 热元件为冷却泵电动机 M2 过载保护元件。

9.4.2.2　控制电路识读

L710 型立式拉床控制电路由图 9-9 中 5～16 区组成。其中 6 区为控制变压器部分，实际应用时，闭合隔离开关 QS，380V 交流电压经熔断器 FU1、FU2 加至控制变压器 TC 一次侧绕组两端。经降压后输出 110V 交流电压给控制电路供电，24V 交流电压给机床工作照明电路供电，6V 交流电压给信号电路供电。

1. 主轴电动机 M1 控制电路

（1）主轴电动机 M1 控制电路图区划分。由图 9-9 中 2 区主电路可知，主轴电动机 M1 工作状态由接触器 KM1 主触头进行控制，故可确定图 9-9 中 9 区接触器 KM1 线圈回路的电气元件构成主轴电动机 M1 控制电路。

（2）主轴电动机 M1 控制电路识图。在图 9-9 中 9 区主轴电动机 M1 控制电路中，按钮 SB2 为主轴电动机 M1 启动按钮，接触器 KM1 辅助动合触头实现自锁功能，热继电器 KR1 动合触头实现主轴电动机 M1 过载保护功能。此外，由于图 9-9 中 7 区按钮 SB1 为机床停止按钮，故主轴电动机 M1 停转控制由按钮 SB1 进行控制。

当需要主轴电动机 M1 启动运转时，按下其启动按钮 SB2，接触器 KM1 得电吸合并自锁，其主触头闭合接通主轴电动机 M1 工作电源，M1 启动运转。若在主轴电动机 M1 运转过程中，按下机床停止按钮 SB1，则控制电路失电，主轴电动机 M1 停止运转。

2. 冷却泵电动机 M2 控制电路

（1）冷却泵电动机 M2 控制电路图区划分。由图 9-9 中 4 区主电路可知，冷却泵电动机 M2 工作状态由接触器 KM2 主触头进行控制，故可确定图 9-9 中 8 区接触器 KM2 线圈回路的电气元件构成冷却泵电动机 M2 控制电路。

（2）冷却泵电动机 M2 控制电路识图。在图 9-9 中 8 区冷却泵电动机 M2 控制电路中，行程开关 ST1 控制冷却泵电动机 M2 线圈回路电源通断，即当行程开关 ST1 动合触头闭合时，接触器 KM2 得电吸合，其主触头闭合接通冷却泵电动机 M2 工作电源，M2 得电启动

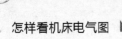

运转。当行程开关 ST1 处于释放状态时，则 KM2 失电释放，冷却泵电动机 M2 失电停止运转。此外，在冷却泵电动机 M2 运转过程中，若按下机床停止按钮 SB1，则控制电路失电，接触器 KM2 失电释放，冷却泵电动机 M2 失电停止运转。

3. 机床周期工作控制电路

机床周期工作控制电路由图 9-9 中 10～16 区对应电气元件组成。在周期工作之前，应先开"调整"，做好准备后，压下"周期启动"按钮 SB4，机床便可开始普通周期、自动周期、全周期和半周期四类周期工作。

9.4.2.3　照明、信号电路识读

L710 型立式拉床照明、信号电路由图 9-9 中 5 区、6 区对应电气元件组成。实际应用时，380V 交流电压经控制变压器 TC 降压分别输出 24、6V 交流电压给照明电路、信号电路供电。控制开关 SA 实现照明灯 EL 控制功能，熔断器 FU4 实现照明电路短路保护功能。

第 **10** 章

实用专用机床电气控制线路识图

机床的种类繁多，除了前面介绍的车、铣、刨、磨、钻、镗、拉、插等机床外，还有许多用于专用领域的机床。专用机床主要有冲压机床、起重机、锯割机床等。

10.1 JB23-80T 型冲床电气控制线路识图

10.1.1 JB23-80T 型冲床电气识图预备知识

JB23-80T 型冲床主要用于机械、仪表仪器、五金汽车、轻工、轴承等行业的落料、冲孔剪切、拉伸、弯曲、成型及其他冷冲压工作。它具有结构简单、操作灵活、维修方便、可配置自动送料机构等特点。冲床常见外形如图 10-1 所示。

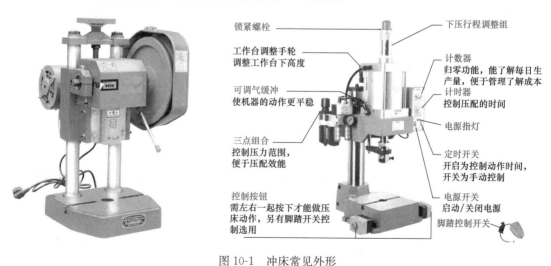

图 10-1 冲床常见外形

10.1.2 JB23-80T 型冲床电气控制线路识读

JB23-80T 型冲床电路图如图 10-2 所示。

10.1.2.1 主电路识读

1. 主电路图区划分

JB23-80T 型冲床电气控制线路简单，由主轴电动机 M 驱动机械部件实现工件冲压等加

259

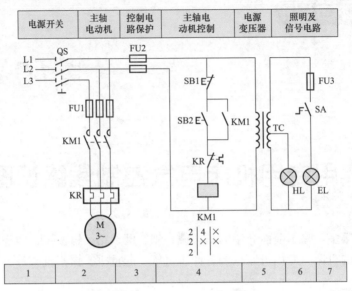

电源开关	主轴 电动机	控制电 路保护	主轴电 动机控制	电源 变压器	照明及 信号电路

1	2	3	4	5	6	7

图 10-2　JB23-80T 型冲床电路图

工，根据机床电气控制系统主电路定义可知，其主电路由图 10-2 中 1 区、2 区组成，其中 1 区为电源开关部分，2 区为主轴电动机 M1 主电路。

2. 主电路识图

由图 10-2 中 2 区主电路可知，主轴电动机 M 主电路属于单向运转单元主电路结构，电路通电后，隔离开关 QS 将 380V 的三相电源引入主轴电动机 M 主电路。其中接触器 KM1 主触头控制主轴电动机 M 工作电源通断，即当接触器 KM1 主触头闭合时，主轴电动机 M 得电启动运转；当接触器 KM1 主触头断开时，主轴电动机 M 失电停止运转。此外，熔断器 FU1 实现主轴电动机 M1 短路保护功能，热继电器 KR 实现主轴电动机 M 过载保护功能。

10.1.2.2　控制电路识读

JB23-80T 型冲床控制电路由图 10-2 中 3～7 区组成。由于控制电路电气元件较少，故可将控制电路直接接在 380V 交流电源上，而机床工作照明、信号电路电源由控制变压器 TC 降压供电。

1. 主轴电动机 M 控制电路图区划分

由图 10-2 中 2 区主电路可知，主轴电动机 M 工作状态由接触器 KM1 主触头进行控制，故可确定图 10-2 中 4 区接触器 KM1 线圈回路电气元件构成主轴电动机 M 控制电路。

2. 主轴电动机 M 控制电路识图

在 4 区主轴电动机 M 控制电路中，按钮 SB1 为主轴电动机 M 停止按钮，按钮 SB2 为主轴电动机 M 启动按钮。其工作原理如下：

（1）启动：

按下SB2 —→ KM1线圈得电 ┬→ KM1主触头闭合 —→ 电动机M启动连续运转
　　　　　　　　　　　　　 └→ KM1自锁触头闭合

（2）停止：

按下SB1 —→ KM1线圈失电 ┬→ KM1主触头分断 —→ 电动机M失电停转
　　　　　　　　　　　　　 └→ KM1自锁触头分断

10.1.2.3 照明、信号电路识读

照明电路由图 9-2 中 21～23 区对应电气元件组成。实际应用时，380V 交流电压经控制变压器 TC 降压后输出 24V 交流电压经熔断器 FU5、单极开关 SA 加至照明灯 EL 两端。SA 实现照明灯控制功能，FU5 实现照明电路短路保护功能。

10.2 G607 型圆锯床电气控制线路识图

10.2.1 G607 型圆锯床电气识图预备知识

G607 型圆锯床是采用圆锯片作为切削工具的半自动型高效切割机床，主要用于锯割各种黑色金属材料及型材，且能进行与材料母线成 90°的锯割，实现切削半自动工件循环。G607 型圆锯床是冶金和机械制造行业常用机床，具有性能稳定可靠、操作方便、效率高等特点。圆锯床、圆锯刀常见外形如图 10-3 所示。

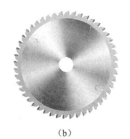

（a）   （b）

图 10-3 圆锯床、圆锯刀常见外形
（a）圆锯床；（b）圆锯刀

10.2.2 G607 型圆锯床电气控制线路识读

G607 型圆锯床电路图如图 10-4 所示。

10.2.2.1 主电路识读

1. 主电路图区划分

G607 型圆锯床由主轴电动机 M1、液压泵电动机 M2、冷却泵电动机 M3、上料升降电动机 M4、小车升降电动机 M5、小车左右电动机 M6 驱动相应机械部件实现工件切割等加工。根据机床电气控制系统主电路定义可知，其主电路由图 10-4 中 1～10 区组成，其中 1 区为电源开关部分，2 区为主轴电动机 M1 主电路，3 区为液压泵电动机 M2 主电路，4 区为冷却泵电动机 M3 主电路，5 区和 6 区为上料升降电动机 M4 主电路，7 区和 8 区为小车升降电动机 M5 主电路，9 区和 10 区为小车左右电动机 M6 主电路。

2. 主电路识图

（1）主轴电动机 M1 主电路。由图 10-4 中 2 区主电路可知，主轴电动机 M1 主电路属于单向运转主电路结构。实际应用时，接触器 KM1 主触头控制主轴电动机 M1 工作电源通断。此外，熔断器 FU1 实现主轴电动机 M1 短路保护功能；热继电器 KR1 实现主轴电动机 M1 过载保护功能。

（2）液压泵电动机 M2、冷却泵电动机 M3 主电路。由图 10-4 中 3 区、4 区主电路可知，液压泵电动机 M2 和冷却泵电动机 M3 主电路也属于单向运转单元主电路结构。实际应用

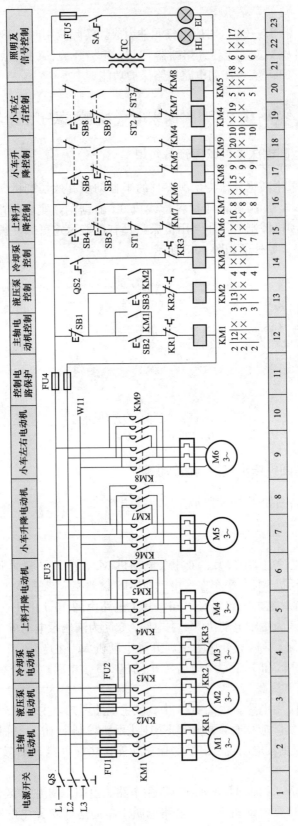

图 10-4　G607型圆锯床电路图

时，接触器 KM2、KM3 主触头分别控制液压泵电动机 M2、冷却泵电动机 M3 工作电源通断。此外，熔断器 FU2 实现液压泵电动机 M2 和冷却泵电动机 M3 短路保护功能，热继电器 KR2、KR3 分别实现液压泵电动机 M2、冷却泵电动机 M3 过载保护功能。

（3）上料升降电动机 M4、小车升降电动机 M5、小车左右电动机 M6 主电路。由图 10-4 中 5～10 区主电路可知，上料升降电动机 M4、小车升降电动机 M5、小车左右电动机 M6 主电路均属于正、反转点动控制单元主电路结构。实际应用时，接触器 KM4、KM6、KM8 主触头分别控制上料升降电动机 M4、小车升降电动机 M5、小车左右电动机 M6 正转电源通断；接触器 KM5、KM7、KM9 主触头分别控制上料升降电动机 M4、小车升降电动机 M5、小车左右电动机 M6 反转电源通断。此外，由于电动机 M4、M5、M6 均为短期点动控制，故均未设置过载保护装置。

10.2.2.2 控制电路识读

G607 型圆锯床控制电路由图 10-4 中 11～23 区组成。由于控制电路电气元件较少，故可将控制电路直接接在 380V 交流电源上，而机床工作照明、信号电路电源由控制变压器 TC 降压供电。

1. 主轴电动机 M1、液压泵电动机 M2 控制电路

（1）主轴电动机 M1、液压泵电动机 M2 控制电路图区划分。由图 10-4 中 2 区、3 区主电路可知，主轴电动机 M1、液压泵电动机 M2 工作状态分别由接触器 KM1、KM2 主触头进行控制，故可确定图 10-4 中 12 区、13 区接触器 KM1、KM2 线圈回路电气元件构成主轴电动机 M1、液压泵电动机 M2 控制电路。

（2）主轴电动机 M1、液压泵电动机 M2 控制电路识图。在图 10-4 中 12 区、13 区主轴电动机 M1、液压泵电动机 M2 控制电路中，按钮 SB1 为 M1、M2 停止按钮，SB2 为主轴电动机 M1 启动按钮，SB3 为液压泵电动机 M2 启动按钮。其工作原理如下：

1）主轴电动机 M1 启动：

按下SB2 → KM1线圈得电 → KM1主触头闭合 → 电动机M1启动连续运转
　　　　　　　　　　　　└→ KM1自锁触头闭合 ┘

2）液压泵电动机 M2 启动：

按下SB3 → KM2线圈得电 → KM2主触头闭合 → 电动机M2启动连续运转
　　　　　　　　　　　　└→ KM2自锁触头闭合 ┘

3）M1、M2 停止：

按下 SB1 → KM1、KM2 线圈失电 → KM1、KM2 触头系统复位 → 电动机 M1、M2 失电停转

2. 冷却泵电动机 M3 控制电路

（1）冷却泵电动机 M3 控制电路图区划分。由图 10-4 中 4 区主电路可知，冷却泵电动机 M3 工作状态由接触器 KM3 主触头进行控制，故可确定图 10-4 中 14 区中接触器 KM3 线圈回路电气元件构成冷却泵电动机 M3 控制电路。

（2）冷却泵电动机 M3 控制电路识图。在 14 区冷却泵电动机 M3 控制电路中，转换开关 QS2 控制接触器 KM3 线圈回路电源通断。其工作原理如下：

1）启动：

QS2扳至"接通"位置 → KM3线圈得电 → KM3主触头闭合 → 电动机M3启动连续运转
　　　　　　　　　　　　　　　└→ KM3自锁触头闭合 ┘

2）停止：

QS2 扳至"断开"位置──→ KM3 线圈失电──→ KM3 触头系统复位──→电动机 M3 失电停转

3. M4、M5、M6 控制电路

（1）M4、M5、M6 控制电路图区划分。由图 10-4 中 5~10 区主电路可知，拖动电动机 M4、M5、M6 工作状态分别由接触器 KM4~KM9 主触头进行控制，故可确定图 10-4 中 15~20 区接触器 KM4~KM9 线圈回路电气元件构成相应电动机控制电路。

（2）M4、M5、M6 控制电路识图。由图 10-4 中 15~20 区 M4、M5、M6 控制电路可知，M4、M5、M6 控制电路均属于按钮联锁正、反转控制电路。其中 ST1 为升降电动机限位开关，ST2、ST3 为上料升降限位行程开关；按钮 SB4 为 M5 正转点动按钮，SB5 为 M5 反转点动按钮，SB6 为 M6 正转点动按钮，SB7 为 M6 反转点动按钮，SB8 为 M4 正转点动按钮，SB9 为 M4 反转点动按钮。此处以上料升降电动机 M4 控制电路为例，予以介绍，其余拖动电动机 M5、M6 控制过程请读者参照自行分析。

当需要上料升降电动机 M4 正向启动运转时，按下其正转按钮 SB8，其动断触头先断开，切断接触器 KM5 线圈回路电源，实现按钮联琐控制。其动合触头后闭合，接通接触器 KM4 线圈回路电源，KM4 得电吸合，其主触头闭合接通上料升降电动机 M4 正转电源，M4 正向启动运转，驱动上料升降结构上升。当上升至需要高度时，松开按钮 SB8，其触头复位，电动机 M4 停止运转。上料升降结构上升过程中上升高度超过上限位时，就会撞击行程开关 ST2，ST2 在 43 号线与 45 号线间的动断触头断开，切断上料升降电动机 M4 的正转电源，M4 停止运转。

上料升降电动机 M4 反向启动运转控制过程与其正转控制过程相同，请读者自行分析。值得注意的是，接触器 KM4、KM5 与接触器 KM8、KM9 互为联锁控制，即上料升降电动机 M4 与小车左右电动机 M6 不能同方向运转。

10.2.2.3　照明电路识读

照明电路由图 10-4 中 21~23 区对应电气元件组成。实际应用时，380V 交流电压经控制变压器 TC 降压后输出 24V 交流电压经熔断器 FU5、单极开关 SA 加至照明灯 EL 两端。SA 实现照明灯控制功能，FU5 实现照明电路短路保护功能。

10.3　Y3150 型滚齿机电气控制线路识图

10.3.1　Y3150 型滚齿机电气识图预备知识

Y3150 型滚齿机具有液压平衡装置，适用于成批或单件生产加工各种圆柱形、正齿轮圆柱、螺旋齿轮和蜗轮，可作顺铣法或逆铣法加工，以提高生产效率。它具有生产效率高、操作简便、维护方便等特点。Y3150 型滚齿机、滚刀常见外形如图 10-5 所示。

10.3.2　Y3150 型滚齿机电气控制线路识读

Y3150 型滚齿机电路图如图 10-6 所示。

10.3.2.1　主电路识读

1. 主电路图区划分

Y3150 型滚齿机由主轴电动机 M1、冷却泵电动机 M2 驱动相应机械部件实现工件铣削

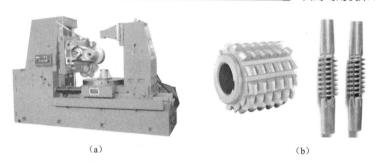

图 10-5　Y3150 型滚齿机、滚刀常见外形

(a) 滚齿机；(b) 滚刀

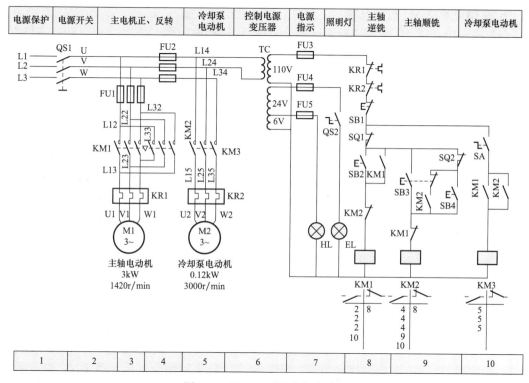

图 10-6　Y3150 型滚齿机电路图

等加工。根据机床电气控制系统主电路定义可知，其主电路由图 10-6 中 1～5 区组成，其中 1 区、4 区为电源开关及保护部分，2 区和 3 区为主轴电动机 M1 主电路，5 区为冷却泵电动机 M2 主电路。

2. 主电路识图

(1) 电源开关及保护部分。电源开关及保护部分由图 10-6 中 1 区、4 区隔离开关 QS1、熔断器 FU1、FU2 组成。实际应用时，隔离开关 QS1 为机床电源开关；熔断器 FU1 实现主轴电动机 M1；FU2 实现冷却泵电动机 M2 短路保护功能。

(2) 主轴电动机 M1 主电路。由图 10-6 中 2 区、3 区主电路可知，主轴电动机 M1 主电路属于正、反转单元主电路结构。实际应用时，接触器 KM1、KM2 主触头分别控制主轴电动机 M1 正、反转电源通断。即接触器 KM1 主触头闭合时，主轴电动机 M1 正向启动运转；当接触器 KM2 主触头闭合时，则主轴电动机 M1 反向启动运转。此外，热继电器 KR1 实现主轴电动机 M1 过载保护功能。

（3）冷却泵电动机 M2 主电路。由图 10-6 中 5 区主电路可知，冷却泵电动机 M2 主电路属于单向运转单元主电路结构。实际应用时，接触器 KM3 主触头控制冷却泵电动机 M2 工作电源通断，热继电器 KR2 实现冷却泵电动机 M2 过载保护功能。

10.3.2.2　控制电路识读

Y3150 型滚齿机控制电路由图 10-6 中 6～10 区组成，其中 6 区为控制变压器部分。实际应用时，合上隔离开关 QS1，380V 交流电压经熔断器 FU2 加至控制变压器 TC 一次侧绕组两端，经降压后输出 110V 交流电压给控制电路供电，输出 24V 交流电压给机床工作照明灯供电，输出 6V 交流电压给电源指示灯供电。

1. 主轴电动机 M1 控制电路

（1）主轴电动机 M1 控制电路图区划分。由图 10-6 中 2 区、3 区主电路可知，主轴电动机 M1 工作状态由接触器 KM1、KM2 进行控制，故可确定图 10-6 中 8 区、9 区接触器 KM1、KM2 线圈回路电气元件构成主轴电动机 M1 控制电路。

（2）主轴电动机 M1 控制电路识图。在 8 区、9 区主轴电动机 M1 控制线路中，行程开关 SQ1、SQ2 为限位行程开关，按钮 SB1 为机床停止按钮，SB2 为 M1 正转启动按钮，SB3 为 M1 反转点动按钮，SB4 为 M1 反转启动按钮。

当需要主轴电动机 M1 正向启动运转时，按下其正转启动按钮 SB2，接触器 KM1 得电吸合，其主触头闭合接通主轴电动机 M1 正转电源，M1 正向启动运转，驱动刀具实现逆铣法加工。当完成加工后，按下按钮 SB1，接触器 KM1 失电释放，其主触头断开切断主轴电动机 M1 正转电源，M1 断电停止运转，从而完成机床逆铣法加工功能。同时，接触器 KM1 的联锁触头断开，切断接触器 KM2 线圈回路电源，从而实现 KM1 和 KM2 的联锁控制。

当需要主轴电动机 M1 反向启动连续运转时，按下其反转启动按钮 SB4，接触器 KM2 得电吸合并自锁，其主触头接通主轴电动机 M1 反转电源，M1 反向启动运转，驱动刀具实现顺铣法加工。当需要主轴电动机 M1 停止加工时，按下机床停止按钮 SB1 即可。同时，接触器 KM2 的联锁触头断开，切断接触器 KM1 线圈回路电源，从而实现 KM2 和 KM1 的联锁控制。

当需要主轴电动机 M1 反向点动运转时，按下其反转点动按钮 SB3，SB3 的动断触头先断开，切断接触器 KM1 自锁控制回路。SB3 的动合触头后闭合，接触器 KM2 得电吸合，主轴电动机 M1 反向启动运转，当完成加工后，松开按钮 SB3，主轴电动机 M1 停止运转。

此外，该机床设置有限位行程开关 SQ1、SQ2，其中 SQ1 为主轴限位行程开关，SQ2 为顺铣限位开关。其具体控制过程请读者自行分析。

2. 冷却泵电动机 M2 控制电路

（1）冷却泵电动机 M2 控制电路图区划分。由图 10-6 中 5 区主电路可知，冷却泵电动机 M2 工作状态由接触器 KM3 进行控制，故可确定图 10-6 中 10 区接触器 KM3 线圈回路电气元件构成冷却泵电动机 Q2 控制电路。

（2）冷却泵电动机 M2 控制电路识图。在 10 区冷却泵电动机 M2 控制电路中，转换开关 SA 控制接触器 KM3 线圈回路电源通断。此外，由于接触器 KM1、KM2 辅助动合触头并联后串入接触器 KM3 线圈回路，故只有当接触器 KM1 或接触器 KM2 得电吸合，即主轴电动机 M1 正向或反向启动运转后，冷却泵电动机 M2 才能由转换开关 SA1 实现启动运转控制。

主轴电动机 M1 启动运转后，当需要冷却泵电动机 M2 启动运转时，将转换开关 SA1 扳至接通位置，接触器 KM3 得电吸合，其主触头闭合接通冷却泵电动机 M2 工作电源，M2 得电启动运转；当需要冷却泵电动机 M2 停止运转时，将转换开关 SA1 扳至断开位置，切断接触器 KM3 线圈回路电源即可。

10.3.2.3 照明、信号电路识读

照明、信号电路由图 10-6 中 6 区对应电气元件组成。其中单极开关 QS2 实现照明灯 EL 控制功能；熔断器 FU3、FU4 分别实现照明电路和信号电路短路保护功能。

10.4 ▶ MD1 型钢丝绳电动葫芦电气控制线路识图

10.4.1 MD1 型钢丝绳电动葫芦电气识图预备知识

MD1 型钢丝绳电动葫芦由电机、传动机构、卷筒和钢丝绳组成，是一种轻小型起重设备。它可以安装在葫芦单梁、桥式起重机、门式起重机、悬臂起重机上，实现提升、牵移、装卸重物等功能。常用钢丝绳电动葫芦外形如图 10-7 所示。

图 10-7 常用钢丝绳电动葫芦外形

10.4.2 MD1 型钢丝绳电动葫芦电气控制线路识读

MD1 型钢丝绳电动葫芦电路图如图 10-8 所示。

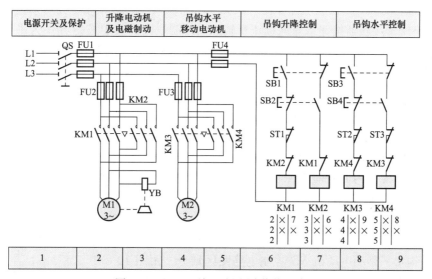

图 10-8 MD1 型钢丝绳电动葫芦电路图

267

10.4.2.1 主电路识读

1. 主电路图区划分

MD1 型钢丝绳电动葫芦由升降电动机 M1、吊钩水平移动电动机 M2 驱动相应机械部件实现精密装卸、砂箱合模、机床检修等精细作业。根据机床电气控制系统主电路定义可知，其主电路由图 10-8 中 1~5 区组成，其中 1 区为电源开关及保护部分，2 区和 3 区为升降电动机 M1 主电路，4 区和 5 区为吊钩水平移动电动机 M2 主电路。

2. 主电路识图

（1）电源开关及保护部分。电源开关及保护部分由图 10-8 中 1 区隔离开关 QS、熔断器 FU1 组成。实际应用时，隔离开关 QS1 为机床电源开关；熔断器 FU1 实现升降电动机 M1、吊钩水平移动电动机 M2 短路保护功能。

（2）升降电动机 M1 主电路。由图 10-8 中 2 区、3 区主电路可知，升降电动机 M1 主电路属于正、反转电磁制动单元主电路结构。实际应用时，接触器 KM1、KM2 主触头分别控制升降电动机 M1 正、反转电源通断。此外，熔断器 FU2 实现升降电动机 M1 短路保护功能，电磁阀 YB 实现升降电动机 M1 电磁制动控制动能。

（3）吊钩水平移动电动机 M2 主电路。由图 10-8 中 4 区、5 区主电路可知，吊钩水平移动电动机 M2 主电路也属于正、反转单元主电路结构。实际应用时，接触器 KM3、KM4 主触头分别控制吊钩水平移动电动机 M2 正、反转电源通断；熔断器 FU3 实现吊钩水平移动电动机 M2 短路保护功能。

10.4.2.2 控制电路识读

MD1 型钢丝绳电动葫芦控制电路由图 10-8 中 6~9 区组成。由于控制电路简单，且电气元件少，故可直接将控制电路接入 380V 交流电源。

1. 升降电动机 M1 控制电路

（1）升降电动机 M1 控制电路图区划分。由图 10-8 中 2 区、3 区主电路可知，升降电动机 M1 工作状态由接触器 KM1、KM2 进行控制，故可确定图 10-8 中 6 区、7 区接触器 KM1、KM2 线圈回路电气元件构成升降电动机 M1 控制电路。

（2）升降电动机 M1 控制电路识图。由图 10-8 中 6 区、7 区控制电路可知，升降电动机 M1 控制电路属于接触器按钮双重联锁正反转点动控制线路。其中按钮 SB1 为吊钩上升点动按钮，按钮 SB2 为吊钩下降点动按钮，行程开关 ST1 为吊钩上升限位开关。

当需要吊钩上升时，按下吊钩上升点动按钮 SB1，其动断触头先断开，切断接触器 KM2 线圈电源回路，实现联锁控制。SB1 的动合触头后闭合，接触器 KM1 得电吸合，其主触头闭合接通升降电动机 M1 正转电源，M1 得电启动运转，驱动吊钩上升。当上升至所需高度时，松开按钮 SB1，升降电动机 M1 在电磁阀制动下停止运转，从而实现吊钩上升控制功能。吊钩下降控制过程与吊钩上升过程基本相似，在此不再赘述，请读者自行分析。

此外，ST1 为吊钩上升时的限位行程开关，利用 ST1 可实现吊钩上升时的行程控制，即当行程开关 ST1 动作后，吊钩上升按钮 SB1 失去作用，升降电动机 M1 不能正向启动运转或停止正向运转。

2. 吊钩水平移动电动机 M2 控制电路

（1）吊钩水平移动电动机 M2 控制电路图区划分。由图 10-8 中 5 区、6 区主电路可知，吊钩水平移动电动机 M2 工作状态由接触器 KM3、KM4 主触头进行控制，故可确定图 10-8

中 8 区、9 区接触器 KM3、KM4 线圈回路电气元件构成吊钩水平移动电动机 M2 控制电路。

（2）吊钩水平移动电动机 M2 控制电路识图。吊钩水平移动电动机 M2 控制电路由图 10-8 中 8 区和 9 区对应电气元件组成，也属于接触器按钮双重联锁正反转控制线路。其中 SB3 为吊钩前移按钮，SB4 为吊钩后移按钮，ST2、ST3 分别为吊钩前移限位行程开关和吊钩后移限位行程开关。具体控制过程请读者参照升降电动机 M1 控制过程自行分析。

10.5　JZ150 型混凝土搅拌机电气控制线路识图

10.5.1　JZ150 型混凝土搅拌机电气识图预备知识

JZ150 型混凝土搅拌机是把水泥、砂石骨料和水混合并拌制成混凝土混合料的专用机械设备。它主要由拌筒、加料和卸料机构、供水系统、原动机、传动机构、机架和支承装置等组成。常用混凝土搅拌机外形如图 10-9 所示。

图 10-9　常用混凝土搅拌机外形

10.5.2　JZ150 型混凝土搅拌机电气控制线路识读

JZ150 型混凝土搅拌机电路图如图 10-10 所示。

10.5.2.1　主电路识读

1. 主电路图区划分

JZ150 型混凝土搅拌机电气控制线路较简单，由搅拌、上料电动机 M1 和水泵电动机 M2 驱动相应机械部件实现混凝土搅拌等加工。根据机床电气控制系统主电路定义可知，其主电路由图 10-10 中 1～4 区组成。其中 1 区为电源开关部分；2 区、3 区为搅拌、上料电动机 M1 主电路；4 区为水泵电动机 M2 主电路。

2. 主电路识图

由图 10-10 中 2 区、3 区主电路可知，搅拌、上料电动机 M1 主电路属于正、反转单元主电路结构；水泵电动机 M2 主电路属于单向运转单位结构。

电路通电后，隔离开关 QS 将 380V 的三相电源引入主电路。其中接触器 KM1 控制电动机 M1 正转电源通断，接触器 KM2 控制电动机 M1 反转电源通断，接触器 KM3 控制水泵电动机 M2 工作电源通断。此外，熔断器 FU1、FU2 分别实现电动机 M1、M2 短路保护功能；热继电器 KR 实现电动机 M1 过载保护功能。

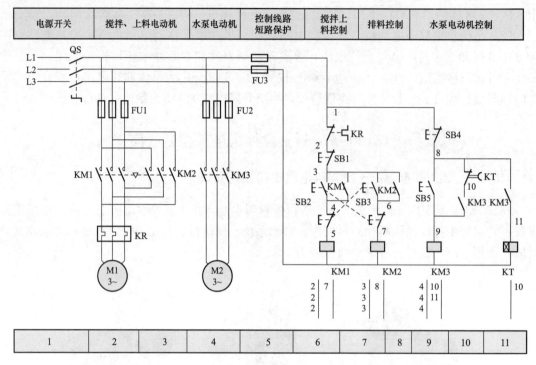

| 电源开关 | 搅拌、上料电动机 | 水泵电动机 | 控制线路短路保护 | 搅拌上料控制 | 排料控制 | 水泵电动机控制 |

| 1 | 2 | 3 | 4 | 5 | 6 | 7 | 8 | 9 | 10 | 11 |

图 10-10　JZ150 型混凝土搅拌机电路图

10.5.2.2　控制电路识读

JZ150 型混凝土搅拌机控制电路由图 10-10 中 5～11 区组成。由于控制电路电气元件较少，故可将控制电路直接接在 380V 交流电源上。

1. 搅拌、上料电动机 M1 控制电路

（1）搅拌、上料电动机 M1 控制电路图区划分。由图 10-10 中 2 区、3 区主电路可知，搅拌、上料电动机 M1 工作状态由接触器 KM1、KM2 主触头进行控制，故可确定图 10-10 中 6 区、7 区、8 区接触器 KM1、KM2 线圈回路电气元件构成搅拌、上料电动机 M1 控制电路。

（2）搅拌、上料电动机 M1 控制电路识图。在 6 区、7 区、8 区搅拌、上料电动机 M1 控制电路中，SB1 为电动机 M1 停止按钮，SB2 为电动机 M1 正转启动按钮，SB3 为电动机 M1 反转启动按钮。其工作原理如下：

1）正转控制：

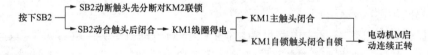

2）反转控制：

270

3）停止：

按下 SB1 → 搅拌、上料电动机 M1 控制电路失电 → KM1（或 KM2）触头系统复位 → 电动机 M1 失电停转

2. 水泵电动机 M2 控制电路

（1）水泵电动机 M2 控制电路图区划分。由图 10-10 中 4 区主电路可知，水泵电动机 M2 工作状态由接触器 KM3 主触头进行控制，故可确定图 10-10 中 9 区、10 区、11 区接触器 KM13 线圈回路电气元件构成水泵电动机 M2 控制电路。

（2）水泵电动机 M2 控制电路识图。在 9 区、10 区、11 区水泵电动机 M2 控制电路中，SB4 为水泵电动机 M2 停止按钮，SB5 为水泵电动机 M2 启动按钮，定时器 KT 控制水泵电动机 M2 工作时间。其工作原理如下：

1）启动、延时停止：

2）停止：

按下 SB4 → KM3 线圈失电 → KM3 触头系统复位 → M2 失电停转

10.6　20/5t 型桥式起重机电气控制线路识图

10.6.1　20/5t 型桥式起重机电气识图预备知识

1. 20/5t 型桥式起重机简介

20/5t 型桥式起重机是一种用来吊起或放下重物并使重物在短距离内水平移动的起重设备，俗称吊车、行车或天车。

20/5t 型桥式起重机主要由主钩（20t）、副钩（5t）、大车和小车 4 部分组成，如图 10-11 所示。

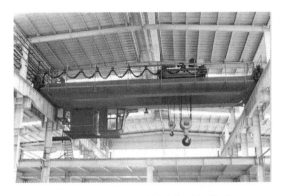

图 10-11　20/5t 型桥式起重机外形

2. 20/5t 型桥式起重机主要运动形式与控制要求

（1）20/5t 型桥式起重机的主要运动形式。

1）大车的轨道敷设在车间两侧的立柱上，大车可在轨道上沿车间纵向移动；大车上装有小车轨道，供小车横向移动；主钩和副钩都装在小车上，主钩用来提升重物，副钩除可提升轻物外，还可以协同主钩完成工件的吊运，但不允许主、副钩同时提升两个工件。

2）当主、副钩协同工作时，工件的重量不允许超过主钩的额定起重量。这样，桥式起重机可以在大车能够行走的整个车间范围内进行起重运输。

3）20/5t 桥式起重机采用三相交流电源供电，由于起重机工作时经常移动，因此需采用可移动的电源供电。小型起重机常采用软电缆供电，软电缆可随大、小车的移动而伸展和叠卷。大型起重机一般采用滑触线和集电刷供电。

4）3 根主滑触线沿着平行于大车轨道的方向敷设在车间厂房的一侧。三相交流电源经主滑触线和集电刷引入起重机驾驶室内的保护控制柜上，再从保护控制柜上引出两相电源至凸轮控制器，另一相称为电源共用相，直接从保护控制柜接到电动机的定子接线端。

5）滑触线通常采用角钢、圆钢、V 形钢或工字钢等钢性导体制成。

（2）20/5t 型桥式起重机电力拖动的特点及控制要求。

1）桥式起重机的工作环境较恶劣，经常需带负载启动，要求电动机的启动转矩大、启动电流小，且有一定的调速要求，因此多选用绕线转子异步电动机拖动，用转子绕组串电阻实现调速。

2）要有合理的升降速度，空载、轻载速度要快，重载速度要慢。

3）提升开始和重物下降到预定位置附近时，需要低速，因此在 30% 额定速度内应分为若干挡，以便灵活操作。

4）提升的第一挡作为预备级，用来消除传动的间隙和张紧钢丝绳，以避免过大的机械冲击，所以启动转矩不能太大。

5）为保证人身和设备安全，停车必须采用安全可靠的制动方式，因此采用电磁抱闸制动。

6）具有短路、过载、终端及零位等完备的保护环节。

10.6.2 20/5t 型桥式起重机电气控制线路识读

20/5t 型桥式起重机电路图如图 10-12 所示。

10.6.2.1 主电路识读

1. 主电路划分

20/5t 型桥式起重机由副钩电动机 M1、小车电动机 M2、大车电动机 M3 和 M4、主钩电动机 M5 驱动相应机械部件实现物料搬运等功能。根据机床电气控制系统主电路定义可知，其主电路由图 10-12 中 1～6 区、13～16 区组成。其中 1 区为电源开关及保护部分，2 区和 3 区为副钩电动机 M1 主电路，4 区为小车电动机 M2 主电路，5 区和 6 区为大车电动机 M3 主电路，13～16 区为主钩电动机 M5 主电路。

2. 主电路识图

由图 10-12 中中 1～6 区、13～16 区主电路可知，副钩电动机 M1、小车电动机 M2、大车电动机 M3 和 M4 的容量都较小，均采用凸轮控制器进行控制，主钩电动机 M5 采用接触

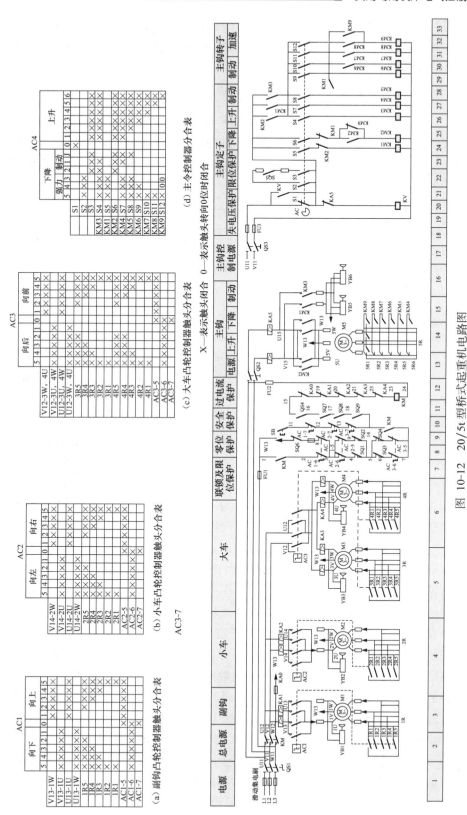

图 10-12 20/5t 型桥式起重机电路图

（a）副钩凸轮控制器触头分合表

AC1

	向下 5 4 3 2 1	向上 0 1 2 3 4 5
V13-1W	× × × × ×	× × × × ×
V13-1U	× × × × ×	× × × × ×
U13-1U	× × × ×	× × × ×
U13-1W	× × × ×	× × × ×
1R5	×	×
1R4	× ×	× ×
1R3	× × ×	× × ×
1R2	× × × ×	× × × ×
1R1	× × × × ×	× ×
AC1-5		
AC1-6	×	
AC1-7	×	×

（b）小车凸轮控制器触头分合表

AC2

	向左 5 4 3 2 1	向右 0 1 2 3 4 5
V14-2W	× × × × ×	× × × × ×
V14-2U	× × × × ×	× × × × ×
U14-2U	× × × ×	× × × ×
U14-2W	× × × ×	× × × ×
2R5	×	×
2R4	× ×	× ×
2R3	× × ×	× × ×
2R2	× × × ×	× × × ×
2R1	× × × × ×	× ×
AC2-5		
AC2-6	×	
AC2-7	×	×

AC3-7

（c）大车凸轮控制器触头分合表

AC3

	向后 5 4 3 2 1	向前 0 1 2 3 4 5
V12-3W、4W	× × × × ×	× × × × ×
V12-3U、4W	× × × × ×	× × × × ×
U12-3U、4U	× × × ×	× × × ×
V12-3W、4U	× × × ×	× × × ×
3R5	×	×
3R3	× × ×	× × ×
3R2	× × × ×	× × × ×
3R1	× × × × ×	× ×
4R5	×	×
4R4	× ×	× ×
4R3	× × ×	× × ×
4R2	× × × ×	× × × ×
4R1	× × × × ×	× ×
AC3-5		
AC3-6	×	
AC3-7	×	×

X—表示触头闭合   0—表示触头转向0位时闭合

（d）主令控制器分合表

AC4

	下降 强力 制动 5 4 3 2 1	J	上升 0 1 2 3 4 5 6
S1		×	× × × × × ×
S2	× × × × × ×	×	× × × ×
S3	× × × × × ×	×	× × × ×
S4	× × × ×		× × × × × ×
S5	× ×		× × × ×
S6	× ×		× ×
KM3 S7	× × × ×		× ×
KM1 S8	× × × ×		× × × ×
KM2 S9	× ×		× × × × × ×
KM5 S8	× ×		
KM6 S9			× ×
KM7 S10			× × × ×
KM8 S11			× × × × ×
KM9 S12			0 × × × × ×

X—表示触头闭合   0—表示触头转向0位时闭合

器控制。同时，由于起重机的负载为恒转矩，因此采用恒转矩调速。即改变转子外接电阻时，电动机便可获得不同转速。其具体控制过程请读者自行分析。此外，起重机上的移动电动机和提升电动机均采用电磁抱闸制动器制动。

20/5t 型桥式起重机中电动机控制和保护电器见表 10-1。

表 10-1　　　　　　　　20/5t 型桥式起重机中电动机控制和保护电器

名称及代号	控制电器	过电流和过载保护电器	终端限位保护电器	电磁抱闸制动器
大车电动机 M3、M4	凸轮控制器 AC3	KA3、KA4	SQ3、SQ4	YB3、YB4
小车电动机 M2	凸轮控制器 AC2	KA2	SQ1、SQ2	YB2
副钩升降电动机 M1	凸轮控制器 AC1	KA1	SQ6（提升限位）	YB1
主钩升降电动机 M5	凸轮控制器 AC4	KA5	SQ5（提升限位）	YB5、YB6

10.6.2.2　控制电路识读

20/5t 型桥式起重机控制电路由图 10-12 中 7～12 区、17～33 区组成。

1. 拖动电动机 M1～M4 控制电路

（1）拖动电动机 M1～M4 控制电路图区划分。由图 10-12 中 1～6 区主电路可知，拖动电动机 M1～M4 工作状态均由凸轮控制器进行控制，故其控制电路由图 10-12 中 7～12 区组成。值得注意的是，在起重机投入运行前，应将所有凸轮控制器手柄扳至"0"位置，零位联锁触头 AC1-7、AC2-7、AC3-7 处于闭合状态。合上紧急开关 QS4，关好舱门和横梁栏杆门，使位置开关 ST7、ST8、ST9 的动合触头也处于闭合状态。

（2）拖动电动机 M1～M4 控制电路识图。在图 10-12 中 7～12 区拖动电动机 M1～M4 控制电路中，接触器 KM 为拖动电动机 M1～M4 控制接触器，按钮 SB 为机床启动按钮，行程开关 ST1～ST6 为限位行程开关，行程开关 ST7～ST9 为安全开关。

当需要拖动电动机 M1～M4 启动运转时，合上电源开关 QS1，按下启动按钮 SB，主接触器 KM 得电吸合，KM 主触头闭合并自锁，使两相电源（U12、V12）引入各凸轮控制器，另一相电源（W13）直接引入各电动机定子绕组接线端。此时由于各凸轮控制器手柄均在零位，故电动机不会运转。然后利用凸轮控制器可对大车、小车和副钩进行控制，且大车、小车和副钩的控制过程基本相同。下面以副钩为例，说明其控制过程。

副钩凸轮控制器 AC1 共有 11 个位置，其中中间位置是零位，左、右两边各有 5 个位置，用来控制电动机 M1 在不同转速下的正、反转，即用来控制副钩的升降。AC1 共用了 12 副触头，其中 4 对动合主触头控制 M1 定子绕组的电源，并换接电源相序以实现 M1 的正、反转控制；5 对动合辅助触头控制 M1 转子电阻 R1 的切换；3 对动断辅助触头为联锁触头，其中 AC1-5 和 AC1-6 为 M1 正、反转联锁触头，AC1-7 为零位联锁触头。

在主接触器 KM 线圈获电吸合，总电源接通的情况下，将凸轮控制器 AC1 手轮扳至向上的"1"位置时，AC1 的主触头 V13-1W 和 U13-1U 闭合，触头 AC1-5 闭合，AC1-6 和 AC1-7 断开，电动机 M1 接通三相电源正转（此时电磁抱闸 YB1 获电，闸瓦与闸轮已分开），由于 5 对动合辅助触头均断开，故 M1 转子回路中串接全部附加电阻 1R 启动，M1 以最低转速带动副钩上升。转动 AC1 手轮，依次到向上的"2"-"5"位时，5 对动合辅助触头依次闭合，短接电阻 1R5-1R1，电动机 M1 的转速逐渐升高，直到预定转速。

当凸轮控制器 AC1 手轮转至向下挡位时，由于触头 V13～1U 和 U13～1W 闭合，接入电动机 M1 的电源相序改变，M1 反转，带动副钩下降。

若断电或将手轮扳至"1"位时，电动机 M1 断电，同时电磁抱闸制动器 YB1 也断电，M1 被快速制动停转。副钩带有重负载时，考虑到负载的重力作用，在下降负载时，应先把手轮逐级扳至"下降"的最后一挡，然后根据速度要求逐级退回升速，以免引起快速下降而造成事故。

此外，起重机的各移动部分均采用行程开关作为行程限位保护。其中 ST1、ST2 为小车横向限位保护；ST3、ST4 为大车纵向限位保护；ST5、ST6 分别为主钩和副钩提升的限位保护。实际应用时，当移动部件的行程超过限位位置时，利用移动部件上的挡铁压开位置开关，使电动机断电并制动，从而保证了设备的安全运行。另外，ST7 为驾驶室舱门盖上安全开关；ST8、ST9 分别为横梁两侧栏杆门上安全开关。

2. 主钩电动机 M5 控制电路

（1）主钩电动机 M5 控制电路图区划分。由图 10-12 中 13～16 区主电路可知，主钩电动机 M5 工作状态由接触器 KM1～KM9 主触头进行控制，故可确定图 10-12 中 17～33 区接触器 KM1～KM9 线圈回路电气元件构成主钩电动机 M5 控制电路。

（2）主钩电动机 M5 控制电路识图。由上述分析可知，主钩电动机 M5 控制电路由图 10-12 中 17～33 区对应电气元件组成。值得注意的是，由于主钩电动机 M5 是桥式起重机容量最大的一台电动机，故一般采用主令控制器 AC4 配合磁力控制屏进行控制，即用主令控制器控制接触器，再由接触器控制电动机。此外，为提高主钩电动机运行的稳定性，在切除转子附加电阻时，采取三相平衡切除，使三相转子电流平衡。

实际应用时，主钩运行有升、降两个方向。其中主钩上升与凸轮控制器的控制过程基本相似，区别仅在于它是通过接触器来实现的，在此不再赘述。主钩下降具有 6 挡，分别为"J"、"1"～"5"挡，其中"J"、"1"、"2"挡为制动下降挡，可防止在吊有重负载下降时速度过快，电动机处于倒拉反接制动运行状态；"3"、"4"、"5"挡为强力下降挡，主要用于轻负载时快速强力下降。当主令控制器 AC4 处于下降位置时，6 个挡位的工作情况如下：

合上电源开关 QS1、QS2、QS3，接通主电路和控制电路电源，主令控制器 AC4 手柄置于零位，触头 S1 处于闭合状态，电压继电器 KU 线圈得电吸合并自锁，为主钩电动机 M5 启动控制做好准备。

1）手柄扳至制动下降"J"挡。此时主令控制器 AC4 的动断触头 S1 断开，动合触头 S3、S6、S7、S8 闭合。触头 S3 闭合，行程开关 ST5 串入电路实现上升限位保护功能；触头 S6 闭合，提升接触器 KM2 线圈得电吸合并锁，其联锁触头分断对接触器 KM1 联锁，同时其主触头闭合，电动机 M5 定子绕组通入三相正序电压，KM2 动合辅助触头（25 区）闭合，为切除各级转子电阻 5R 的接触器 KM4～KM9 和制动接触器 KM3 接通电源做准备；触头 S7、S8 闭合，接触器 KM4 和 KM5 线圈得电吸合，它们的动合触头（13 区、14 区）闭合，转子切除两级附加电阻 5R6 和 5R5。此时尽管电动机 M5 已接通电源，但由于主令控制器 AC4 的动合触头 S4 未闭合，接触器 KM3 线圈不能获电，故电磁抱闸制动器 YB5、YB6 线圈也不能获电，制动器未释放，电动机 M5 仍处于抱闸制动状态，因而电动机虽然加正序电压产生正向电磁转矩，电动机 M5 也不能启动旋转。这一挡是下降准备挡，其作用为将齿轮等传动部件啮合好，以防下放重物时突然快速运动而使传动结构受到剧烈冲击。值得注意的是，手柄置于"J"挡时，时间不宜过长，以免烧坏电气设备。

2）手柄扳至制动下降"1"挡。此时主令控制器 AC4 的触头 S3、S4、S6、S7 闭合。触头 S3 和 S6 仍闭合，保证串入提升限位开关 ST5 和正向接触器 KM2 通电吸合；触头 S4 和 S7 闭合，使制动接触器 KM3 和接触器 KM4 得电吸合，电磁抱闸制动器 YB5 和 YB6 的抱闸松开，转子切除一级附加电阻 5R6。此时电动机 M5 能自由旋转，可运转于正向电动状态（提升重物）或倒拉反接制动状态（低速下入重物）。当重物产生的负载倒拉力矩大于电动机产生的正向电磁转矩时，电动机 M5 运转在负载倒拉反接制动状态，低速下放重物；反之，则重物不但不能下降反而被提升，这时必须把 AC4 手柄迅速扳到下一挡。

接触器 KM3 通电吸合时，与接触器 KM2 和 KM1 动合触头（25 区、26 区）并联的 KM3 的自锁触头（27 区）闭合自锁，以保证主令控制器 AC4 进行制动下降"2"挡和强力下降"3"挡切换时，KM3 线圈仍通电吸合，YB5 和 YB6 处于非制动状态，防止换挡时出现高速制动而产生强烈的机械冲击。

3）手柄扳至制动下降"2"挡。此时主令控制器 AC4 触头 S3、S4、S6 仍闭合，触头 S7 分断，接触器 KM4 失电释放，附加电阻全部接入转子回路，使电动机产生的电磁转矩减小，重负载下降速度比"1"挡时加快。此时，操作者可根据负载情况及下降速度要求，适当选择"1"挡或"2"挡下降。

4）手柄扳至强力下降"3"挡。此时主令控制器 AC4 的触头 S2、S4、S5、S7、S8 闭合。触头 S2 闭合，为下面通电做准备。因为"3"挡为强力下降，这时提升限位开关 ST5 失去保护作用。控制电路的电源通路改由触头 S2 控制；触头 S5 和 S4 闭合，反向接触器 KM1 和制动接触器 KM3 获电吸合，电动机 M5 定子绕组接入三相负序电压，电磁抱闸 YB5 和 YB6 的抱闸松开，电动机 M5 产生反向电磁转矩；触头 S7 和 S8 闭合，接触器 KM4 和 KM5 获电吸合，转子中切除两级电阻 5R6 和 5F5。此时电动机 M5 运转在反转电动状态（强力下降重物），且下降速度与负载质量有关。若负载较轻（空钩或轻载），则电动机 M5 处于反转电动状态；若负载较重，下放重物的速度很高，使电动机转速超过同步转速，则电动机 M5 将进入再生发电制电状态。负载越重，下降速度越大，应注意操作安全。

5）手柄扳至强力下降"4"挡。主令控制器 AC4 的触头除"3"挡闭合外，又增加了触头 S9 闭合，接触器 KM6 得电吸合，转子附加电阻 5R4 被切除，电动机 M5 进一步加速运动，轻负载下降速度变快。另外 KM6 辅助动合触头（30 区）闭合，为接触器 KM7 线圈获电做准备。

6）手柄扳至强力下降"5"挡。主令控制器 AC4 的触头除"4"挡闭合外，又增加了触头 S10、S11、S12 闭合，接触器 KM7～KM9 线圈依次获电吸合（因在每个接触器的支路中，串接了前一个接触器的动合触头），转子附加电阻 5R3、5R2、5R1 依次逐级切除，以避免过大的冲击电流，同时电动机 M5 旋转速度逐渐增加，待转子电阻全部切除后，电动机以最高转速运行，负载下降速度最快。此挡若负载很重，使实际下降速度超过电动机的同步转速时，电动机进入再生发电制动状态，电磁转矩变成制动力矩，保证了负载的下降速度不致太快，且在同一负载下，"5"挡下降速度要比"4"和"3"挡速度低。

由上述分析可见，主令控制器 AC4 手柄置于制动下降"J"、"1"、"2"挡时，电动机 M5 加正序电压，其中"J"挡为准备挡。当负载较重时，"1"挡和"2"挡电动机都运转在负载倒拉反接制动状态，可获得重载低速下降，且"2"挡比"1"挡速度高；当负载较轻时，电动机会运转于正向电动状态，重物不但不能下降，反而会被提升。

当 AC4 手柄置于强力下降"3""4""5"挡时，电动机 M5 加负序电压。若负载较轻或空钩，电动机工作在电动状态，强迫下放重物，"5"挡速度最高，"3"挡速度最低；若负载较重，则可以得到超过同步转速的下降速度，电动机工作在再生发电制动状态，且"3"挡速度最高，"5"挡速度最低。

此外，串接在接触器 KM2 支路中的 KM2 动合触头与接触器 KM9 动断触头并联，其主要作用为接触器 KM1 断电释放后，只有在 KM9 断电释放情况下，接触器 KM2 才允许得电吸合并自锁，这就保证了只有在转子电路中串接一定附加电阻的前提下，才能进行反接制动，以防止反接制动时造成直接启动而产生过大的冲击电流。

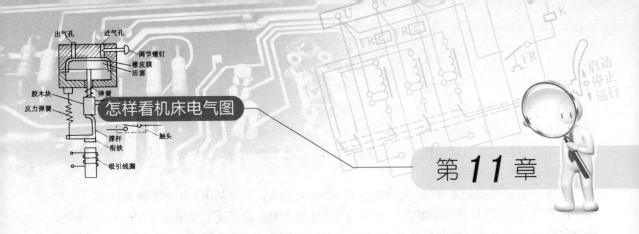

第11章

实用数控机床电气控制线路识图

　　数控机床将传统的机床通过数控系统的控制实现机床运动，包括控制刀具和工件之间的相对位置、机床电机的启动和停止、主轴变速、刀具的松开和夹紧、冷却系统的启停等各种动作，具有加工精度高、生产效率高、适用性和通用性较强等特点。其主要类型有数控车床、数控铣床、数控磨床等。

11.1　G-CNC6135 型数控车床电气控制线路识图

11.1.1　G-CNC6135 型数控车床电气识图预备知识

　　G-CNC6135 型数控车床是控制两坐标的数控机床，它能用来自动进行各种零件的外圆、内孔、端面、锥面及母线为任意二次曲线的柱面车削加工，并可用来钻孔、铰孔等加工。G-CNC6135 型数控车床的外形如图 11-1 所示。

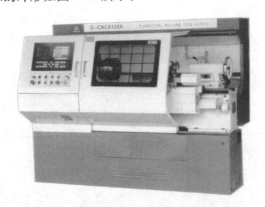

图 11-1　G-CNC6135 型数控车床的外形

1. 数控车床电气控制原理

　　数控车床是由计算机数控装置进行控制的，但整个数控车床电气控制系统除了计算机数控系统外，还需有电源、电源保护、继电器、接触器控制等与其相配合。计算机数控装置框图如图 11-2 所示。

2. 数控车床的运动形式

　　（1）数控车床的主运动：夹持工件的卡盘的转动，可正反转和变速，由电动机 M1 拖

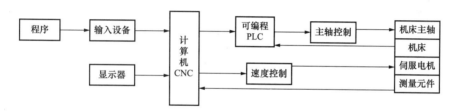

图 11-2　计算机数控装置框图

动，也称为主轴的运动。

（2）数控车床的进给运动：刀架沿 X 轴或 Z 轴直线行进、沿 X 轴和 Z 轴合成曲线行进，可进退，X 轴和 Z 轴各由一台伺服电动机驱动。

（3）数控车床的辅助运动：刀架转动由电动机 M3 拖动，可正反转，由刀架控制器控制；冷却泵由电动机 M2 拖动；润滑泵和风扇由电动机 M3 拖动；数控车床的照明，由照明灯控制。数控车床的运动都是由计算机数控系统按照程序控制运行的。

（4）具备完善的急停和限位保护等措施。

（5）各种信号指示和显示反映在屏幕（CRT）或操作面板上，其中包括故障报警显示。

11.1.2　G-CNC6135 型数控车床电气控制线路识读

G-CNC6135 型数控车床电路图如图 11-3 所示。

11.1.2.1　主电路识读

1. 主电路图区划分

G-CNC6135 型数控车床由主轴电动机 M1、冷却泵电动机 M2、液压泵电动机 M3 驱动相应机械部件实现工件车削加工。根据机床电气控制系统主电路定义可知，其主电路由图 11-3 中 1～7 区组成。其中 1 区、2 区、3 区、5 区为电源开关、保护及门开关部分，4 区为主轴电动机 M1 主电路，6 区为冷却泵电动机 M2 主电路，7 区为液压泵电动机 M3 主电路。

2. 主电路识图

（1）主轴电动机 M1 主电路。由图 11-3 中 4 区主电路可知，主轴电动机 M1 主电路属于正反转、两速、能耗制动单元主电路结构。实际应用时，KM1、KM2 主触头控制主轴电动机 M1 高速运转电源通断；KM3 主触头控制主轴电动机 M1 低速运转电源通关；KM4、KM5 主触头分别控制主轴电动机 M1 正、反转电源通断；KM6 主触头控制主轴电动机 M1 能耗制动电源通断。此外，空气自动开关 QF1 实现主轴电动机 M1 短路及欠电压等保护功能，热继电器 FR1 实现 M1 过载保护功能。

（2）冷却泵电动机 M2、液压泵电动机 M3 主电路。由图 11-3 中 6 区、7 区主电路可知，M2、M3 主电路均属于单向运转单元主电路结构。实际应用时，KM7、KM8 主触头分别控制 M2、M3 工作电源通断，热继电器 FR2、FR3 分别实现 M2、M3 过载保护功能。

11.1.2.2　控制电路识读

G-CNC6135 型数控车床控制电路由 11-3 中 8～12 区组成。

1. 主轴电动机 M1 控制电路

（1）主轴电动机 M1 控制电路图区划分。由图 11-3 中 4 区主电路可知，主轴电动机 M1 工作状态由接触器 KM1～KM6 主触头进行控制，故可确定图 11-3 中 9 区、10 区接触器

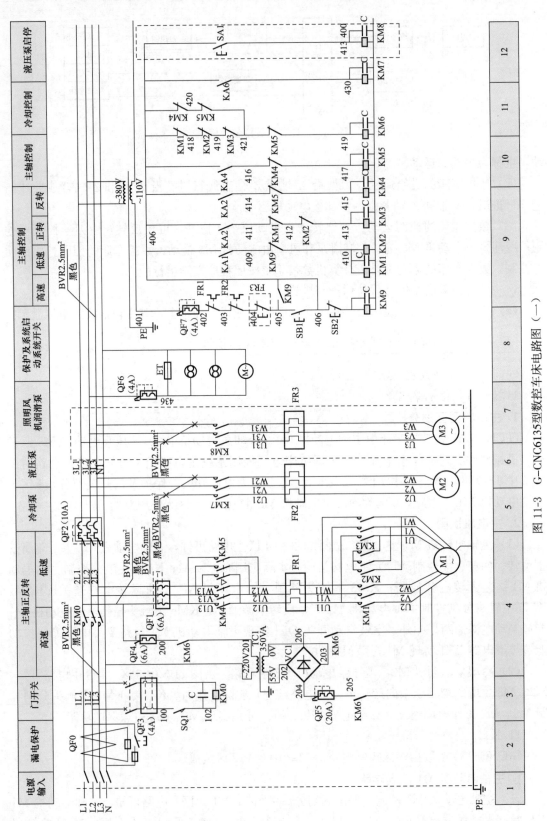

图 11-3 G-CNC6135型数控车床电路图（一）

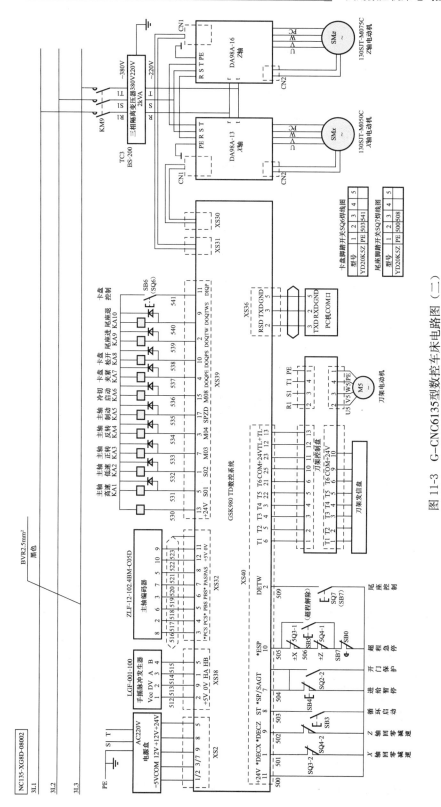

图 11-3 G-CNC6135型数控车床电路图 (二)

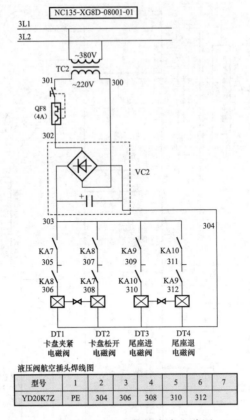

图 11-3　G-CNC6135 型数控车床电路图（三）

KM1～KM6 线圈回路电气元件构成主轴电动机 M1 控制电路。

（2）主轴电动机 M1 控制电路识图。主轴电动机 M1 控制电路属于正反转、两速、能耗制动单元控制电路结构。值得注意的是，G-CNC6135 型数控车床控制电路中一般无按钮等控制开关，其控制由计算机数控系统通过中间 KA1～KA4 实现。

2. 冷却泵电动机 M2、液压泵电动机 M3 控制电路

（1）冷却泵电动机 M2、液压泵电动机 M3 控制电路图区划分。由图 11-3 中 6 区、7 区主电路可知，冷却泵电动机 M2、液压泵电动机 M3 工作状态分别由接触器 KM7、KM8 主触头进行控制，故可确定图 11-3 中 11 区、12 区接触器 KM7、KM8 线圈回路电气元件构成M2、M3 控制电路。

（2）冷却泵电动机 M2、液压泵电动机 M3 控制电路识图。冷却泵电动机 M2、液压泵电动机 M3 控制电路均属于单向运转控制电路结构。其中 M2 由计算机数控系统通过中间继电器 KA6 进行控制，即当 KA6 动合触头闭合时，接触器 KM7 得电吸合，其主触头闭合，电动机 M2 得电启动运转；当 KA6 动合触头断开时，电动机 M2 失电停止运转。M3 由按钮SA1 进行点动控制，即按下 SA1 时，接触器 KM8 线圈得电吸合，其主触头闭合，电动机M3 得电启动运转；松开 SA1 时，电动机 M3 失电停止运转。

11.1.3　类似数控车床—CK0630 型数控车床电气控制线路识读

CK0630 型数控车床具有车削圆柱面、圆锥面、圆弧面、端面、切槽、钻铰孔及加工各种螺纹功能，适用于汽摩配、阀门、电动工具、五金仪表等行业，可进行表面粗糙度在 0.8～3.2μm 的各种金属或非金属零件加工。CK0630 型数控车床电路图如图 11-4 所示。

11.1.3.1　主电路识读

1. 主电路图区划分

CK0630 型数控车床由主轴电动机 M1、刀架电动机 M4、冷却泵电动机 M5 驱动相应机械部件实现工件车削加工。根据机床电气控制系统主电路定义可知，其主电路由图 11-4 中 1～5 区组成，其中 1 区为电源开关及保护部分，2 区为主轴电动机 M1 主电路，3 区和 4 区为刀架电动机 M4 主电路，5 区为冷却泵电动机 M5 主电路。

2. 主电路识图

（1）主轴电动机 M1 主电路。由图 14-4 中 2 区主电路可知，主轴电动机 M1 主电路属于单向运转单元主电路结构。实际应用时，接触器 KM1 主触头控制主轴电动机 M1 工作电源通断，即当接触器 KM1 主触头闭合时，主轴电动机 M1 得电启动运转；当接触器 KM1 主触头断开时，主轴电动机 M1 失电停止运转。此外，空气自动开关 QF2 实现主轴电动机 M1 短路、过载及欠电压等保护功能；变频器实现主轴电动机 M1 调速、正反转控制功能。

（2）刀架电动机 M4 主电路。由图 11-4 中 3 区、4 区主电路可知，刀架电动机 M4 主电路属于正、反转控制单元主电路结构。实际应用时，接触器 KM2 主触头控制刀架电动机 M4 正转电源通断；接触器 KM3 主触头控制刀架电动机 M4 反转电源通断；空气自动开关 QF3 实现刀架电动机 M4 短路、过载及欠电压等保护功能。

（3）冷却泵电动机 M5 主电路。由图 11-4 中 5 区主电路可知，冷却泵电动机 M5 主电路也属于单向运转单元主电路结构。实际应用时，接触器 KM4 主触头控制冷却泵电动机 M5 工作电源通断；空气自动开关 QF4 实现冷却泵电动机 M5 短路、过载及欠电压等保护功能。

11.1.3.2　控制电路识读

CK0630 型数控车床控制电路由图 11-4 中 6～11 区组成，其中 6 区为控制变压器部分。实际应用时，合上空气自动开关 QF1，380V 交流电压加至控制变压器 TC 一次侧绕组两端，经降压后输出 220V 交流电压给控制电路供电；同时 220V 交流电压经开关电源控制后输出 +24V、+5V 直流电压给数控系统（未画出）供电。

1. 主轴电动机 M1 控制电路

（1）主轴电动机 M1 控制电路图区划分。由图 11-4 中 2 区主电路可知，主轴电动机 M1 工作状态由接触器 KM1 主触头进行控制，故可确定图 11-4 中 8 区接触器 KM1 线圈回路电气元件构成主轴电动机 M1 控制电路。

（2）主轴电动机 M1 控制电路识图。在图 11-4 中 8 区主轴电动机 M1 控制电路中，由于中间继电器 KA1 动合触头串入接触器 KM1 线圈回路，故 SA 为主轴电动机 M1 转换开关，按钮 SB1 为急停开关，RC1 为阻容吸收元件。

当需要主轴电动机 M1 启动运转时，将转换开关 SA 扳至闭合状态，中间继电器 KA1 得电吸合，其动合触头闭合，接通接触器 KM1 线圈电源，KM1 得电吸合。其主触头闭合接通主轴电动机 M1 工作电源，M1 启动运转。当需要主轴电动机 M1 停止运转时，按下其急停开关 SB1 即可。

2. 刀架电动机 M4 控制电路

（1）刀架电动机 M4 控制电路图区划分。由图 11-4 中 3 区、4 区主电路可知，刀架电动

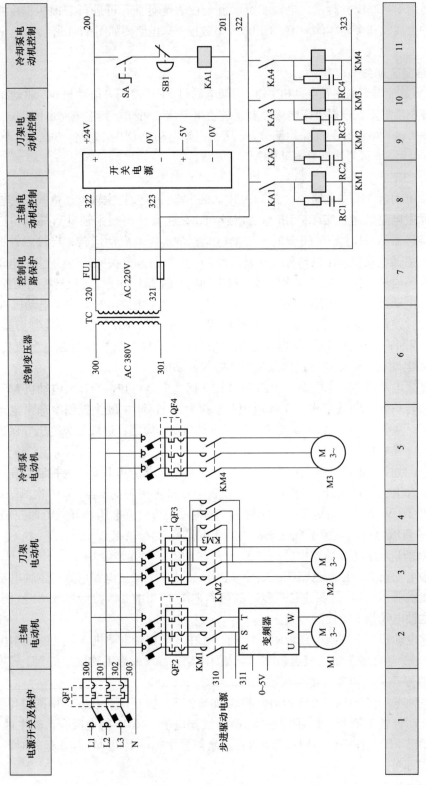

图 11-4　CK0630型数控车床电路图

机 M4 工作状态由接触器 KM2、KM3 主触头进行控制，故可确定图 11-4 中 9 区、10 区接触器 KM2、KM3 线圈回路电气元件构成刀架电动机 M4 控制电路。

（2）刀架电动机 M4 控制电路识图。在图 11-4 中 9 区、10 区刀架电动机 M4 控制电路中，中间继电器 KA2、KA3 动合触头分别串入接触器 KM2、KM3 线圈回路，从而控制接触器 KM2、KM3 线圈回路电源通断，RC2、RC3 为阻容吸收元件。

值得注意的是，中间继电器 KA2、KA3 工作状态由数控系统进行控制。当中间继电器 KA2 动合触头闭合时，接触器 KM2 得电吸合，其主触头闭合接通刀架电动机 M4 正转电源，M4 正向启动运转；当中间继电器 KA3 动合触头闭合时，接触器 KM3 得电吸合，其主触头闭合接通刀架电动机 M4 反转电源，M4 反向启动运转。

3. 冷却泵电动机 M5 控制电路

（1）冷却泵电动机 M5 控制电路图区划分。由图 11-4 中 5 区主电路可知，冷却泵电动机 M5 工作状态由接触器 KM4 进行控制，故可确定图 11-4 中 11 区接触器 KM4 线圈回路电气元件构成冷却泵电动机 M4 控制电路。

（2）冷却泵电动机 M5 控制电路识图。在图 11-4 中 11 区冷却泵电动机 M 控制电路中，中间继电器 KA4 动合触头串入接触器 KM4 线圈回路，从而控制接触器 KM4 线圈回路电源通断，RC4 为阻容吸收元件。

值得注意的是，中间继电器 KA4 工作状态也由数控系统进行控制。当 KA4 动合触头闭合时，接触器 KM4 得电吸合，其主触头闭合接通冷却泵电动机 M5 工作电源，M5 启动运转；当 KA4 动合触头断开时，则 M5 停止运转。

11.2　X6036A 型数控铣床电气控制线路识图

11.2.1　X6036A 型数控铣床电气识图预备知识

数控铣床是在一般铣床的基础上发展起来的，两者的加工工艺基本相同，结构也有些相似，但数控铣床是靠程序控制的自动加工机床，所以其结构也与普通铣床有很大区别。目前，数控铣床的种类繁多，性能各异，本书选取 X6036A 型数控铣床和 ZKN 型数控铣床为例进行介绍。常见数控铣床外形如图 11-5 所示。

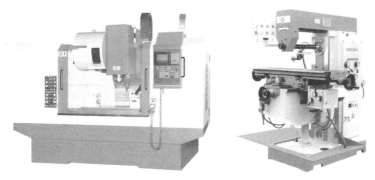

图 11-5　常见数控铣床外形

在工程技术中，数控铣削加工除了具有普通铣床加工的特点外，还有如下特点：

（1）零件加工的适应性强、灵活性好，能加工轮廓形状特别复杂或难以控制尺寸的零件，如模具类零件、壳体类零件等。

（2）能加工普通机床无法加工或很难加工的零件，如用数学模型描述的复杂曲线零件以及三维空间曲面类零件。

（3）能加工一次装夹定位后，需进行多道工序的零件。

（4）加工精度高、加工质量稳定可靠，目前数控铣削装置的脉冲当量一般为 0.001mm，高精度的数控铣削系统可达 $0.1\mu m$，另外，数控加工还避免了操作人员的操作失误。

（5）生产自动化程度高，可以减轻操作者的劳动强度，有利于生产管理自动化。

（6）生产效率高，数控铣床一般不需要使用专用夹具等专用工艺设备，在更换工件时只需调用存储于数控装置中的加工程序、装夹工具和调整刀具数据即可，因而大大缩短了生产周期。其次，数控铣床具有铣床、镗床、钻床的功能，使工序高度集中，大大提高了生产效率。另外，数控铣床的主轴转速和进给速度都是无级变速的，因此有利于选择最佳切削用量。

11.2.2　X6036A 型数控铣床电气控制线路识图

X6036A 型数控铣床电路图如图 11-6 所示。

11.2.2.1　主电路识读

1. 主电路图区划分

X6036A 型数控铣床由主轴电动机 M13、X 轴伺服电动机 M10、Y 轴伺服电动机 M11、Z 轴伺服电动机 M12 驱动相应机械部件实现工件铣削加工。根据机床电气控制系统主电路定义可知，其主电路由 1～5 区、14～17 区组成。其中 1～5 区为电源电路部分，14～16 区分为为 X、Y、Z 轴伺服电动机 M1、M2、M3 主电路，17 区为主轴电动机 M13 主电路。

2. 主电路识图

数控机床通电工作时，变压器 TC1 二次侧的 U20、V20、W20 与驱动电源 AC200 相连，由它提供各驱动器所需的电能。X、Y、S 轴驱动器电源再经过其相应的动态制动器接到电动机 M10、M11、M13 的三相。由于 Z 轴电动机设置有机械抱闸制动器，因而 Z 轴驱动器与 Z 轴电动机 M12 直接相连。

S 轴驱动器一旦由数控系统 CNC 获得"CNC 使能"信号后，S 轴电动机就立即做好了启动准备，只要通过 CNC 键盘输入主轴"手动"或"自动"的转动命令，主轴电动机即可旋转。

对 X、Y、Z 轴电动机的控制稍微复杂一些，对应于每一台电动机的驱动器也是必须首先从数控系统 CNC 获得一个"CNC 使能"。若获得"CNC 使能"信号以后驱动器无问题，驱动器会立即返回一个伺服准备好的应答信号给 CNC，同时，驱动器还应从机床操作面板上获得"正负使能"信号，只有满足了这些条件后，X、Y、Z 轴伺服电动机才做好了转动准备，直到 CNC 发出"手动"或"自动"循环命令，电动机即正常运转。若运转过程中出现了意外，CNC 将发出"急停"命令或由操作人员在操作面板上给出急停命令，这时所有的电动机停转，所有的强电被快速切断，以保证设备和人身安全。

11.2.2.2　控制电路识读

1. 控制电路图区划分

X6036A 型数控铣床控制电路由图 11-6 中 6～13 区、18～27 区组成。

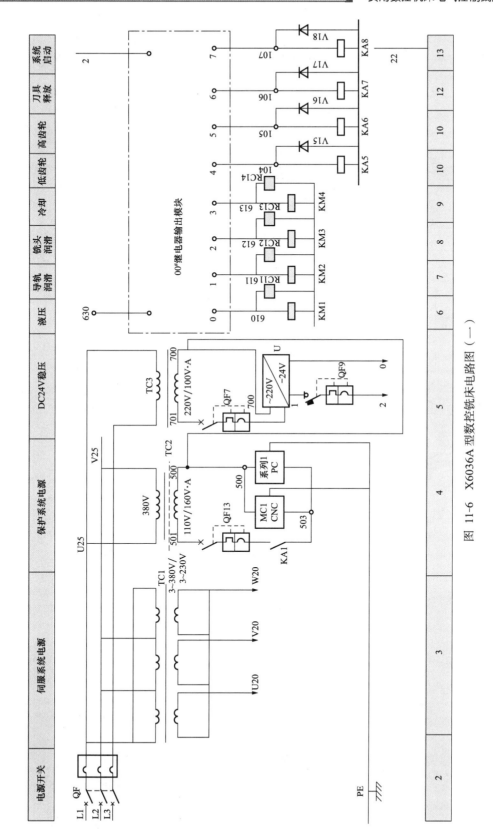

图 11-6 X6036A 型数控铣床电路图（一）

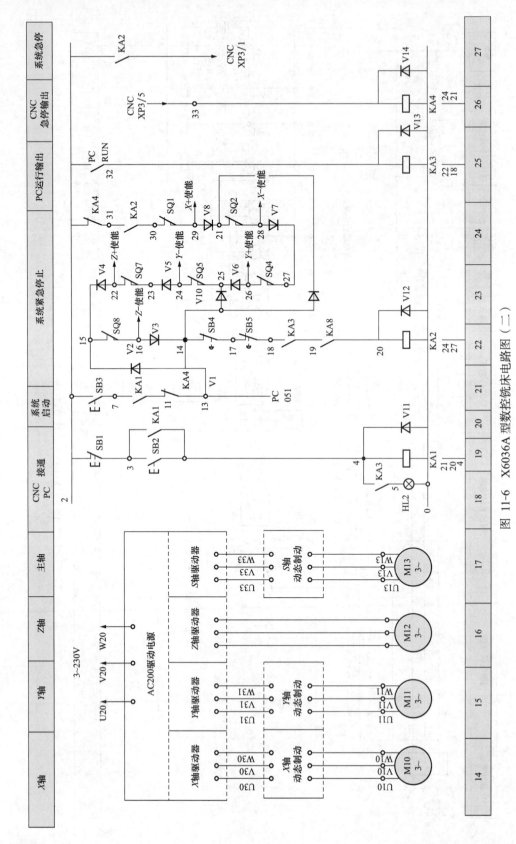

图 11-6 X6036A 型数控铣床系统电路图 (二)

2. 控制电路识图

（1）电动机的运转准备控制。由于 S 轴控制简单，不再单独说明，这里仅就 X、Y、Z 轴伺服电动机的运转准备控制进行分析说明。

图 11-6 中，按下 CNC 和 PC 启动按钮 SB2，中间继电器 KA1 线圈得电并自锁，其动合触头闭合，CNC 和 PC 电源接通。当按下系统启动按钮 SB3 时，PC 有效，PC 051 输出高电平 "1"（给出 PC 允许信号），即 PC 开始运行，输出 PC RUN 信号，使系统启动并使 KA3 通电。在系统启动同时通过 00# 继电器输出模块，KA8 线圈得电，其触头系统动作，此时 KA2 得电，所有 KA2 的动合触头闭合，CNC 通过 XP3/1 输出高电平 "1"（给出 CNC 允许信号），通过 XP3/5 输出低电平 "0"。同时，通过以下通路获得各轴电动机的 "正、负使能" 信号（+24V）：

$Z-$ 使能：$2 \rightarrow 7 \rightarrow 11 \rightarrow 13 \rightarrow 15 \rightarrow 16$

$Z+$ 使能：$2 \rightarrow 7 \rightarrow 11 \rightarrow 13 \rightarrow 14 \rightarrow 25 \rightarrow 24 \rightarrow 23 \rightarrow 22$

$Y-$ 使能：$2 \rightarrow 7 \rightarrow 11 \rightarrow 13 \rightarrow 14 \rightarrow 25 \rightarrow 24$

$Y+$ 使能：$2 \rightarrow 7 \rightarrow 11 \rightarrow 13 \rightarrow 14 \rightarrow 21 \rightarrow 28 \rightarrow 27 \rightarrow 26$

$X-$ 使能：$2 \rightarrow 7 \rightarrow 11 \rightarrow 13 \rightarrow 14 \rightarrow 21 \rightarrow 28$

$X+$ 使能：$2 \rightarrow 31 \rightarrow 30 \rightarrow 29$

到此为止，电动机已做好运转准备，一般 CNC 给出 "手动" 或 "自动" 命令，电动机即可正常运转。由于有 "正、负允许" 信号，电动机可能正向旋转，也可能反向旋转。

（2）进给移动的限位保护控制。图 11-6 中，SQ1 和 SQ2、SQ4 和 SQ5、SQ7 和 SQ8 分别为设置在 X、Y、Z 各轴正负方向上相应位置的限位行程开关，一旦某行程开关被压合，则相应方向的使能信号被撤销，运动被截断，但其反方向仍能进行。如 SQ8 实现负向限位保护的作用，但 Z 轴电动机仍可向正方向运动。向 Z 正方向运动使工作台离开 SQ8 后，"Z- 使能" 又变为有效，电动机即又可向 Z 轴负方向运动了。CNC 内部还可通过参数设置，实现机床软限位保护。

（3）系统紧急停止控制。在机床运行过程中，如果发生意外需要紧急停止，可按下图 11-6 中 SB4 或 SB5，此时 KA2 失电，由于 KA2 的动合触头复位使 CNCXP3/1 = "0"，CNCXP3/5 = "1"。即 KA4 线圈得电，其动断触头断开，使 PC051 失效，从而使整个系统启动失效，并且将所有进给电动机的 "正、负使能" 信号置为 "0"，电动机停转。故障排除以后，可按照上述过程进行操作。

11.2.3 类似数控铣床—ZKN 型数控铣床电气控制线路识读

ZKN 型数控铣床采用经济型 ZKN 数控系统，具有铣、镗、钻等切削功能，可在没有模具的情况下完成凸轮、模板、模具等形状复杂零件的加工。ZKN 型数控铣床电路图如图 11-7 所示。

11.2.3.1 主电路识读

1. 主电路图区划分

ZKN 型数控铣床由主轴电动机 M1、冷却泵电动机 M2 驱动相应机械部件实现工件铣削加工。根据机床电气控制系统主电路定义可知，其主电路由图 11-7 中 1~3 区组成，其中 1 区为电源开关及保护部分，2 区为主轴电动机 M1 主电路，3 区为冷却泵电动机 M2 主电路。

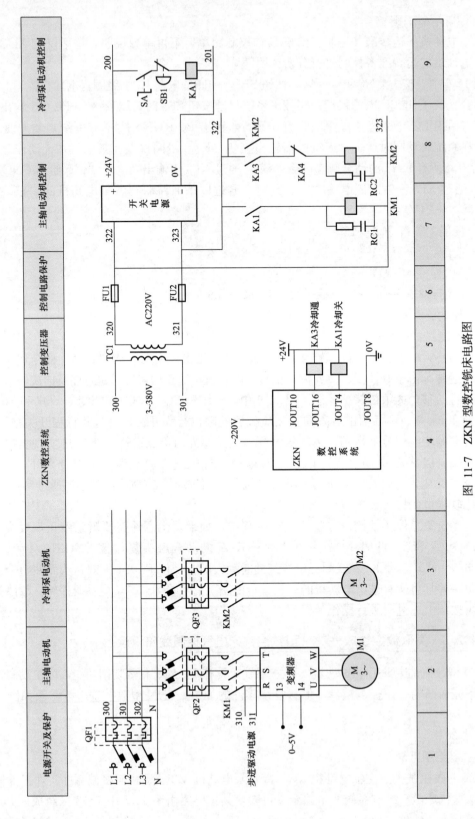

图 11-7　ZKN 型数控铣床电路图

2. 主电路图区划分

(1) 主轴电动机 M1 主电路。由图 11-7 中 2 区主电路可知，主轴电动机 M1 主电路属于单向运转单元主电路结构。实际应用时，接触器 KM1 主触头控制主轴电动机 M1 工作电源通断，即当接触器 KM1 主触头闭合时，主轴电动机 M1 得电启动运转；当接触器 KM1 主触头断开时，主轴电动机 M1 失电停止运转。此外，空气自动开关 QF2 实现主轴电动机 M1 短路、过载及欠电压等保护功能；变频器实现主轴电动机 M1 调速、正反转控制功能。

(2) 冷却泵电动机 M2 主电路。由图 11-7 中 3 区主电路可知，冷却泵电动机 M2 主电路也属于单向运转单元主电路结构。实际应用时，接触器 KM2 主触头控制冷却泵电动机 M2 工作电源通断；空气自动开关 QF3 实现冷却泵电动机 M5 短路、过载及欠电压等保护功能。

11.2.3.2 控制电路识读

ZKN 型数控铣床控制电路由图 11-7 中 4～9 区组成，其中 5 区为控制变压器部分。实际应用时，合上空气自动开关 QF1，380V 交流电压加至控制变压器 TC 一次侧绕组两端，经降压后输出 220V 交流电压给控制电路供电；同时 220V 交流电压经开关电源控制后输出 +24V 直流电压给数控系统供电。

1. 主轴电动机 M1 控制电路

(1) 主轴电动机 M1 控制电路图区划分。由图 11-7 中 2 区主电路可知，主轴电动机 M1 工作状态由接触器 KM1 主触头进行控制，故可确定图 11-7 中 7 区、9 区接触器 KM1 线圈回路电气元件构成主轴电动机 M1 控制电路。

(2) 主轴电动机 M1 控制电路识图。在图 11-7 中 7 区、9 区主轴电动机 M1 控制电路中，由于中间继电器 KA0 动合触头串入接触器 KM1 线圈回路，故 SA2 为主轴电动机 M1 转换开关，按钮 SB3 为急停开关，RC1 为阻容吸收元件。

当需要主轴电动机 M1 启动运转时，将转换开关 SA2 扳至闭合状态，中间继电器 KA0 得电吸合，其动合触头闭合，接通接触器 KM1 线圈电源，KM1 得电吸合。其主触头闭合接通主轴电动机 M1 工作电源，M1 启动运转。当需要主轴电动机 M1 停止运转时，按下其急停开关 SB3 即可。

2. 冷却泵电动机 M2 控制电路

(1) 冷却泵电动机 M2 控制电路图区划分。由图 11-7 中 3 区主电路可知，冷却泵电动机 M2 工作状态由接触器 KM1 主触头进行控制，故可确定图 11-7 中 8 区接触器 KM2 线圈回路电气元件构成主轴电动机 M1 控制电路。

(2) 冷却泵电动机 M2 控制电路识图。在图 11-7 中 8 区冷却泵电动机 M2 控制电路中，中间继电器 KA2 动合触头与接触器 KM2 自锁触头并联后串接中间继电器 KA3 动断触头后串入接触器 KM2 线圈回路，从而控制接触器 KM4 线圈回路电源通断，RC2 为阻容吸收元件。

值得注意的是，中间继电器 KA3、KA4 工作状态由数控系统进行控制。当 KA3 动合触头闭合、KA4 动合触头闭合时，接触器 KM4 得电吸合并自锁，其主触头闭合接通冷却泵电动机 M2 工作电源，M2 启动运转；当 KA4 动合触头断开时，则 M2 停止运转。

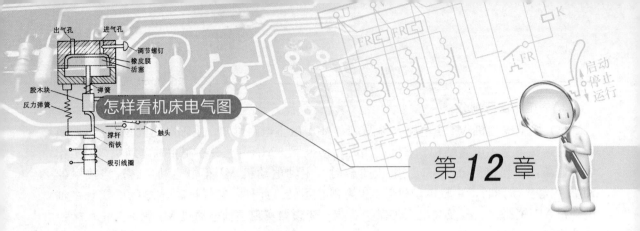

第 *12* 章

机床电气控制系统技术改造设计与实施

可编程序控制器（PLC）是在继电器控制和计算机控制基础上开发的工业自动化控制装置，是一种数字运算操作的电子控制系统，专门为在工业环境下应用设计的，具有可靠性高、设计施工周期短、维修方便、性价比高等优点。目前，在普通机床电气控制系统产品升级、技术改造领域已得到广泛应用。本章通过工程案例介绍利用 PLC 对机床电气控制线路进行技术改造的设计方法及步骤。

12.1 可编程序控制器（PLC）基础知识

PLC 是以微处理器为核心，综合了计算机技术、自动控制技术和通信技术发展起来的一种通用工业自动控制装置，已成为现代工业控制的三大支柱（PLC、机器人和 CAD/CAM）之一。本节主要介绍其基本结构及工作原理。

12.1.1 PLC 的产生与发展前景

1. PLC 的产生与定义

20 世纪 60 年代末，现代制造业为适应市场需求、提高竞争力，生产出小批量、多品种、多规格、低成本、高质量的产品，要求生产设备的控制系统必须具备更灵活、更可靠、功能更齐全、响应速度更快等特点。随着微处理器技术、计算机技术、现代通信技术的飞速发展，可编程序控制器（PLC）应运而生。

（1）PLC 的发展简史。早期的自动化生产设备基本上都是采用继电—接触器控制方式，系统复杂程度不高，但自动化水平有限。主要存在的问题包括机械触点，系统运行可靠性差；工艺流程改变时要改变大量的硬件接线，耗费大量人力、物力和时间；功能局限性大；体积大、耗能多。由此产生的设计开发周期、运行维护成本、产品调整能力等方面的问题，越来越不能满足工业成长的要求。

由于美国汽车制造工业竞争激烈，为适应生产工艺不断更新的需要，1968 年，美国通用汽车（GM）公司根据汽车制造生产线的需要，希望用电子化的新型控制系统替代采用继电—接触器控制方式的机电控制盘，以减少汽车改型时，重新设计、制造继电器控制装置的成本和时间。通用汽车公司首次公开招标的新型控制器 10 项指标为：

1）编程简单，可在现场修改程序。

2）维护方便，采用插件式结构。

3）可靠性高于继电—接触器控制系统。

4）体积小于继电—接触器控制系统。

5）成本可与继电—接触器控制系统竞争。

6）数据可以直接送入计算机。

7）输入可为市电（PLC 主机电源可以是 115V 电压）。

8）输出可为市电（115V 交流电压，电流达 2A 以上），能直接驱动电磁阀、接触器等。

9）通用性强，易于扩展。

10）用户存储器容量大于 4KB。

1969 年，美国数字设备公司（DEC）根据 GM 公司招标的技术要求，研制出第一台可编程序控制器，并在 GM 公司汽车自动装配线上试用，获得成功。其后，日本、德国等相继引入这项新技术，可编程序控制器由此而迅速发展起来。

在 20 世纪 70 年代初、中期，可编程序控制器虽然引入了计算机的设计思想，但实际上只能完成顺序控制，仅有逻辑运算、定时、计数等控制功能。所以人们将其称为可编程序逻辑控制器，简称 PLC（Programmable Logic Controller）。

20 世纪 70 年代末至 80 年代初，随着微处理器技术的发展，可编程序控制器的处理速度大大提高，增加了许多特殊功能，使得可编程序控制器不仅可以进行逻辑控制，而且可以对模拟量进行控制。因此，美国电器制造协会（NEMA）将可编程序控制器命名为 PC（Programmable Controller），但由于 PC 容易和个人计算机（Personal Computer）混淆，故人们仍习惯将 PLC 作为可编程序控制器的缩写。

20 世纪 80 年代以来，随着大规模和超大规模集成电路技术的迅猛发展，以 16 位和 32 位微处理器为核心的可编程序控制器得到迅速发展。这时的 PLC 具有了高速计数、中断技术、PID 调节和数据通信等功能，从而使 PLC 的应用范围和应用领域不断扩大。

近 10 年来，我国的 PLC 研制、生产、应用也发展很快，特别是在应用方面，在引进一些成套设备的同时，也配套引进不少 PLC。如上海宝钢第一期工程，就采用了 250 台 PLC 进行生产控制，第二期又采用了 108 台。又如天津化纤厂、秦川核电站、北京吉普生产线等，都采用了 PLC 控制。

（2）PLC 的定义。PLC 的发展初期，不同的开发制造商对 PLC 有不同的定义。为使这一新型的工业控制装置的生产和发展规范化，国际电工委员会（IEC）于 1987 年 2 月颁布的 PLC 标准草案（第三稿）中对 PLC 作了如下定义："可编程序控制器是一种数字运算操作的电子系统，专为在工业环境下应用而设计，它采用可编程序的存储器，用来在其内部存储执行逻辑运算、顺序控制、定时、计数和算术运算等操作命令，并通过数字式、模拟式的输入和输出，控制各种类型的机械或生产过程。可编程序控制器及其有关的外部设备，都应按易于与工业控制系统联成一个整体、易于扩充其功能的原则而设计。"

2. PLC 的发展前景

近年来，随着电子技术的发展和市场需求的增加，PLC 的结构和功能正在不断改进，各个生产厂家不断推出 PLC 新产品，平均 3～5 年更新换代一次，有些新型中小型 PLC 的功能甚至达到或超过了过去大型 PLC 的功能。现代可编程序控制器具有如下发展前景：

（1）向高速度、大容量方向发展。为了提高 PLC 的处理能力，要求 PLC 具有更好的响应速度和更大的存储容量。目前，有的 PLC 的扫描速度可达 0.1ms/千步左右。PLC 的扫描速度已成为很重要的一个性能指标。

在存储容量方面，有的 PLC 最高可达几十兆字节。为了扩大存储容量，有的公司已使用了磁棒存储器或硬盘。

（2）向超大型、超小型两个方向发展。当前中小型 PLC 比较多，为了适应市场的不同需求，今后 PLC 将向多品种方向发展，特别是向超大型和超小型两个方向发展。现已有 I/O 点数达 14336 点的超大型 PLC，其使用 32 位微处理器、多 CPU 并行工作和大容量存储器，功能较强。

小型 PLC 由整体结构向小型模块化结构发展，可以使配置更加灵活，为了市场需要已开发了各种简易、经济的超小型及微型 PLC，最小配置的 I/O 点数为 8～16 点，以适应单机及小型自动控制的需要，如三菱公司的 α 系列 PLC。

（3）大力开发智能模块，加强联网通信能力。为满足各种自动化控制系统的要求，近年来不断开发出许多功能模块，如高速计数模块、温度控制模块、远程 I/O 模块、通信和人机接口模块等。这些带 CPU 和存储器的智能 I/O 模块，既扩展了 PLC 的功能，使用也更灵活方便，扩大了 PLC 的应用范围。

加强 PLC 联网通信的能力是 PLC 技术进步的潮流。PLC 的联网通信有两类：一类是 PLC 之间的联网通信，各 PLC 生产厂家都有自己的专用联网技术；另一类是 PLC 与计算机之间的联网通信，一般 PLC 都有专用通信模块与计算机通信。为了加强联网通信能力，PLC 生产厂家之间也在协商制定通用的通信标准，以便构成更大的网络系统，PLC 已成为集散控制系统（DCS）不可缺少的重要组成部分。

（4）增强外部故障的检测与处理能力。根据统计资料表明，在 PLC 控制系统的故障中，CPU 故障占 5%，I/O 接口故障占 15%，输入设备故障占 45%，输出设备故障占 30%，线路故障占 5%。前两项共 20% 的故障属于 PLC 的内部故障，它可通过 PLC 本身的软、硬件实现检测、处理；而其余 80% 的故障属于 PLC 的外部故障。因此，PLC 生产厂家都在致力于研制、开发用于检测外部故障的专用智能模块，以进一步提高系统的可靠性。

（5）编程语言多样化。在 PLC 系统结构不断发展的同时，PLC 的编程语言也越来越丰富，功能也在不断提高。除了大多数 PLC 使用的梯形图语言外，为了适应各种控制要求，出现了面向顺序控制的步进编程语言、面向过程控制的流程图语言、与计算机兼容的高级语言（BASIC、C 语言等）等。多种编程语言的并存、互补与发展是 PLC 进步的一种表现。

（6）标准化。生产过程自动化要求在不断提高，PLC 的控制功能也在不断增强，过去那种不开放、各品牌自成一体的结构显然不合适，为提高兼容性，在通信协议、总线结构、编程语言等方面需要一个统一的标准。国际电工委员会（IEC）为此制定了国际标准 IEC 61131。该标准由总则、设备性能和测试、编程语言、用户手册、通信、模糊控制的编程、可编程序控制器的应用和实施指导八部分和两个技术报告组成。

几乎所有的 PLC 生产厂家都表示支持 IEC 61131，并开始向该标准靠拢。

12.1.2 PLC 的基本结构及工作原理

PLC 由于自身的特点，在工业生产的各个领域得到了越来越广泛的应用，而作为 PLC 的用户，要正确地应用 PLC 去完成各种不同的控制任务，首先应了解 PLC 的基本结构和工作原理。

1. PLC 的基本结构

目前，可编程序控制器的产品很多，不同厂家生产的 PLC 以及同一厂家生产的不同型号 PLC 其结构各不相同，但其基本结构和基本工作原理大致相同。它们都是以微处理器为核心的结构，其功能的实现不仅基于硬件的作用，更要依靠软件的支持。PLC 基本结构框图如图 12-1 所示。

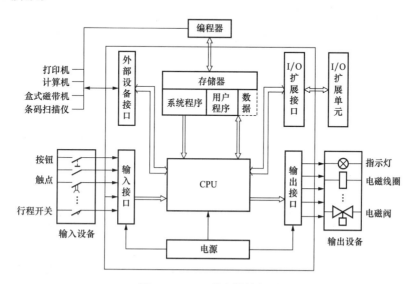

图 12-1　PLC 基本结构框图

PLC 的基本结构可分为两大部分：硬件系统和软件系统。

硬件系统是指组成 PLC 的所有具体单元电路，主要包括中央处理器（CPU）、存储器、输入/输出接口、通信接口、编程器和电源等部分，此外还有扩展设备、EPROM 的读写器和打印机等选配的设备。为了维护、调试的方便，许多 PLC 采用模块结构，由中央处理器、存储器组成主控模块，输入单元组成输入模块，输出单元组成输出模块，三者通过专用总线构成主机，并由电源模块集中对其供电。编程器可采用袖珍式编程器，也可采用带有 PLC 编程软件的通用计算机，通过通信口对 PLC 进行编程。

软件系统是指管理、控制、使用 PLC，并确保 PLC 正常工作的一整套程序。这些程序有来自 PLC 生产厂家的，也有来自用户的，一般称前者为系统程序，后者为用户程序。系统程序是指控制和完成 PLC 各种功能的程序，它侧重于管理 PLC 的各种资源，控制和协调各硬件的正常动作及关系，以便充分发挥整个可编程序控制器的使用效率，方便广大用户的直接使用。用户程序是指使用者根据生产工艺要求编写的应用控制程序，它侧重于应用，侧重于输入、输出之间的逻辑控制关系。

2. PLC 的工作原理

PLC 是采用"顺序扫描，不断循环"的方式进行工作的，即在 PLC 运行时，CPU 根据用户按控制要求编制好并存放于用户程序存储器中的程序，按指令步序号（或地址号）作周期性循环扫描，在无中断或跳转的情况下，按存储地址号递增的方向顺序逐条执行用户程序，直至程序结束。然后重新返回第一条指令，开始下一轮新的扫描。在每次扫描过程中，还要完成对输入信号的采样和对输出状态的刷新等工作。PLC 的扫描工作方式示意图如图 12-2 所示。

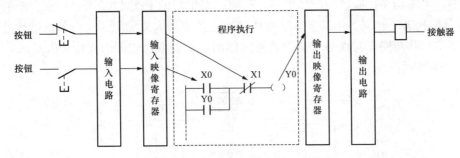

图 12-2　PLC 扫描工作方式示意图

由图 12-2 可知，PLC 扫描过程主要分为三个阶段：输入采样、程序执行、输出刷新。

（1）输入采样阶段。PLC 在开始执行程序之前，首先以扫描方式将所有输入端的通断状态转换成电平的高低状态"1"或"0"并存入输入锁存器中，然后将其写入各自对应的输入映像寄存器中，即刷新输入。随即关闭输入端口，进入程序执行阶段。

需要注意的是，只有采样时刻，输入映像寄存器中的内容才与输入信号一致，而其他时间范围内输入信号的变化是不会影响输入映像寄存器中的内容的，输入信号的变化状态只能在下一个扫描周期的输入处理阶段被读入。

（2）程序执行阶段。PLC 按顺序从 0000 号地址开始的程序进行逐条扫描执行，并分别从输入映像寄存器、输出映像寄存器以及辅助继电器中获得所需的数据进行运算处理，再将程序执行的结果写入输出映像寄存器。但这个结果在全部程序未被执行完毕之前不会送到输出端口。

（3）输出刷新阶段。输出刷新阶段又称为输出处理阶段。在此阶段，当程序执行到 END 指令，即执行完用户所有程序后，PLC 将输出映像寄存器中的内容送到输出锁存器中，并通过一定的驱动装置（继电器、晶体管或晶闸管）驱动相应输出设备工作。

12.1.3　PLC 的分类和常见品牌

1. PLC 的分类

目前，各个厂家生产的 PLC，其品种、规格及功能都各不相同。其分类也没有统一标准，这里仅介绍常见的三种分类方法供参考。

（1）按 I/O 点数，可分为小型、中型和大型。

1）I/O 点数为 256 点以下的为小型 PLC，I/O 点数小于 64 点的为超小型或微型 PLC。

2）I/O 点数为 256 点以上、2048 点以下的为中型 PLC。

3）I/O 点数为 2048 点以上的为大型 PLC，I/O 点数超过 8192 点的为超大型 PLC。

（2）按结构形式，可分为整体式、模块式和紧凑式。

1）整体式 PLC 是将各部分单元电路包括 I/O 接口电路、CPU、存储器、稳压电源均封装在一个机壳内，称为主机。主机可通过电缆与 I/O 扩展单元、智能单元、通信单元相连接。

2）模块式 PLC 是将各部分单元电路做成独立的模块，如 CPU 模块、I/O 模块、电源模块以及各种功能模块。其他各种智能单元和特殊功能单元也制成各自独立的模块，然后通过插槽板以搭积木的方式将它们组装在一起，构成完整的控制系统。

3）叠装式 PLC 是将整体式、模块式两者优点结合为一体的一种 PLC 结构。其 CPU 和存储器、电源、I/O 等单元依然是各自独立的模块，但它们之间通过电缆进行连接，且可一层层地叠装，这样既保留了模块式 PLC 可灵活配置之所长，也体现了整体式 PLC 体积小巧之优点。

（3）按功能，可分为低档、中档、高档等。

1）低档 PLC 具有逻辑运算、定时、计数、移位及自诊断、监控等基本功能。有的还具有少量的模拟量 I/O、数据传送、运算及通信等功能。

2）中档 PLC 除具有低档 PLC 的基本功能外，还增加了模拟量输入输出、算术运算、数据传送和比较、数制转换、远程 I/O、子程序调用、通信联网等功能。有些还增设了中断控制、PID 控制等功能。

3）高档 PLC 除具有中档 PLC 的功能外，还增加了带符号算术运算、矩阵运算、位逻辑运算、平方根运算及其他特殊功能函数运算、制表及表格传送等功能。此外，高档 PLC 具有更强的通信联网功能。

PLC 常见外形如图 12-3 所示。

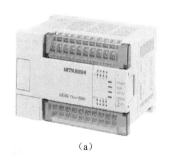 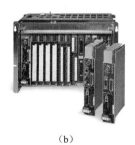 

（a）　　　　　　　　　　（b）　　　　　　　　　　（c）

图 12-3　PLC 常见外形

（a）整体式；（b）模块式；（c）紧凑式

2. PLC 的常见品牌

目前，国内、外生产 PLC 的厂家众多，每个厂家的 PLC 都自成系列，可根据 I/O 点数、容量、功能上的需求作出不同选择。PLC 的常见品牌及其典型产品系列见表 12-1。

表 12-1　　　　　　　　　　**PLC 的常见品牌及其典型系列产品系列**

品　牌	国家或地区	产品系列	主要特点
A-B（Allen&Bradley）	美国	PLC-5	模块式，最大 4096 点
		SLC500	小型模块式，最大 3072 点
通用电气（GE-Fanuc）	美国	Versamax PLC	256～4096 点
		90-30	4096 点，基于 Intel386EX 的处理器
		90-70	基于 Intel 的处理器
西门子（SIEMENS）	德国	S7-200	小型，最大 256 点
		S7-300	中型，最大 2048 点
		S7-400	大型，最大 32×1024 点

续表

品　牌	国家或地区	产品系列	主要特点
施耐德 (SCHNEIDER)	法国	Twido	叠装型，最大 264 点
		Modicon	512～1024 点
三菱 (MITSUBISHI)	日本	FX	小型，最大 256 点
		A	中型，最大 2048 点
		Q	有基本型、高性能型、过程型等
欧姆龙 (OMRON)	日本	CPM	小型，最大 362 点
		C200H SYSMAC a	中型，最大 640 点
		CV、CS	大型，CS 最大 5120 点
松下电工 (Matsushlta Electric)	日本	FP-X	内置高速脉冲输出，最大 300 点
		FPO	超小型，最大 128 点
		FP、FP2SH	中型，最大 2048 点
LS 产电 (LS Industrial)	韩国	Master-K	最大 1024 点
		XGB、XGT	XGB 最大 256 点，XGT 最大 3072 点
		GLOFA	最大 16000 点
台达 (DELTA)	中国台湾	DVP-E	叠装型，最大 512 点
		DVP-S	模块型，最大 238 点
永宏 (FATEK)	中国台湾	FBS-MA	经济型，采用自研芯片 SoC 开发
		FBS-MN NC	定位控制型

在 20 世纪 70 年代末和 80 年代初，我国由于进口国外成套设备、专用设备，引进了不少国外的 PLC。此后，在传统设备改造和新设备设计中，PLC 的应用逐年增多，且取得良好效果。目前，我国不少科研单位和工厂也在研制和生产 PLC。如辽宁无线电二厂引进德国西门子技术生产的 S1-101U、S5-115U 系列 PLC；与日本合资的无锡华光公司生产的 SR-20、SU-516、SG-8 等型号的 PLC；中国科学院自动化研究所自主研发的 0088 系列 PLC 等。但目前的市场占有率还比较有限。

3. PLC 的产品选型技巧

目前，国内、外生产 PLC 的厂家林立，产品系列众多，且各种类型的 PLC 各有优缺点，但在组成、功能、编程等方面，尚无统一的标准，无法进行横向比较。下面提出在自动控制系统设计中对 PLC 产品选型的一些看法，可以在选择 PLC 时作为参考。

（1）基本单元的选择。基本单元又称为 CPU 单元，是机型选择时首先应考虑的问题，具体包括以下方面：

1）合理的结构形式。小型 PLC 中，整体式结构比模块式结构价格便宜，体积也较小，只是硬件配置不如模块式灵活。例如，整体式结构的 PLC 输入/输出点数之比一般为 3∶2，实际应用需求中可能与此值相差甚远。模块式结构的 PLC 就能很方便地变换该比值。此外，模块式结构的 PLC 故障排除所需的时间较短。

2）配套的功能要求。对于开关量控制的应用系统，且对控制速度要求不高时，可选用小型 PLC，如对小型泵的顺序控制、单台机械的自动控制等。对于控制要求较高的应用系统，则应优先选择中型或大型 PLC。

3）响应速度的要求。对于以开关量控制为主的系统，PLC 的响应速度一般都可满足实际需要，没有必要特别考虑；而对于模拟量控制的系统，特别是具有较多闭环控制的系统，则必须考虑 PLC 的响应速度。

4）尽量做到机型统一。对于一个大型企业系统，应尽量做到机型统一。因为同一机型的 PLC，其模块可互为备用，便于设备的采购和管理；同时，其功能及编程方法统一，有利于技术力量的培训、技术水平的提高和功能的开发；此外，由于其外部设备通用，资源可以共享，故配以上位计算机即可把控制各独立系统的多台 PLC 联成一个多级分布式控制系统，便于相互通信，集中管理。

5）扩展能力。即 PLC 能带扩展单元的能力，包括所能带扩展单元的数量、种类、扩展单元所占的通道数、扩展口的形式等。

6）通信功能。如果要求将 PLC 接入工业以太网，或连接其他智能化设备，则应考虑选择有相应通信接口的 PLC，同时要注意通信协议。

7）确定负载类型。根据 PLC 输出端所带的负载是直流型还是交流型，是大电流还是小电流，以及 PLC 输出点动作的频率等，从而确定输出端采用继电器输出、晶体管输出还是晶闸管输出。不同的负载选用不同的输出方式，对系统的稳定运行是很重要的。

8）售后服务。选择 PLC 机型时还要考虑产品要有可靠的技术支持。这些支持包括必要的技术培训、帮助安装、调试，提供备件、备品，保证维修等，以减少后顾之忧。一般情况下，大公司生产的 PLC 质量有保障，且技术支持好，一般售后服务也较好，还有利于产品的扩展与软件升级，故应尽量选用大公司的产品。

此外，还应考虑 PLC 的安装方式、系统可靠性等要求。

（2）PLC 的容量选择。

1）I/O 点数的选择。进行 PLC 的容量选择时，确定 I/O 点数一般是必须说明的首要问题。一般情况下，根据控制系统功能说明书，可统计出 PLC 控制系统的开关量 I/O 点数及模拟量 I/O 通道数，以及开关量和模拟量的信号类型。考虑控制系统功能扩展及系统升级，通常 I/O 点数是根据被控对象的输入、输出信号的实际需要，再加上 10%～30% 的备用量进行确定。

此外，对于一个控制对象，由于采用的控制方法不同或编程水平不同，I/O 点数也应有所不同。

典型传动设备及常用电气元件所需的开关量 I/O 点数见表 12-2。

表 12-2　　　　　　　　　典型传动设备及常用电气元件所需的开关量 I/O 点数

序　号	电气设备	输入点数	输出点数
1	Y-D 启动的笼型异步电动机	4	3
2	单向运行的笼型异步电动机	3	1
3	可逆运行的笼型异步电动机	5	2
4	单线圈电磁阀	—	1
5	双线圈电磁阀	—	2
6	信号灯	—	1
7	三挡波段开关	3	—
8	行程开关	1	—
9	按钮	1	—
10	光电开关	1	—

2）存储器容量的选择。PLC系统所用的存储器基本上由PROM、EPROM及RAM三种类型组成。一般小型机的最大存储容量低于6KB，中型机的最大存储容量可达64KB，大型机的最大存储容量可达兆字节。使用时可以根据程序及数据的存储需要来选用合适的机型，必要时也可专门进行存储器的扩展设计。

（3）I/O模块的选择。

1）开关量输入模块。PLC的输入模块用来检测来自现场的（如按钮、行程开关等）电平信号，并将其转换为PLC内部的标准电平信号。进行选择时，主要考虑输入电压等级、接线方式、点数和抗干扰能力等。

2）开关量输出模块。PLC的输出模块将控制器的输出信号转换成有较强驱动能力的、执行结构所需的信号。进行选择时，主要考虑开关方式（继电器、晶体管、晶闸管）、开关频率、输出功率、电压等级等。

3）模拟量输入模块。模拟量输入模块的选择主要考虑模拟量值的输入范围、转换精度、采样时间、输入信号的连接方式、抗干扰能力等。

4）模拟量输出模块。模拟量输出模块的选择主要考虑模拟量输出范围、输出形式（电流、电压）、对负载的要求等。

5）通信模块。通信模块的选择主要考虑通信协议、通信速率、通信模块所能连接的设备、系统的自诊断能力、应用软件编制方法等。

其他各模块可根据系统需要，通过查阅操作手册，了解相应的参数和要求进行选择。

12.1.4 FX系列PLC简介

目前，PLC产品按地域可分为三大流派：一是美国产品；二是欧洲产品；三是日本产品。其中美国和欧洲的PLC技术是在相互隔离情况下独立研究开发的，因此其产品有明显的差异性；而日本的PLC技术是从美国引进的，对美国的PLC产品有一定的继承性。美国和欧洲以大中型PLC而闻名，而日本则以小型PLC著称。

日本三菱公司的PLC是较早进入中国市场的产品。三菱公司近年来推出的FX系列PLC有FX_0、FX_2、FX_{0S}、FX_{ON}、FX_{2C}、FX_{1S}、FX_{1N}、FX_{2N}、FX_{2NC}等系列型号。其中FX_{2N}是三菱FX系列PLC中功能最强、速度最高的小型可编程序控制器。FX_{2N}系列PLC产品如图12-4所示。

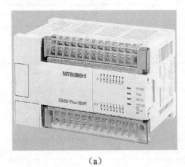

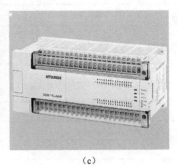

(a)　　　　　　　　　(b)　　　　　　　　　(c)

图12-4　FX_{2N}系列PLC产品

(a) FX_{2N}-32MR；(b) FX_{2N}-48MR；(c) FX_{2N}-64MR

1. FX 系列 PLC 控制面板简介

图 12-5 所示为三菱 FX$_{2N}$-32MR 型 PLC 的面板，主要包含型号（Ⅰ区）、状态指示灯（Ⅱ区）、模式转换开关与通信接口（Ⅲ区）、PLC 的电源端子与输入端子（Ⅳ区）、输入指示灯（Ⅴ区）、输出指示灯（Ⅵ区）、输出端子（Ⅶ区）。

（1）输入接线端。PLC 输入接线端可分为外部电源输入端、＋24V 直流电源输出端、输入公共端（COM 端）和输入接线端 4 部分。FX$_{2N}$-32MR 型 PLC 输入接线端如图 12-6 所示。

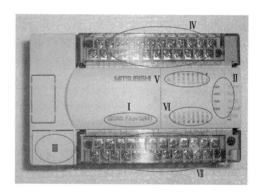

图 12-5　三菱 FX$_{2N}$-32MR 型 PLC 的面板

⏚	·	COM	X0	X2	X4	X6	X10	X12	X14	X16	·
L	N	·	24+	X1	X3	X5	X7	X11	X13	X15	X17

图 12-6　FX$_{2N}$-32MR 型 PLC 输入接线端

1）外部电源输入端。接线端子 L 接电源的相线，N 接电源的中线。电源电压一般为 AC 100～240V，为 PLC 提供工作电压。

2）＋24V 直流电源输出端。PLC 自身为外围设备提供的直流＋24V 电源，主要作为传感器或其他小容量负载的供给电源。

3）输入接线端和公共端 COM。在 PLC 控制系统中，各种按钮、行程开关和传感器等主令电器直接接到 PLC 输入接线端和公共端 COM 之间，PLC 每个输入接线端子的内部都对应一个电子电路，即输入接口电路。

注意：三菱 PLC 的输入接线端用文字符号 X 表示，采用八进制编号方法，FX$_{2N}$-32MR 的输入端共有 16 个，即 X0～X7 和 X10～X17。

（2）输出接线端。PLC 输出接线端可分为输出接线端和公共端两部分，如图 12-7 所示。

	Y0	Y2	·	Y4	Y6	·	Y10	Y12	·	Y14	Y16	·
COM1	Y1	Y3	COM2	Y5	Y7	COM3	Y11	Y13	COM4	Y15	Y17	

图 12-7　FX$_{2N}$-32MR 型 PLC 输出接线端

注意：三菱 PLC 的输出接线端用符号 Y 表示，也采用八进制编号方法，公共端用符号 COM 表示。FX$_{2N}$-32MR 共有 16 个输出端子（Y0～Y7 和 Y10～Y17），分别与不同的 COM 端子组成一组，可以接不同电压类型和电压等级的负载。当负载使用相同的电压类型和等级时，则将 COM1、COM2、COM3、COM4 用导线短接即可。

负载使用不同的电压类型和等级时，FX 系列 PLC 输出接线端与公共端组合对应关系见表 12-3。

表 12-3　　　　　　　　　FX 系列 PLC 输出接线端与公共端组合对应关系

组　次	公共端子	输出端子
第一组	COM1	Y0、Y1、Y2、Y3
第二组	COM2	Y4、Y5、Y6、Y7
第三组	COM3	Y10、Y11、Y12、Y13
第四组	COM4	Y14、Y15、Y16、Y17

（3）工作模式转换开关与通信接口。将区域Ⅲ的盖板打开，可见到 FX$_{2N}$-32MR 型 PLC 的模式转换开关与通信接口位置，如图 12-8 所示。

由图 12-8 可见，模式转换开关与通信接口包括 PLC 工作模式转换开关、可调电位器 RP1 和 RP2、RS-422 通信接口、选件连接插口 4 部分。

1）模式转换开关。模式转换开关用来改变 PLC 的工作模式，PLC 电源接通后，将转换开关打到 RUN 位置，则 PLC 的运行指示灯（RUN）发光，表示 PLC 正处于运行状态。将转换开关打到 STOP 位置，则 PLC 的运行指示灯（RUN）熄灭，表示 PLC 正处于停止状态。

2）RS-422 通信接口。RS-422 通信接口用来连接手持式编程器或计算机，保证 PLC 与手持式编程器或计算机的通信。

注意：通信线与 PLC 连接时，务必注意通信线接口内的"针"与 PLC 上的接口正确对应后才可将通信线接口用力插入 PLC 的通信接口，以免损坏接口。

3）可调电位器 RP1 和 RP2。用于调整定时器设定的时间。

4）选件连接插口。用于连接存储盒、功能扩展板等。

（4）状态指示栏。状态指示栏包括输入状态指示、输出状态指示、运行状态指示 3 部分，如图 12-9 所示。

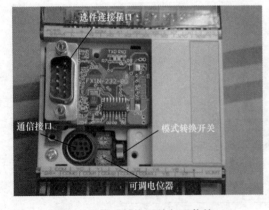

图 12-8　模式转换开关与通信接口

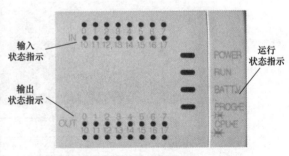

图 12-9　状态指示栏

1）输入状态指示。PLC的输入（IN）指示灯，PLC有正常输入时，对应输入点的指示灯亮。

2）输出状态指示。PLC的输出（OUT）指示灯，当某个输出继电器被驱动后，对应输出点的指示灯亮。

3）运行状态指示。PLC提供4盏指示灯，实现PLC运行状态指示功能。其含义见表12-4。

表 12-4　　　　　　　　　　　　　PLC 运行状态指示灯含义

指示灯	指示灯的状态与当前运行的状态
POWER：电源指示灯（绿灯）	PLC接通电源后，该灯点亮，正常时仅有该灯点亮表示PLC处于编辑状态
RUN：运行指示灯（绿灯）	当PLC处于正常运行状态时，该灯点亮
BATT.V：锂电池电压低指示灯（红灯）	如果该灯点亮，说明PLC内部锂电池电压不足，应更换
PROG-E/CPU-E：程序出错指示灯（红灯）	如果该灯闪烁，说明出现以下类型的错误： （1）程序语法错误。 （2）锂电池电压不足。 （3）定时器或计数器未设置常数。 （4）干扰信号使程序出错。 （5）程序执行时间超过允许时间或CPU出错时，该灯连续亮

2. FX 系列 PLC 的型号及含义

FX系列PLC的型号及含义如图12-10所示。

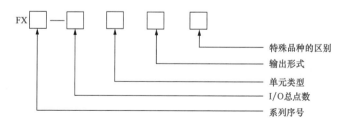

图 12-10　FX 系列 PLC 的型号及含义

FX系列PLC型号标注含义如下：

（1）系列序号：0、2、0S、0N、2C、1S、1N、2N、2NC，即 FX_0、FX_2、FX_{0S}、FX_{0N}、FX_{2C}、FX_{1S}、FX_{1N}、FX_{2N}、FX_{2NC}。

（2）I/O总点数：10～256。

（3）单元类型：

M—基本单元；

E—输入输出混合扩展单元与扩展模块；

EX—输入专用扩展模块；

EY—输出专用扩展模块。

（4）输出形式：

R—继电器输出；

T—晶体管输出；

S—晶闸管输出。

（5）特殊品种的区别：

D—DC 电源，DC 输出；

A1—AC 电源，AC 输入；

H—大电流输出扩展模块（1A/点）；

V—立式端子排的扩展模块；

C—接插口输入输出方式；

F—输入滤波器 1ms 的扩展模块；

L—TTL 输入型扩展模块；

S—独立端子（无公共端）扩展模块。

若特殊品种缺省，通常指 AC 电源、DC 输入、横式端子排，其中继电器输出：2A/点；晶体管输出：0.5A/点；晶闸管输出：0.3A/点。

例如 FX$_{2N}$-32MRD，其标注含义为三菱 FX$_{2N}$ 型 PLC，有 32 个 I/O 点的基本单元，继电器输出型，使用 DC 24V 电源。

12.1.5 PLC 工业控制系统的规划与设计

1. PLC 工业控制系统设计的基本原则

在工程技术中，任何工业控制系统都是为了实现被控对象（生产设备或生产过程）的工艺要求，以提高生产效率和产品质量。因此，在设计 PLC 工业控制系统时，应遵循以下基本原则：

（1）充分发挥 PLC 的功能，最大限度地满足被控对象的控制要求。

（2）在满足控制要求的前提下，力求使控制系统简单、经济、使用及维修方便。

（3）保证控制系统的安全、可靠。

（4）应考虑生产发展和工艺的改进，在选择 PLC 的型号、I/O 点数和存储器容量等项目时，应留有适当的裕量，以利于系统的调整和功能扩展。

2. PLC 控制系统设计的基本内容

PLC 工业控制系统是由 PLC 与用户输入、输出设备连接而成的。因此，PLC 控制系统设计的基本内容包括如下几点：

（1）确定 I/O 设备。根据控制系统的控制要求，确定系统的输入、输出设备的数量及种类，如按钮、开关、传感器、接触器、电磁阀、电动机等。这些设备属于一般的电气元件，其选择的方法在其他书籍中已有介绍，本书不再赘述。

（2）选择 PLC。PLC 是 PLC 控制系统的核心部件。选择 PLC 主要包括机型、容量、I/O 点数（模块）、电源模块以及特殊功能模块的选择。

（3）分配 PLC 的 I/O 点数。列出输入、输出设备与 PLC 输入、输出端子的地址分配表，以便于编制控制程序、设计接线图及硬件安装。所有的输入点和输出点分配时要有规律，并考虑信号特点及 PLC 公共端（COM 端）的电流容量。

（4）设计控制程序。控制程序设计包括设计梯形图、语句表或控制系统流程图等。

控制程序是控制整个系统工作的软件，是保证系统正常工作、安全可靠的关键。因此，控制程序的设计必须经过反复调试、修改，直到满足要求为止。

（5）必要时还需设计控制台（柜）。

（6）编制系统的技术文件。

3. PLC 工业控制系统的设计流程

PLC 工业控制系统的一般设计流程如图 12-11 所示。由设计流程图可知，PLC 工业控制系统设计具体步骤如下：

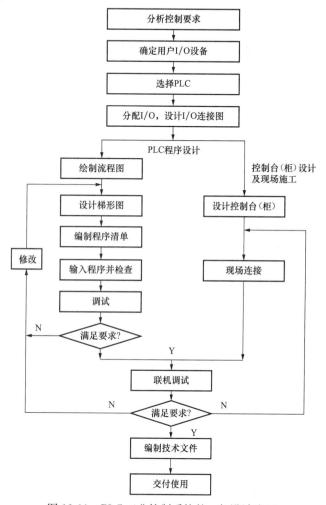

图 12-11　PLC 工业控制系统的一般设计流程

（1）分析被控对象，明确控制要求。根据生产和工艺过程分析控制要求，确定控制对象及控制要求，确定控制系统的工作方式，例如全自动、半自动、手动、单机运行、多级联机运行等。还要确定系统应有的其他功能，例如故障检测、诊断与显示报警、紧急情况的处理、管理功能、联网通信功能等。在分析被控对象的基础上，根据 PLC 的技术特点，与继电器—接触器控制系统、DCS 系统、微机控制系统进行比较，优选控制方案。

（2）确定 PLC 机型以及用户 I/O 设备，据此确定 PLC 的 I/O 点数。选择 PLC 机型时应考虑生产厂家、性能结构、I/O 点数、存储容量、特殊功能等方面。

（3）分配 PLC 的 I/O 地址，设计 I/O 连接图。根据已确定的 I/O 设备和选定的可编程序控制器，列出 I/O 设备与 PLC 的 I/O 点的地址分配表，以便于编制控制程序、设计接线图及硬件安装。

(4) PLC 的硬件设计。PLC 工业控制系统硬件设计指电气电路设计，包括主电路、PLC 外部控制电路、PLC 的 I/O 接线图、设备供电系统图、电气控制柜结构及电气设备安装图等。

(5) PLC 的软件设计。PLC 工业控制系统软件设计包括状态转移图、梯形图、指令语句表等。控制程序设计是 PLC 系统应用中最关键的问题，也是整个工业控制系统设计的核心。

(6) 联机调试。软件设计完毕后，一般先要进行模拟调试，即不带输出设备利用编程软件仿真调试功能进行调试。发现问题及时修改，直到完全符合设计要求。此后就可联机调试，先连接电气柜而不带负载，各输出设备调试正常后，再接上负载运行调试，直到完全满足设计要求为止。

(7) 完成 PLC 工业控制系统的设计，投入实际使用。值得注意的是，为了确保控制系统工作可靠性，联机调试后，还要经过一段时间的试运行，以检验系统的可靠性。

(8) 编制技术文件。技术文件包括设计说明书、电气原理图和安装图、元器件明细表、状态转换图、梯形图及使用说明书等。

(9) 交付使用。

在设计过程中，第（4）步硬件设计和第（5）步软件设计，若事先有明确的约定，可同时进行。

12.2 工程案例—机床电气控制基本环节技改设计与实施

在工程技术中，正确利用 PLC 对机床电气控制基本环节进行技术改造，是机床电气控制线路技术改造的前提条件。本节选取具有代表性的机床电气控制基本环节技术改造为例进行介绍。

12.2.1 基于接触器的三相异步电动机连续正转控制线路技改设计与实施

1. 任务分析

（1）控制要求。

1）按下启动按钮，三相异步电动机单向连续运行。

2）按下停止按钮，三相异步电动机停止运转。

3）具有短路保护和过载保护等必要保护措施。

基于接触器的三相异步电动机连续正转控制原理图如图 3-5 所示。图中主要元器件的名称、代号及功能见表 12-5。

表 12-5　　　　　　　　　主要元器件的名称、代号及功能

元件代号	名　称	功　能
SB1	按钮	启动按钮
SB2	按钮	停止按钮
KM	接触器	控制电动机 M 工作电源通断
KH	热继电器	过载保护

（2）I/O 地址分配。根据控制要求，设定 I/O 地址分配表，见表 12-6。

表 12-6　　　　　　　　　　　　　　I/O 地址分配表

输入分配			输出分配		
元器件代号	地址号	功能说明	元器件代号	地址号	功能说明
SB1	X1	启动按钮	KM	Y1	电动机电源控制
SB2	X2	停止按钮			
KH	X3	热继电器			

2. PLC 输入、输出接线图

根据控制要求及 I/O 地址分配表，绘制出利用 PLC 构成电动机连续正转的硬件接线图，如图 12-12 所示。

3. 设计 PLC 控制程序

根据控制要求和 I/O 地址分配表，编写控制程序梯形图，如图 12-13（a）所示。其对应的指令语句表如图 12-13（b）所示。

识图要点：

（1）当按下按钮 SB1 时，输入继电器 X1 动合触点闭合，输出继电器 Y1 线圈得电，

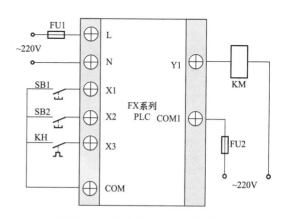

图 12-12　PLC 输入、输出接线图

其动合触点闭合，外接接触器 KM1 线圈得电，其主触点闭合，电动机 M 启动运转，同时输出继电器 Y1 动合触点闭合实现自锁，电动机连续运转。

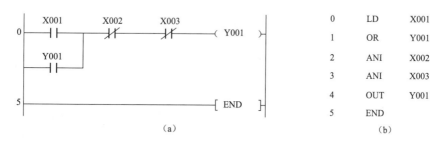

图 12-13　PLC 控制程序
（a）梯形图；（b）指令语句表

（2）当按下按钮 SB2 时，输入继电器 X2 动断触点断开，输出继电器 Y1 线圈失电复位，外接接触器 KM1 线圈失电，其主触点断开，电动机 M 停止运转。

（3）当电动机 M 过载时，热继电器动合触点闭合，输入继电器 X3 动断触点断开，从而实现电动机过载保护。

（4）该程序未考虑电路短路保护功能。实际应用时，应在电动机主电路中设置熔断器，实现短路保护功能。

12.2.2 基于接触器、按钮双重联锁的三相异步电动机正、反转控制线路技改设计与实施

1. 任务分析

（1）控制要求。

1）能够用按钮控制电动机的正、反转，启动和停止。

2）利用接触器、按钮构成双重联锁控制。

3）具有短路保护和电动机过载保护等必要的保护措施。

基于接触器、按钮双重联锁的三相异步电动机正、反转控制电气原理图如图3-9所示。图中主要元器件的名称、代号及功能见表12-7。

表 12-7 　　　　　　　　　　　**主要元器件的名称、代号及功能**

元件代号	名　称	功　能
SB1	按钮	正转启动按钮
SB2	按钮	反转启动按钮
SB3	按钮	停止按钮
KM1	接触器	控制电动机 M 正转电源通断
KM2	接触器	控制电动机 M 反转电源通断
KH	热继电器	过载保护

（2）I/O 地址分配。根据控制要求，设定 I/O 地址分配表，见表12-8。

表 12-8 　　　　　　　　　　　　　**I/O 地址分配表**

输入分配			输出分配		
元器件代号	地址号	功能说明	元器件代号	地址号	功能说明
SB3	X0	停止按钮	KM1	Y1	正转控制接触器
SB1	X1	正转启动按钮	KM2	Y2	反转控制接触器
SB2	X2	反转启动按钮			
KH	X3	热继电器			

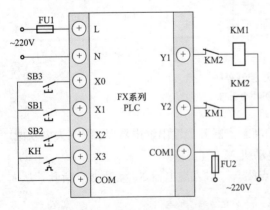

图 12-14　PLC 输入、输出接线图

2. PLC 输入、输出接线图

根据控制要求及 I/O 地址分配表，绘制出利用 PLC 构成三相异步电动机双重联锁正、反转控制线路的硬件接线图，如图 12-14 所示。

3. 设计 PLC 控制程序

根据控制要求和 I/O 地址分配表，编写控制程序梯形图，如图 12-15（a）所示。其对应的指令语句表如图 12-15（b）所示。

识图要点：

（1）按下按钮 SB1 时，输入继电器 X1 动合触点闭合，输出继电器 Y1 线圈得电，其动合触点闭合实现输出驱动和自锁功能，此时 Y1 端口外接的接触器 KM1 线圈得电，其主触

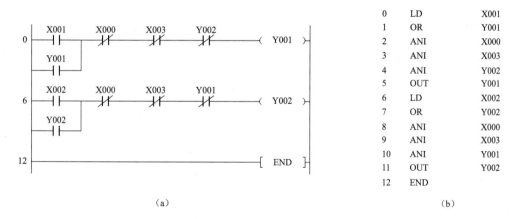

图 12-15　PLC 控制程序

（a）梯形图；（b）指令语句表

点闭合，电动机 M 正向启动运转。

（2）按下按钮 SB3，输入继电器 X0 动断触点断开，输出继电器 Y1、Y2 均复位，外接接触器 KM1、KM2 随之复位，电动机停止运转。

（3）按下按钮 SB2，输入继电器 X2 动合触点闭合，输出继电器 Y2 线圈得电，其动合触点闭合实现输出驱动和自锁功能，此时接触 Y2 端口的接触器 KM2 线圈得电，其主触点闭合，电动机 M 反向启动运转。

（4）当电动机过载时，热继电器 KR1 动合触点闭合，输入继电器 X3 动断触点断开，可实现过载保护功能。

（5）为了实现双重联锁，除在程序中引入互锁触点以外，还在 PLC 输入、输出接线图中引入 KM1、KM2 互锁触点，以保证在电动机运转时，接触器 KM1、KM2 不会同时通电工作。

12.2.3　基于时间继电器的三相异步电动机Y-△降压启动控制线路技改设计与实施

1. 任务分析

（1）控制要求。

1）能够用按钮控制电动机的启动和停止。

2）电动机启动时定子绕组联结成星形（Y）降压启动，延时一段时间后，自动将电动机的定子绕组换接成三角形（△）联结全压运行。

3）具有短路保护和电动机过载保护等必要的保护措施。

基于时间继电器的三相异步电动机Y-△降压启动控制电气原理图如图 3-17 所示。图中主要元器件的名称、代号及功能见表 12-9。

表 12-9　　　　　　　　　　　　主要元器件的名称、代号及功能

名　称	元件代号	功　能	名　称	元件代号	功　能
SB1	按钮	启动按钮	KM	接触器	控制电动机 M 电源通断
SB2	按钮	停止按钮	KMY	接触器	电动机 M 定子 绕组星形联结

续表

名　称	元件代号	功　能	名　称	元件代号	功　能
KH	热继电器	过载保护	KM△	接触器	电动机 M 定子绕组三角形联结
KT	时间继电器	启动时间控制			

（2）I/O 地址分配。根据控制要求，设定 I/O 地址分配表，见表 12-10。

表 12-10　　　　　　　　　　　　　　　I/O 地址分配表

输入分配			输出分配		
元器件代号	地址号	功能说明	元器件代号	地址号	功能说明
SB1	X1	启动按钮	KM	Y1	电源控制
SB2	X2	停止按钮	KM丫	Y2	星形联结
KH	X3	热继电器	KM△	Y3	三角形联结

2. PLC 输入、输出接线图

根据控制要求及 I/O 地址分配表，绘制出利用 PLC 构成三相异步电动机丫-△降压启动控制线路的硬件接线图，如图 12-16 所示。

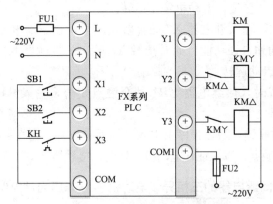

图 12-16　PLC 输入、输出接线图

3. 设计 PLC 控制程序

根据控制要求和 I/O 地址分配表，编写控制程序梯形图，如图 12-17（a）所示。其对应的指令语句表如图 12-17（b）所示。

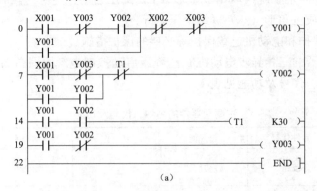

(a)

图 12-17　PLC 控制程序（一）

(a) 梯形图

0	LD	X001	11	ORB		
1	ANI	Y003	12	ANI	T1	
2	AND	Y002	13	OUT	Y002	
3	OR	Y001	14	LD	Y001	
4	ANI	X002	15	AND	Y002	
5	ANI	X003	16	OUT	T1	K30
6	OUT	Y001	19	LD	Y001	
7	LD	X001	20	ANI	Y002	
8	ANI	Y003	21	OUT	Y003	
9	LD	Y001	22	END		
10	AND	Y002				

(b)

图 12-17　PLC 控制程序（二）

（b）指令语句表

识图要点：

（1）该程序能实现三相异步电动机丫-△降压启动控制功能，其工作原理请读者参照前述内容自行分析。

（2）该程序利用 PLC 内置定时器进行降压启动计时，无需外接时间继电器，一方面可提高降压启动定时时间精度，另一方面降低了控制系统成本。

12.3　工程案例—普通车床电气控制系统技改设计与实施

目前，利用 PLC 技术对普通车床控制线路进行技术改造，是企业生产设备升级的主要途径之一。本节选取具有代表性的普通车床电气控制系统技术改造为例进行介绍。

12.3.1　基于 C650 型普通车床的电气控制系统技改设计与实施

1. 任务分析

（1）控制要求。C650 型普通车床电气控制电路原理图如图 4-8 所示，其工作原理及控制要求如下：

1）C650 型普通车床共有三台 M1、M2、M3 驱动电动机。其中 M1 为主轴电动机，功能为驱动主轴、进给传动系统运转；M2 为冷却泵电动机，功能为供应冷却液；M3 为快速移动电动机，功能为拖动刀架快速移动。

2）主轴电动机 M1 由接触器 KM、KM3、KM4 控制，具有正反转控制、点动控制和双向反接制动功能。其具体控制过程如下：按下按钮 SB1，接触器 KM 和 KM3 通电工作，M1 正启动运转；按下按钮 SB2，接触器 KM 和 KM4 通电工作，M1 反向启动运转；按下按钮 SB6，接触器 KM3 通电工作，M1 串电阻点动运行；按下按钮 SB4，M1 反接制动停止。

3）冷却泵电动机 M2 由接触器 KM1 控制，属于典型的单向运转控制电路。其具体控制过程如下：按下按钮 SB3，接触器 KM1 通电工作，M2 启动运转；按下按钮 SB5，M2 停止运行。

4）快速移动电动机 M3 由接触器 KM2 控制，属于典型的点动运转控制电路，其点动控制由行程开关 ST 进行控制。

5）主轴电动机 M1、冷却泵电动机 M2 设置热继电器，实现过载保护功能。因快速移动电动机 M3 短时工作，所以不设过载保护。此外，主轴电动机任何时刻只能一个方向运转，编程时应加必要的联锁限制。

6）为便于操作，C650 型普通车床设置总停止按钮 SB4。按下 SB4，控制电路断电，车床停止工作。

7）保留原有电气控制主电路，所有输入、输出设备不变。

（2）I/O 地址分配。根据 C650 型普通车床的控制电路原理图和控制要求，设定 I/O 地址分配表，见表 12-11。

表 12-11　　　　　　　　　　I/O 地址分配表

输入分配			输出分配		
元器件代号	地址号	功能说明	元器件代号	地址号	功能说明
SB1	X0	M1 正转启动按钮	KM	Y0	M1 切除电阻 R 运行接触器
SB2	X1	M1 反转启动按钮	KM1	Y1	M2 运行接触器
SB3	X2	M2 启动按钮	KM2	Y2	M3 运行接触器
SB4	X3	总停止按钮	KM3	Y3	M1 正转接触器
SB5	X4	M2 停止按钮	KM4	Y4	M1 反转接触器
SB6	X5	M1 点动按钮	KA	Y5	电流表 A 短接中间继电器
ST	X6	M3 点动行程开关			
KR1	X7	M1 过载保护热继电器			
KR2	X10	M2 过载保护热继电器			
KS1	X11	正转制动速度继电器动合触点			
KS2	X12	反转制动速度继电器动合触点			

2. PLC 输入、输出接线图

根据系统工作原理和控制要求及 I/O 地址分配表，绘制出基于 PLC 构成 C650 型普通车床控制系统的硬件接线图，如图 12-18 所示。

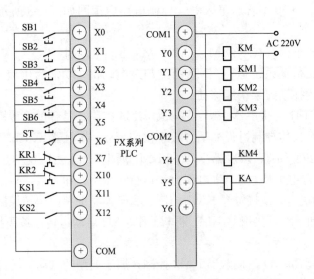

图 12-18　C650 型普通车床控制系统硬件接线图

3. 设计 PLC 控制程序

根据 C650 型普通车床控制系统工艺过程和控制要求及表 12-11 中分配给该控制系统的 PLC 软硬件资源，编制出该控制系统的梯形图、指令语句表，如图 12-19 所示。

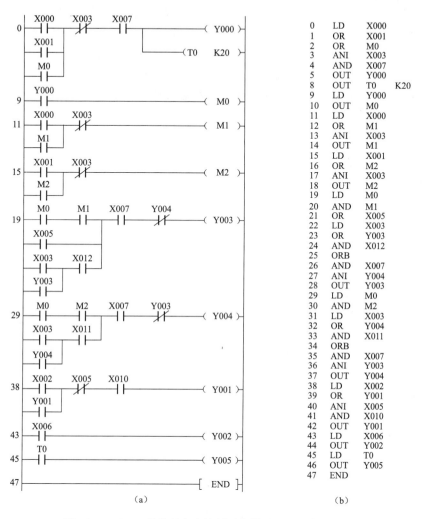

图 12-19　C650 型普通车床控制系统梯形图、指令语句表

(a) 梯形图；(b) 指令语句表

识图要点：

（1）主轴电动机正转控制。按下 M1 正转启动按钮 SB1，第 1 逻辑行中 X0 闭合，Y0 接通并自锁，T0 接通并开始计时；第 3 逻辑行 X0 闭合，辅助继电器 M1 接通；第 2 逻辑行 Y0 动断触点闭合，辅助继电器 M0 接通；第 5 逻辑行 M0、M1 动合触点闭合，Y3 接通（因 X7 的动合触点在 PLC 通电后即为闭合状态），主轴电动机正转启动运转。

当主轴电动机正向旋转速度达到 100r/min 时，第 6 逻辑行 X11 动合触点闭合，为主轴电动机正向旋转反接制动做好准备。

T0 计时经过 5s 后动作，第 9 逻辑行 T0 动合触点闭合，接通 Y5，电流表 A 开始监测主轴电动机的工作电流。

313

（2）主轴电动机正转反接制动控制。当 Y0、Y3、T0、Y5 闭合，主轴电动机正向启动后运行时，按下停止按钮 SB4，第 1 逻辑行中 X3 动断触点断开，Y0、T0 失电；第 3 逻辑行中 X3 动断触点断开，M1 失电；第 5 逻辑行中 M1 动合触点复位断开，Y3 失电，切除主轴电动机正转运行电源，主轴电动机失电，但由于存在惯性力，仍然保持正向旋转。与此同时，第 6 逻辑行中 X3 动合触点闭合，Y4 接通，主轴电动机接入反转制动电源，使之产生一个反向力矩来制动主轴电动机的正向旋转，使主轴电动机的正转速度快速下降。当主轴电动机的正转速度下降至 100r/min 时，正转时已闭合的速度继电器 KS1 触点断开，X11 动合触点复位断开，Y4 失电，切断主轴电动机反接制动电源而又防止了主轴电动机的反向启动，完成了主轴电动机正向启动运行时的停机反接制动控制过程。

（3）主轴电动机反转控制及反接制动控制。主轴电动机反转控制及反接制动控制程序设计说明与（1）、（2）相似，请读者参照自行分析，自此不再赘述。

（4）主轴电动机正向点动控制。按下主轴电动机正向点动按钮 SB6，第 5 逻辑行 X5 动合触点闭合，Y3 接通，主轴电动机串电阻 R 正向低速点动运行；松开 SB6，Y3 断电，主轴电动机停转，从而实现主轴电动机点动控制功能。

（5）冷却泵电动机控制。按下冷却泵电动机的启动按钮 SB3，第 7 逻辑行 X2 动合触点闭合，Y1 接通，冷却泵电动机启动运行；按下冷却泵电动机停止按钮 SB5，第 7 逻辑行 X5 动断触点断开，Y1 断电，切断冷却泵电动机电源，冷却泵电动机停止运行。

（6）快速移动电动机控制。按下位置开关 ST，第 8 逻辑行中 X6 动合触点闭合，Y2 接通，快速移动电动机启动运行；松开位置开关 ST，第 8 逻辑行中 X6 动合触点复位，Y2 断电，切断快速移动电动机电源，快速移动电动机停止运行。

（7）过载保护控制。当主轴电动机过载，热继电器 KR1 动作时，第 1、5、6 逻辑行中 X7 动合触点复位断开，Y0、Y3、Y4 失电，主轴电动机停止运行。当冷却泵电动机过载，热继电器 KR2 动作时，第 7 行中 X10 动合触点复位断开，Y1 失电，冷却泵电动机停止运行。

12.3.2 基于 Z3050 型摇臂钻床的电气控制系统技改设计与实施

1. 任务分析

（1）控制要求。Z3050 型摇臂钻床电气控制电路原理图如图 6-2 所示，其工作原理及控制要求如下：

1）主轴电动机 M1 的控制要求。按下按钮 SB2，接触器 KM1 得电吸合并自锁，主轴电动机 M1 启动运转；按下按钮 SB1，接触器 KM1 失电释放，主轴电动机 M1 停止运转。

2）摇臂上升的控制要求。按下按钮 SB3，液压泵电动机 M3 首先正转，放松摇臂，继而摇臂升降电动机 M2 正转，带动摇臂上升。当上升到要求高度时，松开 SB3，摇臂升降电动机 M2 停转，同时液压泵电动机 M3 反转，夹紧摇臂，完成摇臂上升控制过程。

3）摇臂下降的控制要求。按下按钮 SB4，液压泵电动机 M3 首先正转，放松摇臂，继而摇臂升降电动机 M2 反转，带动摇臂下降。当下降至要求高度时，松开 SB4，摇臂升降电动机 M2 停转，同时液压泵电动机 M3 反转，夹紧摇臂，完成摇臂下降控制过程。

4）立柱、主轴箱的控制要求。按下按钮 SB5，接触器 KM4 通电闭合，液压泵电动机 M3 启动正向运转，立柱、主轴箱放松；按下按钮 SB6，接触器 KM5 通电闭合，液压泵电动机 M3 启动反向运转，立柱、主轴箱夹紧。

5）冷却泵电动机 M4 的控制要求。由转换开关 QS2 控制（由于控制简单，不作为技改项目）。

6）保留原有电气控制主电路，所有输入、输出设备不变。

（2）I/O 地址分配。根据 Z3050 型摇臂钻床控制系统的工作原理和控制要求，PLC 的 I/O 地址分配表见表 12-12。

表 12-12   I/O 地址分配表

输入分配			输出分配		
元器件代号	地址号	功能说明	元器件代号	地址号	功能说明
FR1	X0	主轴电动机 M1 热继电器	KM1	Y0	主轴电动机 M1 接触器
SB1	X1	主轴电动机 M1 启动按钮	KM2	Y1	摇臂上升接触器
SB2	X2	主轴电动机 M1 停止按钮	KM3	Y2	摇臂下降接触器
FR2	X3	液压泵电动机 M3 热继电器	KM4	Y3	液压泵电动机 M3 正转接触器
SB3	X4	摇臂上升按钮	KM5	Y4	液压泵电动机 M3 反转接触器
SB4	X5	摇臂下降按钮	YA	Y5	放松、夹紧电磁铁
SQ1-1	X6	摇臂上升上限位行程开关			
SQ1-2	X7	摇臂下降下限位行程开关			
SQ2	X10	摇臂松开行程开关			
SQ3	X11	摇臂夹紧行程开关			
SB5	X12	立柱、主轴箱放松按钮			
SB6	X13	立柱、主轴箱夹紧按钮			

2. PLC 输入、输出接线图

根据系统工作原理和控制要求及 I/O 地址分配表，绘制出利用 PLC 构成 Z3050 型摇臂钻床控制系统的硬件接线图，如图 12-20 所示。

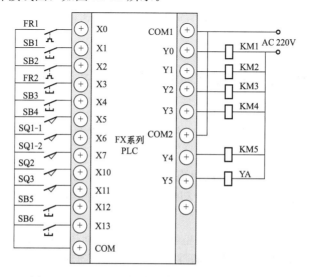

图 12-20   Z3050 型摇臂钻床控制系统硬件接线图

315

3. 设计 PLC 程序

根据 Z3050 型摇臂钻床控制系统工艺过程和控制要求及表 12-12 中分配给该控制系统的 PLC 软硬件资源，编制出该控制系统的梯形图、指令语句表，如图 12-21 所示。

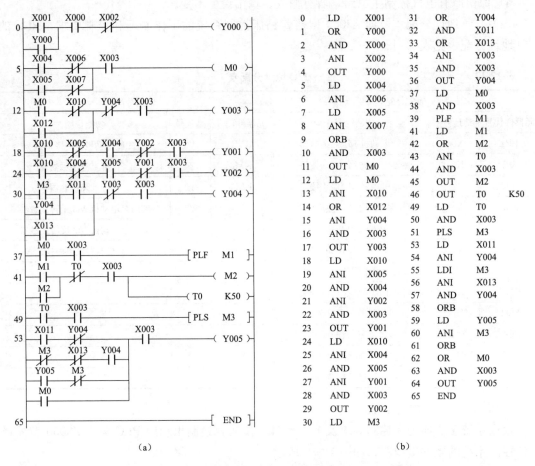

（a）

0	LD	X001	31	OR	Y004
1	OR	Y000	32	AND	X011
2	AND	X000	33	OR	X013
3	ANI	X002	34	ANI	Y003
4	OUT	Y000	35	AND	X003
5	LD	X004	36	OUT	Y004
6	ANI	X006	37	LD	M0
7	LD	X005	38	AND	X003
8	ANI	X007	39	PLF	M1
9	ORB		41	LD	M1
10	AND	X003	42	OR	M2
11	OUT	M0	43	ANI	T0
12	LD	M0	44	AND	X003
13	ANI	X010	45	OUT	M2
14	OR	X012	46	OUT	T0	K50
15	ANI	Y004	49	LD	T0
16	AND	X003	50	AND	X003
17	OUT	Y003	51	PLS	M3
18	LD	X010	53	LD	X011
19	ANI	X005	54	ANI	Y004
20	AND	X004	55	LDI	M3
21	ANI	Y002	56	ANI	X013
22	AND	X003	57	AND	Y004
23	OUT	Y001	58	ORB	
24	LD	X010	59	LD	Y005
25	ANI	X004	60	ANI	M3
26	AND	X005	61	ORB	
27	ANI	Y001	62	OR	M0
28	AND	X003	63	AND	X003
29	OUT	Y002	64	OUT	Y005
30	LD	M3	65	END	

（b）

图 12-21　Z3050 型摇臂钻床控制系统梯形图、指令语句表

（a）梯形图；（b）指令语句表

12.3.3　基于 M7130 型平面磨床的电气控制系统技改设计与实施

1. 任务分析

（1）控制要求。M7130 型平面磨床电气控制电路原理图如图 5-2 所示，其工作原理及控制要求如下：

1）M7130 型平面磨床由三台电动机拖动，即砂轮电动机 M1、冷却泵电动机 M2、液压泵电动机 M3。其中砂轮电动机 M1、冷却泵电动机 M2 由接触器 KM1 控制，液压泵电动机 M3 由接触器 KM2 控制。

2）按下按钮 SB1，接触器 KM1 通电闭合，砂轮电动机 M1 启动运转。冷却泵电动机 M2 则在砂轮电动机 M1 启动后，由接插件 XP1 控制其启动和停止。按下按钮 SB2，砂轮电动机 M1、冷却泵电动机 M2 停转。

3）按下按钮 SB3，接触器 KM2 通电闭合，液压泵电动机 M3 启动运转。按下按钮 SB4，液压泵电动机 M3 停转。

（2）I/O 地址分配。根据 M7130 型平面磨床的控制电路原理图和控制要求，设定 I/O 地址分配表，见表 12-13。

表 12-13   I/O 地址分配表

输入分配			输出分配		
元器件代号	地址号	功能说明	元器件代号	地址号	功能说明
KA	X0	电流继电器	KM1	Y0	砂轮电动机 M1 控制接触器
SB1	X1	砂轮电动机 M1 启动按钮	KM2	Y1	液压泵电动机 M3 控制接触器
SB2	X2	砂轮电动机 M1 停止按钮	KM3	Y2	冷却泵电动机 M2 控制接触器
SB3	X3	液压泵电动机 M3 启动按钮			
SB4	X4	液压泵电动机 M3 停止按钮			
SB5	X5	冷却泵电动机 M2 启动按钮			
SB6	X6	冷却泵电动机 M2 停止按钮			
FR1、FR2	X7	热继电器			
QS2	X10	退磁转换开关			
SB7	X11	总停止按钮			

2. PLC 输入、输出接线图

根据系统工作原理和控制要求及 I/O 地址分配表，绘制出基于 PLC 构成 M7130 型平面磨床控制系统的硬件接线图，如图 12-22 所示。

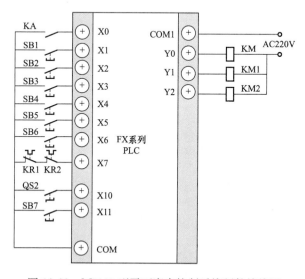

图 12-22   M7130 型平面磨床控制系统硬件接线图

3. 设计 PLC 程序

根据 M7130 型平面磨床控制系统工艺过程和控制要求及表 12-13 中分配给该控制系统的 PLC 软硬件资源，编制出该控制系统的梯形图、指令语句表，如图 12-23 所示。

317

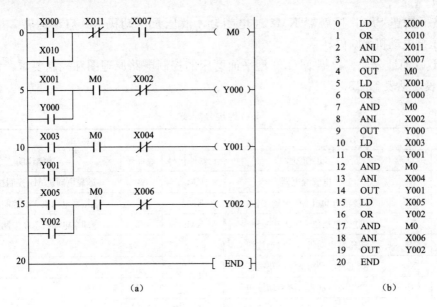

图 12-23 M7130 型平面磨床控制系统梯形图、指令语句表
(a) 梯形图；(b) 指令语句表

参 考 文 献

［1］ 张普庆. 电动机及控制线路. 北京：化学工业出版社，2007.
［2］ 芮静康. 实用机床电路图集. 北京：中国水利水电出版社，2000.
［3］ 崔兆华，等. 数控机床电气控制与检修. 北京：中国劳动社会保障出版社，2010.
［4］ 李敬梅，等. 电力控制线路与技能训练. 3 版. 北京：中国劳动社会保障出版社，2001.
［5］ 王建明，等. 电机与机床电气控制. 北京：北京理工大学出版社，2008.
［6］ 刘建雄，等. 电力拖动与控制. 北京：人民邮电出版社，2012.
［7］ 高安邦，等. 新编机床电气与 PLC 控制技术. 北京：机械工业出版社，2008.
［8］ 郁汉琪，等. 电气控制与可编程序控制器应用技术. 南京：东南大学出版社，2005.
［9］ 贺哲荣，等. 机床电气控制线路图识图技巧. 北京：机械工业出版社，2005.